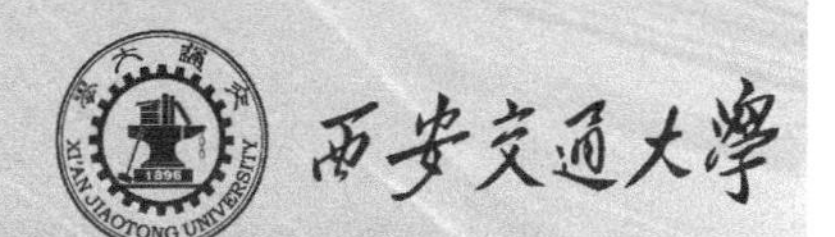

研究生创新教育系列教材

高等结构动力学

（第 2 版）

马建勋 编著

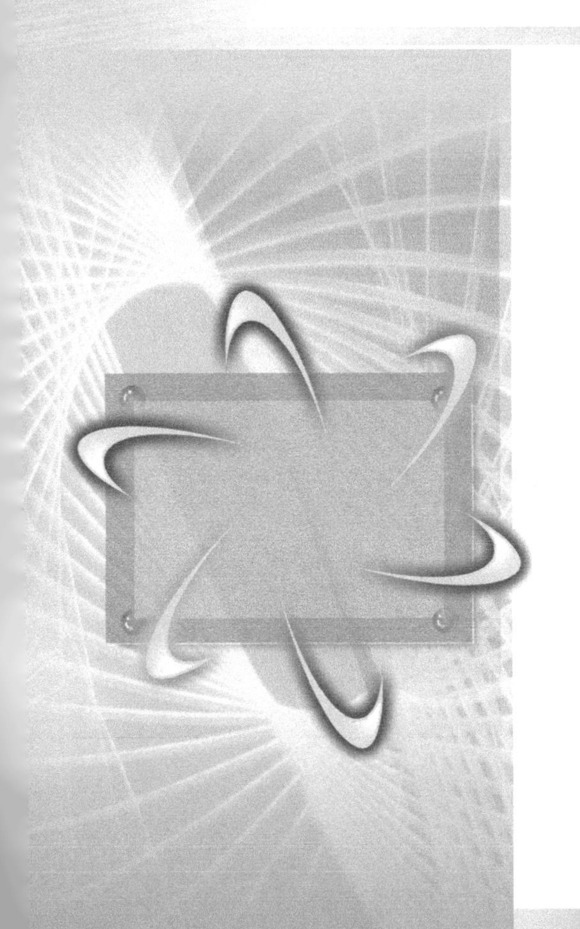

内容提要

本书系统地阐述了结构动力学的基本概念、理论、方法及应用，内容包括工程问题的抽象与动力学模型的建立，线性单自由度结构体系的自由振动和各种荷载作用下的强迫振动，线性多自由度结构体系的自由振动和强迫振动，连续体的自由振动和强迫振动，非线性结构体系的动力反应，线性结构体系的随机振动，以及动力学基本理论的工程应用和各种实用计算方法。

本书可作为土木工程、水利工程、机械工程等学科研究生的教学用书，也可作为相关的研究人员和工程技术人员的参考书。

图书在版编目(CIP)数据

高等结构动力学/马建勋编著. —2 版. —西安：西安交通大学出版社，2019.10
西安交通大学研究生创新教育系列教材
ISBN 978-7-5693-1134-1

Ⅰ.①高… Ⅱ.①马… Ⅲ.①结构动力学-研究生-教材 Ⅳ.O342

中国版本图书馆 CIP 数据核字(2019)第 057450 号

书　　名 高等结构动力学(第 2 版)
编　　著 马建勋
责任编辑 屈晓燕

出版发行 西安交通大学出版社
(西安市兴庆南路 1 号　邮政编码 710048)
网　　址 http://www.xjtupress.com
电　　话 (029)82668357　82667874(发行中心)
(029)82668315(总编办)
传　　真 (029)82668280
印　　刷 西安日报社印务中心

开　　本 727 mm×960 mm　1/16　**印张** 15　**字数** 243 千字
版次印次 2019 年 10 月第 1 版　2019 年 10 月第 1 次印刷
书　　号 ISBN 978-7-5693-1134-1
定　　价 45.00 元

读者购书、书店添货，如发现印装质量问题，请与本社发行中心联系、调换。
订购热线：(029)82665248　(029)82665249
投稿热线：(029)82664954
读者信箱：jdlgy@yahoo.cn

总　序

创新是一个民族的灵魂，也是高层次人才水平的集中体现。因此，创新能力的培养应贯穿于研究生培养的各个环节，包括课程学习、文献阅读、课题研究等。文献阅读与课题研究无疑是培养研究生创新能力的重要手段，同样，课程学习也是培养研究生创新能力的重要环节。通过课程学习，使研究生在教师指导下，获取知识并理解知识创新过程与创新方法，对培养研究生创新能力具有极其重要的意义。

西安交通大学研究生院围绕研究生创新意识与创新能力改革研究生课程体系的同时，开设了一批研究型课程，支持编写了一批研究型课程的教材，目的是为了推动在课程教学环节加强研究生创新意识与创新能力的培养，进一步提高研究生培养质量。

研究型课程是指以激发研究生批判性思维、创新意识为主要目标，由具有高学术水平的教授作为任课教师参与指导，以本学科领域最新研究和前沿知识为内容，以探索式的教学方式为主导，适合于师生互动，使学生有更大的思维空间的课程。研究型教材应使学生在学习过程中可以掌握最新的科学知识，了解最新的前沿动态，激发研究生科学研究的兴趣，掌握基本的科学方法，把教师为中心的教学模式转变为以学生为中心、教师为主导的教学模式，把学生被动接受知识转变为在探索研究与自主学习中掌握知识和培养能力。

出版研究型课程系列教材，是一项探索性的工作，也是一项艰苦的工作。虽然已出版的教材凝聚了作者的大量心血，但毕竟是一项在实践中不断完善的工作。我们深信，通过研究型系列教材的出版与完善，必定能够促进研究生创新能力的培养。

西安交通大学研究生院

再版前言

《高等结构动力学》于 2012 年 8 月由西安交通大学出版社出版发行后，深受广大读者关注。作者根据在教学过程中的体会和再认识，以及读者反馈的意见，对本书进行了补充和修改，形成《高等结构动力学》(第 2 版)。

第 2 版在以下方面作了补充修改：1)增加了非线性体系动力反应的解析法，使读者对非线性体系动力学问题的基本概念和特征有一个初步认识，也为其他高等专业课程的学习奠定基础；2)强调了结构动力特性的概念和计算；3) 增加了习题，帮助读者理解所学内容和提高解决问题的能力；4)对原书中叙述不准确、编排遗漏、错误等进行了更正。

本书在编排上与第 1 版基本一致，除绪论外，仍分为五篇进行论述。其中第四篇非线性体系中增加了非线性体系动力反应的解析法作为第 14 章，重点介绍用解析法求解非线性结构体系在动力荷载作用下动力反应的基本方法和非线性问题的基本特征；将原第 14 章和第 15 章合并为本版的第 15 章非线性体系动力反应的数值分析法，重点介绍非线性结构体系在动力荷载作用下的数值计算方法。

为了帮助读者理解课程内容，本书列举了大量的例题和习题。学习结构动力学，做一定数量的习题是必不可少的环节。

本书可以作为一系列研究生课程的基础，初等课程可以包括第一篇和第二篇的内容，中等课程可以包括第三篇和第四篇的内容，高等课程可以包括第五篇的内容。一般认为土木工程的硕士研究生应该具备结构动力学中等课程的基础知识，也建议为土木工程本科专业高年级学生提供结构动力学初等课程的选修。

本书不仅可供高等学校研究生和本科生作为教材，也可以作为解决实际工程问题的工程师的参考书。

本书再版时张玲玲博士为每章编写了习题，在此深表谢意。

本书写作过程中，参阅了同行专家许多研究成果和著作，在此谨向他们致以衷心的感谢。本书的出版得到了西安交通大学研究生院和西安交通大学出版社的资助和支持，作者表示诚挚的敬意和衷心的感谢。由于作者水平有限，书中难免有错误、疏漏和不妥之处，作者深表歉意并敬请广大读者指正。

前　言

结构动力学是研究结构体系的动力特性，以及在动力荷载或初始干扰下动力反应分析理论和方法的一门专业基础课程。

结构动力学作为土木工程学科研究生的专业基础课，是每一位土木工程研究生都应学习的课程。作者从 1994 年开始为结构工程研究生讲授高等结构动力学课程，陆续也为岩土工程研究生讲授这门课程。高等结构动力学已经成为土木工程研究生的必修课。本书是作者在多年讲授高等结构动力学课程讲义的基础上不断补充、不断修改、不断完善的结果。

本书针对土木工程学科研究生的知识结构和发展需求，以及结构动力学的最新成果，力求使研究生通过学习能够掌握结构动力学的基本理论、分析模型的建立方法以及计算方法等，了解结构动力学的最新发展动向以及相关课程与结构动力学之间的联系，培养应用结构动力学理论解决工程实际问题的能力。本书将体现以下特点。

(1)系统性　本书力求包含的结构动力学的基本理论是系统的和完备的，内容包括了确定性分析和非确定性分析(随机荷载反应分析)。确定性分析又包括线性体系分析和非线性体系分析。线性体系分析对象从单自由度体系到多自由度体系和分布质量的连续体，涉及各种初始条件和荷载类型；非线性体系分析从实用的角度重点讲述了数值法。

(2)实用性　本书以土木工程结构为背景，在强调基础理论的同时，注意理论与实际的结合。书中讨论了测振原理、隔振原理、阻尼的确定以及各种实用计算方法，为专业课程的学习以及从事科学研究和解决工程实际问题奠定扎实的基础。

(3)可自学　本书讲述过程系统连续、从简到难，并配备一定的例题，帮助读者理解和进一步认识所学内容。

本书除了绪论一章外，分为五篇进行论述。

第一篇着重讨论线性单自由度体系的动力学问题。之所以详细讨论单自由度体系的动力学问题，是基于下述两个原因：①许多实际结构的反应可用一个自由度来表达，因此单自由度的解可给出一个有用的最终结果；②在更复杂的线性结构体系里，总反应可表示为一系列广义单自由度体系反应的叠加。因此，单自由度体系分析方法为绝大多数确定性结构动力分析方法奠定了理论基础。

第二篇论述线性多自由度体系的动力学问题。介绍线性弹性体系动力特性的分析方法，然后导出振型叠加法。借助于这个方法，可用各振型单独反应的和来表示结构总的动力反应。

第三篇讨论连续体系这种具有无限个自由度体系的动力学问题。包括用偏微分方程建立连续体的运动方程，验证各种离散化的合理性，论述振型叠加法仍然适用，并且即使在这种情况下，只考虑有限个振型也能获得实用的解答。最后介绍了连续体离散化的方法。

第四篇讨论非线性体系的动力学问题。重点介绍非线性结构体系在动力荷载作用下的数值计算方法，这些方法对线性结构体系的动力反应分析也适用。

第一至第四篇只讨论确定性分析，它给出任何给定动力荷载下结构的反应时程。随机动力荷载的反应分析在第五篇专题介绍。随机过程是随机动力分析的基础，它们被用来描述随机荷载和随机动力反应。

本书写作过程中，参阅了同行专家许多研究成果和著作，在此谨向他们致以衷心的感谢。本书的出版得到了西安交通大学研究生院和西安交通大学出版社的资助和支持，作者表示诚挚的敬意和衷心的感谢。由于作者水平有限，书中难免有错误和疏漏，作者深表歉意并敬请广大读者指正。

目　录

第一篇　线性单自由度体系

第三篇 线性连续体系

第四篇 非线性体系

第五篇 随机荷载动力反应

第0章　绪　论

0.1　结构动力分析的主要目的

结构动力学是研究结构体系的动力特性，以及在动力荷载或初始干扰作用下动力反应分析理论和方法的一门专业基础课程。它借助于数学、力学、结构分析、实验和计算技术等理论基础和手段，探索结构动力反应的机理，阐明动力反应的规律，以便克服动力反应对结构的不利影响，充分利用其积极因素，为改善工程结构体系在动力条件下的安全性和可靠性提供坚实的理论基础和技术手段。

0.2　结构动力问题的基本特性

结构动力学问题与结构静力学问题存在两个重要的不同点。第一个不同点是动力荷载与静力荷载的区别。动力荷载的特征是荷载的大小、方向和作用点随时间而变化，因而结构的反应也随时间变化。如果单纯从荷载本身性质来讲，绝大多数实际荷载严格地说都应属于动力荷载。如果从荷载对结构所产生的影响这个角度来看，则可分为两种情况：一种情况是荷载虽然随时间变化，但变得很慢，荷载对结构产生的影响与静荷载相比相差甚微，在这种荷载作用下的结构计算问题实际上仍属于静力荷载作用下的结构计算问题，这种荷载可看作静力荷载；另一种情况是荷载不仅随时间在变，而且变得较快，荷载对结构产生的影响与静力荷载相比相差较大，在这种荷载作用下的结构计算问题属于动力计算问题，换句话说，这种荷载实际上应看作动力荷载。由于荷载和反应随时间而变化，因此动力问题不像静力问题那样具有单一的解，而必须建立相应于反应时程中感兴趣的全部时间的一系列解答。显然动力分析要比静力分析更复杂且更消耗时间。

第二个不同点是动力计算与静力计算的区别，这一点更重要。静力荷载产生的反应直接依赖于给定的荷载，可根据力的平衡原理来计算。如果荷载是动力的，则所产生的反应与加速度有联系，这些加速度又产生与其反向的惯性力。于是，反应不仅要平衡外加荷载，而且要平衡由于加速度所引起的惯性力。根据达朗贝尔原理,动力计算问题可转化为形式上的静力平衡问题来处理,但这是一种动平衡,是在引进惯性力条件下的平衡。换句话说,在动力计算中形式上是在列平衡方程,但要注意两点:在所考虑的力系中要包括惯性力;考虑的是瞬间平衡,荷载和反应都是时间的函数。

以这样一种方式抵抗结构的加速度的惯性力,是结构动力学问题的一个最重要的区别特征。一般来说,如果惯性力是结构内部弹性力所平衡的全部荷载中的一个重要部分,则在解题时必须考虑问题的动力特性。另一方面,如果运动是如此缓慢,以致惯性力小到可以忽略不计,即使荷载和反应可能随时间而变化,但对任何瞬时的分析,仍可用静力结构分析的方法来解决。可见静力的和动力的分析方法在性质上是根本不同的。请读者注意,我们讨论的是“**动力**”问题而不是“**动**”问题,强调在结构分析时惯性力能否忽略不计而不是是否随时间变化。

在线性结构分析中,更为方便的是区分施加荷载中的静力和动力分量,分别计算对每种荷载分量的反应,最后将两个反应分量叠加得出总反应。

0.3 结构动力体系的分类

任何结构体系只要它具有弹性和惯性就构成一个结构动力体系。

根据弹性和惯性参数的分布情况,结构动力体系可分为两大类:**离散体系**和**连续体系**。连续体系具有连续分布的参数,但可通过适当方式转化为离散体系。

按自由度划分,结构动力体系可分为**有限自由度体系**和**无限自由度体系**。前者与离散体系相对应,而后者与连续体系相对应。有限自由度体系又可分为**单自由度体系**和**多自由度体系**。

按参数的变化规律划分,若体系参数的变化可用时间的确定函数描述,此体系称为**确定性体系**。在确定性体系中参数不随时间变化的称为**常参数体系**;反之,则称为**变参数体系**。若体系参数的变化无法用时间的确定函数描述,只能用有关统计特性描述,这种体系就称为**随机体系**。本书仅限于讨论常参数体系。

实际结构体系的弹性力和阻尼力往往不符合线性模型。但在许多情况下,只要位移幅值不大,常常简化为线性的,可得出足够准确的结果,这种简化为线性化模型的体系称为**线性体系**。凡是不能简化为线性体系的体系都称为**非线性体系**。

0.4 动力荷载的类型

任何类型的结构在其使用期限内都可能承受这样或那样的动力荷载。动力荷载一般可分为**确定性荷载**和**非确定性荷载**。如果荷载随时间的变化是确定的,不管它随时间的变化多么复杂,我们把它称为确定性荷载,而任何特定的结构体系在确定性荷载作用下的反应分析通常定义为确定性分析。如果荷载随时间的变化不是完全已知的，但可从统计方面来进行定义，这种荷载则称为非确定性荷载，一般指**随机荷载**，而相应的反应分析称为随机动力分析。

确定性荷载可以用确定的函数来表达，可分成**周期荷载**和**非周期荷载**两种基本类型。

第一类是周期荷载。这类荷载随时间作周期性变化，在多次循环中这些荷载都相继出现相同的时间过程。周期荷载中最简单也是最重要的一种是简谐荷载；周期荷载的另一些形式称为非简谐性周期荷载。借助于傅里叶分析，任何周期荷载可用一系列简谐分量的和来表示。因此，简谐荷载下的反应分析是分析周期荷载反应的基础。

第二类是非周期荷载。非周期荷载可以是短持续时间的冲击荷载也可以是长持续时间的一般荷载。冲击波或爆炸是冲击荷载的典型发生源，对于这种短持续时间荷载来说，可以使用特殊的简化分析形式。一般形式的长持续时间荷载，例如由地震引起的荷载，就只能完全用一般性的动力分析程序来处理。

一般来说，动力荷载作用下的结构反应主要是用结构的位移来表示的。因此，确定性分析能导出相应于荷载时程的位移-时间过程。结构的其他反应，如应力、应变、内力等，通常作为分析的次要方面，从所得到的位移反应求得。而随机分析提供有关位移的统计参数，这种位移是由统计定义的随机荷载所产生的。由于这时位移随时间的变化是不确定的，因而其他的反应，如应力、内力等，必须用特定的随机分析方法直接计算，而不是由已得到的位移来计算。

0.5　动力自由度

与静力分析一样，首先需要选择一个合理的计算简图。两者选择的原则基本相同，但在动力分析中由于要考虑惯性力的作用，还需要研究质量在运动过程中的自由度问题。为了表示结构全部有意义的惯性力的作用（或者确定全部质量的位置），所必须考虑的位移分量的数目（或独立几何参数的数目）称为结构体系的动力自由度。如果结构体系任意时刻的惯性力只需要一个独立参数来表示，则称为单自由度体系；如果需要多于一个且是有限个独立参数来表示，则称为多自由度体系。

实际结构的质量都是连续分布的，可以说具有无限个自由度。如果所有结构都按无限自由度计算，不仅非常困难而且也没有必要。为了避免数学处理上过于繁杂，通常需要将实际结构简化为有限自由度体系，这一简化过程称为结构体系的**离散化**。常用的离散化方法主要有集中质量法、广义坐标法和有限单元法三种。

习题

0－1　结构动力分析的主要目的是什么?

0－2　结构动力问题的基本特征有哪些?

0－3　结构动力体系如何划分?

0－4　动力荷载的类型有哪些?

0－5　结构动力自由度与静力自由度有何区别?能否用静力自由度描述动力学问题?

第一篇　线性单自由度体系

第1章　运动方程的建立

1.1 引　言

线性单自由度体系的动力分析虽然简单,却很重要。许多实际结构的动力学问题可按线性单自由度体系进行分析或进行初步估算,而且线性单自由度体系的动力分析也是线性多自由度体系动力分析的基础。在动力荷载作用下的任何线性单自由度体系均可以用图1-1所示的理想化模型质量块-弹簧-阻尼器来表示,其主要物理特性有结构的惯性特性——质量 m 、弹性特性——弹簧刚度系数 k 、能量耗散机理——阻尼系数 c 以及随时间变化的外部荷载 $p(t)$ 。质量块 m 受到滚筒的约束仅能作平移运动,因此这个体系只有一个动力自由度,用位移坐标 u 来表示,并以静平衡位置(弹簧没有变形的位置)为坐标原点。

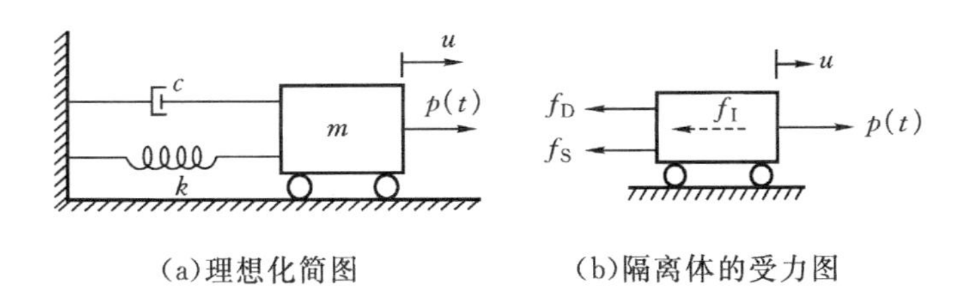

图1-1　理想化的单自由度体系

结构动力分析的首要目的就是计算结构体系的动位移,描述结构动位移的数学表达式称为结构的**运动方程**,而运动方程的解就提供了所求结构的位移过程。

结构动力体系运动方程的建立,可能是整个动力分析过程中最重要的有时也是最困难的问题。建立结构运动方程的方法有多种,不论采用哪种方法,对于同一坐标所得到的运动方程应该是一致的。下面分别用基于达朗贝尔原理的直接平衡法、虚位移原理和哈密尔顿原理建立图1-1所示的理想化模型的运动方程。必须指出这三种方法是完全等同的,在研究不同的问题时每种方法都各有其优点,选用哪一种方法取决于所考虑的动力体系的特点和使用者个人的习惯。

1.2　建立运动方程的方法

1. 基于达朗贝尔原理的直接平衡法

对于这种简单的理想化结构模型，设在任一时刻 t，质量块的位置为位移 $u(t)$，取此状态的质量块作为隔离体，此时沿着自由度方向作用的力有荷载 $p(t)$ 以及由于运动所引起的弹性恢复力 f_S 和阻尼力 f_D，如图 1－1(b)所示。其中，弹性恢复力 f_S 的方向与位移的方向相反，大小等于位移与弹簧刚度系数的乘积，即

$$f_S = ku(t) \tag{1-1}$$

假设阻尼是黏滞阻尼，则阻尼力 f_D 的方向与速度的方向相反，大小与速度成正比，即

$$f_D = c\dot{u}(t) \tag{1-2}$$

式中：c 为黏滞阻尼系数；“·”表示对时间 t 的导数。

建立运动方程最直接的方法是应用牛顿第二定律，然而对于工程领域，应用达朗贝尔原理可能更为方便。达朗贝尔原理认为，质量所产生的惯性力 f_I 的方向与加速度方向相反，大小等于质量与加速度的乘积，即

$$f_I = m\ddot{u}(t) \tag{1-3}$$

如果引入抵抗加速度的惯性力 f_I 后，动力学方程就变为作用于隔离体上所有力(包括惯性力)在坐标 u 方向的平衡表达式，即

$$f_I + f_D + f_S = p(t) \tag{1-4}$$

将式(1－1)、(1－2)和(1－3)的三个表达式代入方程(1－4)，便得到线性单自由度体系的运动方程

$$m\ddot{u}(t) + c\dot{u}(t) + ku(t) = p(t) \tag{1-5}$$

这种由力的平衡直接建立运动方程的方法即为**直接平衡法**，这种推导方法也称为**刚度法**。

另一方面，运动方程也可从位移协调条件来推导，认为质量块的位移是所有力(包括惯性力)作用的结果，即

$$u(t) = f[p(t) - f_I - f_D] \tag{1-6}$$

式中：f 表示弹簧的柔度系数。注意到柔度系数与刚度系数互为倒数

$$f = \frac{1}{k} \tag{1-7}$$

代入式(1－6)整理后仍能得到方程(1－5)，这种推导方法称为**柔度法**。

2. 基于虚位移原理的方法

虚位移原理可表述如下：如果一组力系处于平衡状态，则这组力系在一个**虚位移**（即体系约束所允许的任何微小位移）上所做的虚功等于零。因此，将虚位移原理应用到动力学问题时，所要考虑的力系中还要包括按照达朗贝尔原理所定义的惯性力。然后，引入相应于每个自由度的虚位移，并使所做的虚功等于零，这样即可得出运动方程。这个方法的主要优点是虚功为标量，计算时避免了直接平衡法中力的矢量运算。

如果结构体系相对复杂，而且包含许多彼此联系的质点或有限尺寸的质量块，则直接写出作用于体系上所有力的平衡方程可能是困难的，此时，虚位移原理就可以用来代替直接平衡法建立运动方程。

用虚位移原理建立图1-1所示体系的运动方程也是有实用意义的。作用于质量块上的力示于图1-1(b)，如果给质量块一个虚位移 δu（约束所允许的微小位移，方向同 u），则作用在质量块上的四个力所做的总虚功应该等于零，即

$$-f_{\mathrm{I}}\delta u-f_{\mathrm{D}}\delta u-f_{\mathrm{S}}\delta u+p(t)\delta u=0$$

将式(1-1)、(1-2)和(1-3)代入上式并提取公因子 δu，得到

$$[-m\ddot{u}(t)-c\dot{u}(t)-ku(t)+p(t)]\delta u=0$$

因为虚位移 δu 不等于零，必有括号内因子等于零，即得到运动方程(1-5)。

3. 基于哈密尔顿原理的方法

避免建立平衡矢量方程的另一个方法是以变分形式表示的能量方程，通常最广泛应用的是哈密尔顿原理，此原理可表达为

$$\int_{t_1}^{t_2}\delta(T-V)\mathrm{d}t+\int_{t_1}^{t_2}\delta W_{\mathrm{nc}}\mathrm{d}t=0 \tag{1-8}$$

式中：T、V 分别为体系的动能和势能（包括应变能及任何保守外力的势能）；δW_{nc} 为作用于体系上的非保守力（包括阻尼力及任意外荷载）所做的虚功。

哈密尔顿原理说明：在任何时间区间 $[t_1,t_2]$，动能减势能的变分加上所考虑的非保守力所做的虚功必须等于零。这个方法和虚位移原理方法的不同之处在于不明显使用惯性力和弹性力，而分别被动能和势能的变分项所代替。因此，这种建立方程的方法的优点是它只和纯粹的标量——能量有关。

现在，用哈密尔顿原理来推导图1-1所示体系的运动方程。根据定义结构体系的动能为

$$T=\frac{1}{2}m\dot{u}^2(t) \tag{1-9a}$$

势能仅为弹簧的应变能

$$V=\frac{1}{2}ku^2(t) \tag{1-9b}$$

非保守力为阻尼力 f_D 和作用的荷载 $p(t)$，这些力所做的虚功可表示为

$$\delta W_{nc} = -f_D\delta u + p(t)\delta u = -c\dot{u}(t)\delta u + p(t)\delta u \tag{1-9c}$$

把式(1-9)的各式代入式(1-8)，对第一项进行变分并经整理后可得

$$\int_{t_1}^{t_2}[m\dot{u}(t)\delta\dot{u} - c\dot{u}(t)\delta u - ku(t)\delta u + p(t)\delta u]\mathrm{d}t = 0 \tag{1-10}$$

以上各项积分中，仅第一项含有速度的变分，可以进行如下的分部积分：

$$\int_{t_1}^{t_2} m\dot{u}(t)\delta\dot{u}\mathrm{d}t = \int_{t_1}^{t_2} m\dot{u}(t)\mathrm{d}(\delta u) = m\dot{u}(t)\delta u\Big|_{t_1}^{t_2} - \int_{t_1}^{t_2} m\ddot{u}(t)\delta u\mathrm{d}t \tag{1-11}$$

因为在哈密尔顿原理中假定在积分限 t_1 和 t_2 时的位移是给定的，故其变分 δu 为零，因此式(1-11)右边的第一项等于零。将式(1-11)代回方程(1-10)，结果可以写作

$$\int_{t_1}^{t_2}[-m\ddot{u}(t) - c\dot{u}(t) - ku(t) + p(t)]\delta u\mathrm{d}t = 0 \tag{1-12}$$

由变分 δu 的任意性，如果要使方程(1-12)成立，被积函数必须等于零，于是这个方程就可以变成方程(1-5)的形式。

这个例子表明，同一运动方程可以用三种基本方法中的任一种来导出。

1.3　重力的影响

现在讨论图 1-2(a)所示的结构体系，作用在质量块上的力系(包括惯性力)如图 1-2(b)所示，结构体系的动平衡关系可以写成

$$f_I + f_D + f_S = p(t) + W \tag{1-13}$$

式中：W 是质量块的重量。

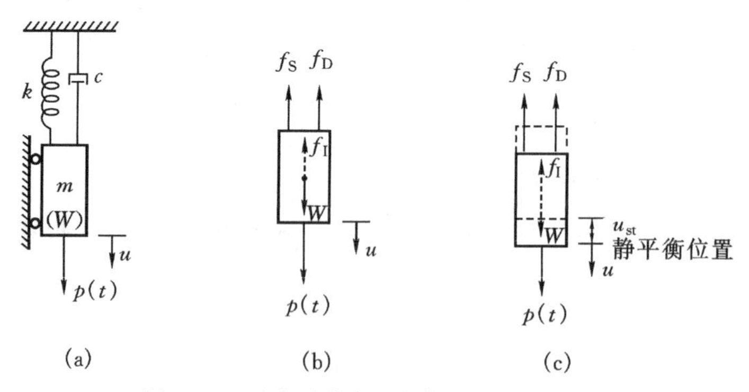

图 1-2　重力对单自由度体系平衡的影响

如果总位移 u_t 用由重量 W 引起的静位移 u_{st} 与动位移 u 的和来表示，如图1-2(c)所示，即

$$u_t(t) = u_{st} + u(t) \tag{1-14}$$

则弹簧的恢复力可写成

$$f_S = ku_t(t) = ku_{st} + ku(t) \tag{1-15}$$

同时注意到 u_{st} 是不随时间变化的常量，则惯性力和阻尼力分别为

$$f_I = m\ddot{u}_t(t) = m\ddot{u}(t) \tag{1-16}$$

$$f_D = c\dot{u}_t(t) = c\dot{u}(t) \tag{1-17}$$

将式(1-15)、(1-16)和(1-17)代入方程(1-13)，并注意到 $ku_{st} = W$，得到

$$m\ddot{u}(t) + c\dot{u}(t) + ku(t) = p(t) \tag{1-18}$$

比较方程(1-18)及方程(1-5)可见，相对于动力体系的静力平衡位置所写出的运动方程是不受重力影响的。这个结论不仅对重力荷载成立，而且对所有静力荷载都成立。因此，在以后的讨论中，位移都以结构体系的静力平衡位置作为坐标原点，这样确定的位移即为动力荷载下的动反应。求结构体系在动力荷载和静力荷载共同作用下的总反应只要把动力分析的动反应与相应的静力反应相加即可，如关系式(1-14)所示，这实际上是线性体系叠加原理的直接结果。

1.4　刚体系运动方程的建立

前面所讨论的例子都是十分简单的，因为体系的物理特性——质量、阻尼和弹性中每一个都用单个离散单元来表示。然而，大多数实际体系的分析，即使可以把它们当作单自由度结构考虑，仍需要用更复杂的理想化模型。下面讨论弹性变形完全限定于在局部的弹簧元件中发生，构件本身没有弹性变形的**刚体系**。刚体系的位移形式常常是由刚体系的构造来决定的，也就是说这些刚体被支承和铰所约束。这里仅限于刚体系有一种位移形式，即单自由度体系。

在建立刚体系的运动方程时，单自由度位移所产生的弹性力可以容易地用位移来表达，因为每一个弹性单元都是一个承受特定变形的离散弹簧。阻尼力可以用离散阻尼器连接点的特定的速度来表达。然而，刚体的质量不需要集中，分布的惯性力一般由所假定的加速度而得到，通常最有效的处理方法是将分布的惯性力向刚体的质心简化。同样，也可以把作用在刚体上的分布荷载用它们的合力来代替。

建立单自由度刚体系的运动方程，有两种常用的方法：直接平衡法和虚位移原理。用直接平衡法建立运动方程，首先分别以每个刚体为隔离体，分析其受力并根据达朗贝尔原理加上惯性力后列动平衡方程；然后将这些方程联立消去所有约束

力后得到一个方程,即为所要建立的刚体系的运动方程。但是,由于刚体系较为复杂,约束力多,使用虚位移原理来建立运动方程更为有效,下面举例说明其方法。

例 1-1 图 1-3 所示的刚体系由两根刚性杆组成,两杆间用 B 铰连接,A 点和 C 点分别支承于固定铰支座和滚轴支座上。在 D 点和 E 点分别受到弹簧和阻尼器的约束,AB 杆的质量是沿杆均匀分布的 $\overline{m}$,而 BC 杆上支承一集中质量 m,动力荷载是作用在 E 点的竖向集中荷载 $p(t)$,建立该体系在图示位置微幅振动的运动方程。

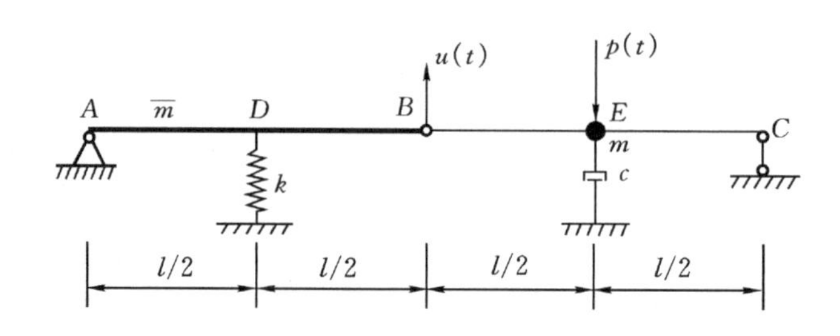

图 1-3 刚体系的计算简图

解 由于杆都是刚性的,这个体系在平面内仅有一个自由度。这个单自由度刚体系可能产生的位移形式如图 1-4 所示,选 B 铰的运动 $u(t)$ 作为基本位移量,而其他的一切位移均可用它来表示。AB 杆的转角 $\varphi = u(t)/l$,D 点和 E 点的位移 $u_D = u_E = u(t)/2$ 。作用于体系上的其它主动力用 $u(t)$ 表达为

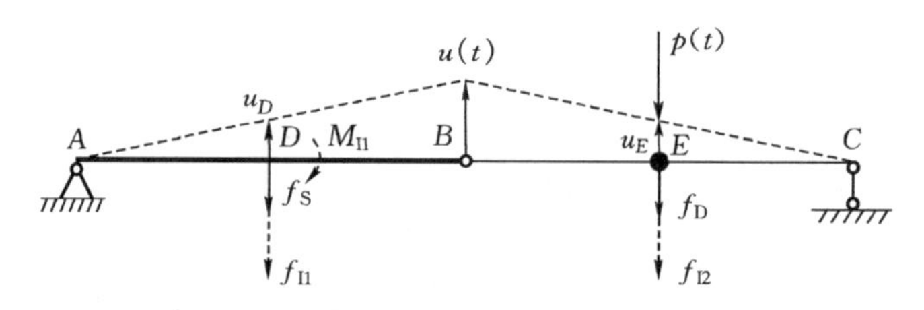

图 1-4 刚体系的位移及主动力

$$f_S = ku_D = \frac{1}{2}ku(t) \ , \qquad f_D = c\dot{u}_E = \frac{1}{2}c\dot{u}(t)$$

$$f_{I1} = \overline{m}l\ddot{u}_D = \frac{1}{2}\overline{m}l\ddot{u}(t), \qquad M_{I1} = J_D\ddot{\varphi} = \frac{\overline{m}l^2}{12}\ddot{u}(t)$$

$$f_{I2} = m\ddot{u}_E = \frac{1}{2}m\ddot{u}(t)$$

体系的运动方程可以根据作用于体系上的主动力(含惯性力)在发生任意的虚

位移 δu 时所做的总虚功等于零来建立

$$\delta W = -f_S\delta u_D - f_D\delta u_E - f_{I1}\delta u_D - M_{I1}\delta\varphi - f_{I2}\delta u_E - p(t)\delta u_E = 0$$

将各个力的表达式代入上式，并注意到虚位移与位移之间具有相同的比例关系，化简后得到

$$\left[-\left(\frac{\overline{m}l}{3}+\frac{m}{4}\right)\ddot{u}(t)-\frac{c}{4}\dot{u}(t)-\frac{k}{4}u(t)-\frac{p(t)}{2}\right]\delta u = 0$$

因为虚位移 δu 是任意的，要使上式成立，方括号内的项必须等于零。由此得到运动方程

$$m^*\ddot{u}(t)+c^*\dot{u}(t)+k^*u(t)=p^*(t)$$

式中

$$m^* = \frac{\overline{m}l}{3}+\frac{m}{4},\quad c^* = \frac{c}{4},\quad k^* = \frac{k}{4},\quad p^*(t) = -\frac{p(t)}{2}$$

分别称为此体系的广义质量、广义阻尼、广义刚度和广义荷载。这个方程还可以用直接平衡法来建立，请读者自己练习。

习题

1-1　试简单叙述建立结构体系运动方程的方法有哪些。

1-2　如图所示系统，AB 杆为刚性杆，其单位长度的质量为 $\overline{m}$，且 AB 杆对形心的转动惯量为 J，BC 杆亦为刚性，质量不计，其上有集中质量 m，两杆间用铰 B 连接，弹簧及阻尼器的位置、参数见图，BD 段承受图示均布功荷载 $q(t)$，试建立该体系的运动方程。

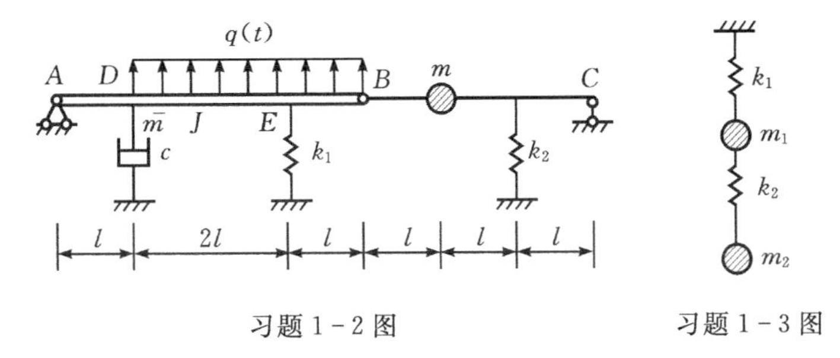

习题1-2图　　习题1-3图

1-3　质量为 m_1、m_2 的两质量块悬挂，如图所示，两弹簧的刚度分别为 k_1、k_2，试分别用直接平衡法、虚位移原理和哈密尔顿原理建立该体系的运动方程。

1-4　如图所示系统，AB 和 BC 杆均为刚性杆，中间用铰 B 连接，AB 杆单位长度的质量为 $\overline{m}$，BC 杆则为无重杆。A、C 点和基础刚性连接，B 点和基础通过刚度为 k 的弹性支座连接，D、E 点有竖向阻尼器约束，阻尼系数均为 c，在 E 点上有

集中质量 m 且施加一个集中动荷载 $p(t)$，AB 段承受图示均布荷载 $q(t)$，试建立该体系的运动方程。

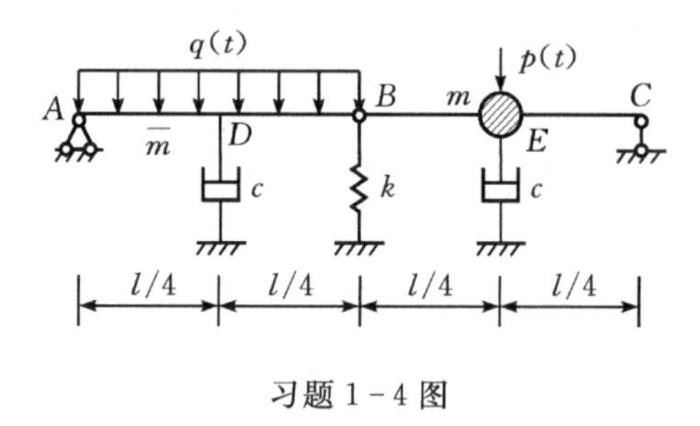

习题 1-4 图

第 2 章　自由振动

2.1　无阻尼自由振动

当一个结构体系从静平衡位置被扰动后在没有任何外部荷载($p(t)=0$)的情况下而振动,称这种运动为**自由振动**。

若不考虑阻尼($c=0$),则由方程(1-5)得到无阻尼单自由度体系自由振动的运动方程

$$m\ddot{u}(t)+ku(t)=0 \tag{2-1a}$$

两边同除以 m,上式可写成

$$\ddot{u}(t)+\omega^2 u(t)=0 \tag{2-1b}$$

这是一个标准形式的二阶常系数齐次微分方程,式中

$$\omega^2=\frac{k}{m} \tag{2-2}$$

由常微分方程理论可知,方程(2-1)的特征方程的根为

$$r=\pm\mathrm{i}\omega$$

因此方程(2-1)的通解可表示为

$$u(t)=C_1\cos\omega t+C_2\sin\omega t \tag{2-3}$$

式中的积分常数 C_1 和 C_2 可由初始条件来确定。设体系在初始时刻 $t=0$ 时有初位移 $u(0)=u_0$ 和初速度 $\dot{u}(0)=\dot{u}_0$,则可解得 $C_1=u_0$, $C_2=\dfrac{\dot{u}_0}{\omega}$ 。代入式(2-3),即可得到反应

$$u(t)=u_0\cos\omega t+\frac{\dot{u}_0}{\omega}\sin\omega t \tag{2-4}$$

可以看出,无阻尼自由振动反应由同频率的两部分简谐项组成:一部分是由初位移 u_0 引起的按余弦规律振动;另一部分是由初速度 $\dot{u}_0$ 引起的按正弦规律振动。这个解描述了一个简谐运动,其形状如图 2-1 所示。式(2-4)又可以写成

$$u(t)=\hat{u}\sin(\omega t+\theta) \tag{2-5}$$

如图 2-2 中的矢量图所示,这个反应可以用两个旋转矢量的水平投影或实部表

示,因此运动的振幅由合矢量给出

$$\hat{u} = \sqrt{u_0{}^2 + \left(\frac{\dot{u}_0}{\omega}\right)^2} \tag{2-6}$$

而相位角 θ 表示合成运动超前正弦项的角位移,由下式给出

$$\theta = \arctan \frac{u_0}{\dot{u}_0/\omega} \tag{2-7}$$

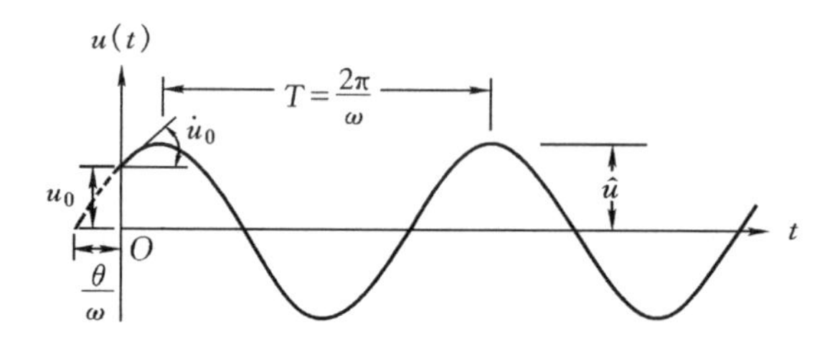

图 2-1 无阻尼自由振动反应

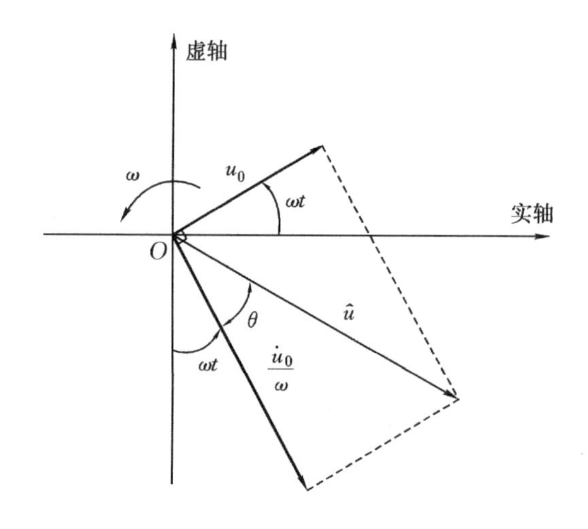

图 2-2 自由振动的旋转矢量表示法

由式(2-5)可见,无阻尼单自由度体系的自由振动可以用时间的简谐函数来描述,故称为**简谐振动**。由图 2-2 可以看出,旋转矢量转动一周,即相位角增加 2π,位移 u 的变化就重复一次。将简谐振动重复一次所需的时间 T 称为振动的**周期**,单位通常为 s。由 $\omega T = 2\pi$,可得

$$T = \frac{2\pi}{\omega} \tag{2-8}$$

周期的倒数称作**频率**,即

$$f = \frac{1}{T} = \frac{\omega}{2\pi} \tag{2-9}$$

上式表示单位时间(1s)内振动的重复次数,单位为 1/s 或 Hz 。ω 是振动的**圆频率**(习惯上也叫频率)

$$\omega = 2\pi f = \frac{2\pi}{T} \tag{2-10}$$

表示在单位时间相位角的变化量,它的单位为 rad/s。

可以看出,频率 ω 或周期 T 是结构动力性能的重要指标,它们只与结构的质量 m 和刚度 k 有关,所以也常称 ω 和 T 为结构体系的**固有频率**(或自振频率)和**固有周期**(或自振周期)。从公式可见,质量越大则频率越低,周期越长;反之刚度越大则频率越高,周期越短。这个结论,对于振动体系的修改设计非常有用。

2.2　有阻尼自由振动

现在讨论阻尼对结构体系自由振动的影响,令方程(2-5)中 $p(t)=0$,给出有阻尼单自由度体系自由振动的运动方程

$$m\ddot{u}(t) + c\dot{u}(t) + ku(t) = 0 \tag{2-11a}$$

两边同除以 m ,并注意到 $k/m=\omega^2$,得到

$$\ddot{u}(t) + 2\xi\omega\dot{u}(t) + \omega^2 u(t) = 0 \tag{2-11b}$$

式中

$$\xi = \frac{c}{2m\omega} = \frac{c}{c_{cr}} \tag{2-12}$$

称为**阻尼比**,把

$$c_{cr} = 2m\omega = 2\sqrt{km} \tag{2-13}$$

称为**临界阻尼系数**。

方程(2-11)对应的特征方程的特征根为

$$r = -\frac{c}{2m} \pm \sqrt{\left(\frac{c}{2m}\right)^2 - \omega^2} = -\xi\omega \pm \omega\sqrt{\xi^2 - 1} \tag{2-14}$$

可以看出对于阻尼比 ξ 的不同取值 $\xi>1$、$\xi=1$ 和 $\xi<1$,相应的特征根分别为实数、重根和复数。由微分方程理论可知,方程(2-11)具有三种不同形式的解,可以描述三种运动形式。现在我们根据阻尼比的不同取值范围分三种情形来讨论方程(2-11)的通解。

1. 临界阻尼体系 ($\xi = 1$)

特征根为重根时的限定条件为阻尼比 $\xi=1$,此时特征根为

$$r_1 = r_2 = -\omega$$

方程(2-11)的通解可表示为

$$u(t) = (G_1 + G_2 t)e^{-\omega t} \tag{2-15}$$

设体系在时刻 $t=0$ 时有初始条件

$$u(0) = u_0 \text{ , } \dot{u}(0) = \dot{u}_0 \tag{2-16}$$

对应于这一初始条件的临界阻尼体系反应为

$$u(t) = [u_0(1+\omega t) + \dot{u}_0 t]e^{-\omega t} \tag{2-17}$$

如图 2-3 所示。由此可见,临界阻尼体系的自由振动反应不具有振动特性,而是依照指数衰减规律返回到零点。我们把 $\xi=1$ 这个条件称为**临界阻尼条件**。临界阻尼条件的一个有用的定义是,在自由振动反应中不出现振动现象所需的最小阻尼值,这个阻尼值就是临界阻尼系数 c_{cr} 。

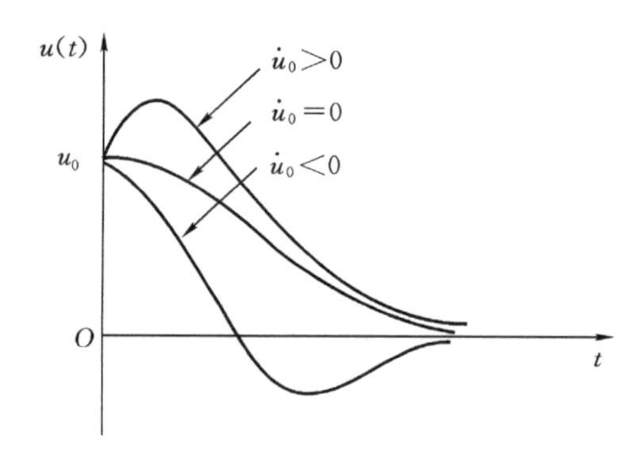

图 2-3 具有临界阻尼的自由振动反应

2. 超阻尼体系($\xi > 1$)

虽然阻尼大于临界阻尼的结构体系在正常情况下是不会遇到的,但为了使讨论完整起见,进行超阻尼体系的反应分析也是有意义的。在这种情况下,$\xi > 1$,由式(2-14)可知特征根为两个负实数

$$r_{1,2} = -(\xi \pm \sqrt{\xi^2 - 1})\omega \tag{2-18}$$

方程(2-11)的通解可表示为

$$u(t) = G_1 e^{-(\xi - \sqrt{\xi^2-1})\omega t} + G_2 e^{-(\xi + \sqrt{\xi^2-1})\omega t} \tag{2-19}$$

根据初始条件(2-16),上式中积分常数 G_1 和 G_2 为

$$\left.\begin{aligned} G_1 &= \frac{\dot{u}_0 + (\xi + \sqrt{\xi^2 - 1})\omega u_0}{2\omega\sqrt{\xi^2 - 1}} \\ G_2 &= -\frac{\dot{u}_0 + (\xi - \sqrt{\xi^2 - 1})\omega u_0}{2\omega\sqrt{\xi^2 \quad 1}} \end{aligned}\right\} \tag{2-20}$$

式(2－19)的右端两项都是随时间单调变化的量，所以超阻尼体系的自由运动也不具有振动特性，如图 2－4 所示。但是随着阻尼比的增加，返回到零点的速度将变得更慢。

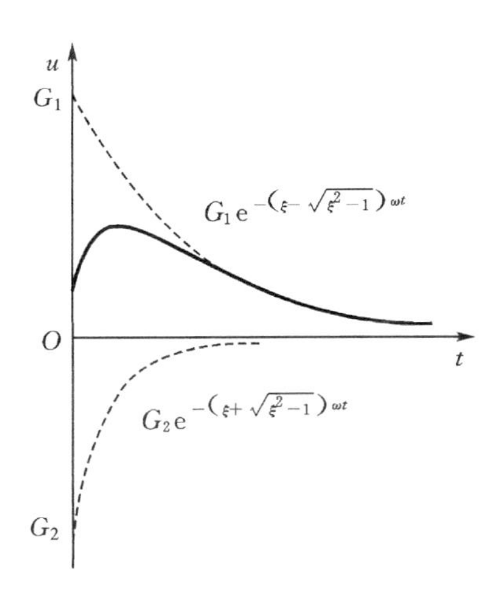

图 2－4　超临界阻尼的自由振动反应

3. 低阻尼体系($\xi < 1$)

如果阻尼系数 c 小于临界阻尼系数 c_{cr}，即 $\xi < 1$ 时，体系的特征根为一对共轭复数，即

$$r_{1,2} = -\xi\omega \pm i\omega\sqrt{1 - \xi^2} = -\xi\omega \pm i\omega_D \tag{2-21}$$

式中

$$\omega_D = \omega\sqrt{1 - \xi^2} \tag{2-22}$$

称作**阻尼振动频率**。方程(2－11)的通解可写成

$$u(t) = e^{-\xi\omega t}(G_1 e^{i\omega_D t} + G_2 e^{-i\omega_D t}) \tag{2-23}$$

括号中的项为简谐运动，可表示成式(2－3)的形式，因此这个表达式可写成以下形式

$$u(t) = e^{-\xi\omega t}(C_1 \cos\omega_D t + C_2 \sin\omega_D t) \tag{2-24}$$

将式(2－24)代入初始条件式(2－16)，可得出

$$C_1 = u_0, \quad C_2 = \frac{\dot{u}_0 + \xi\omega u_0}{\omega_D} \tag{2-25}$$

由式(2-24)可得到

$$u(t) = e^{-\xi\omega t}\left(u_0 \cos\omega_D t + \frac{\dot{u}_0 + \xi\omega u_0}{\omega_D}\sin\omega_D t\right) \tag{2-26}$$

另外,这个反应表达式也可用旋转矢量来表示

$$u(t) = \hat{u}e^{-\xi\omega t}\sin(\omega_D t + \theta) \tag{2-27}$$

式中

$$\left.\begin{aligned} \hat{u} &= \sqrt{u_0^2 + \left(\frac{\dot{u}_0 + \xi\omega u_0}{\omega_D}\right)^2} \\ \theta &= \arctan\frac{\omega_D u_0}{\dot{u}_0 + \xi\omega u_0} \end{aligned}\right\} \tag{2-28}$$

从式(2-27)可以清楚地看到,右端有两个因子,一个是衰减的指数函数,一个是简谐函数。后一个因子表明体系的运动具有某种振动特征,有一定的周期往复性;而由于第一个因子,体系的振动又将是逐渐衰减的。因此,低阻尼体系的自由运动可以看作是一种"衰减振动",当 $\dot{u}_0=0$ 时的低阻尼体系自由振动反应如图2-5所示。

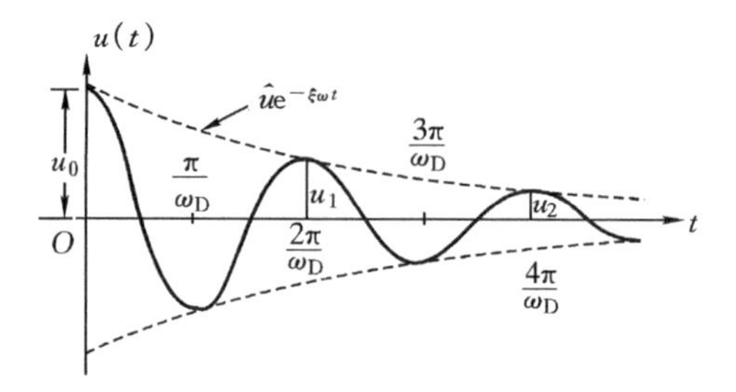

图 2-5　低阻尼体系自由振动反应

这种衰减振动的频率 ω_D 比无阻尼振动频率 ω 要小。为了估计阻尼对频率的影响,由方程(2-22)可见,有阻尼频率与无阻尼频率的比 $\frac{\omega_D}{\omega}$ 作为阻尼比 ξ 函数的曲线为图 2-6 所示的单位半径圆。当 $\xi < 0.20$ 时,有阻尼频率 ω_D 和无阻尼频率 ω 间的差别是很小的。对于一般工程结构体系而言,阻尼比都比较小,阻尼对振动频率的影响可以忽略不计。

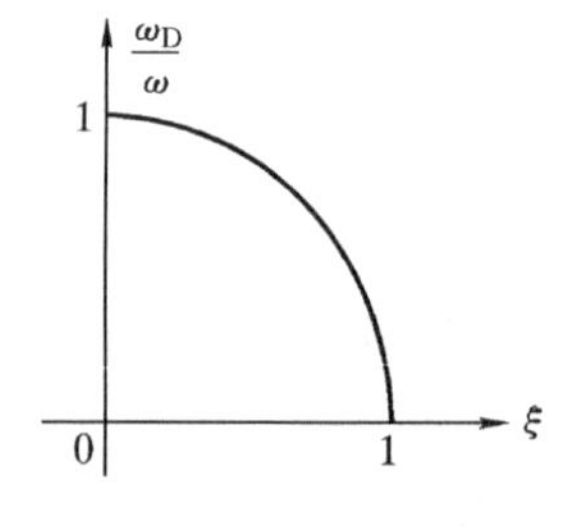

图 2-6　阻尼频率与阻尼比之间的关系

另一方面,阻尼使得结构体系自由振动的幅值按几何级数衰减,考虑图 2-5 所示的任意两个相邻的正波峰 u_i 和 u_{i+1},由式(2-27)知

道，相邻两幅值之比为

$$\eta = \frac{u_i}{u_{i+1}} = e^{2\pi\xi\frac{\omega}{\omega_D}} \tag{2-29}$$

式中：η 称为**衰减率**。η 越大表示阻尼越大，振幅衰减也越快。每隔一个周期，振幅衰减为原来的 $\frac{1}{\eta}$，当 $\xi = 0.05$ 时 $\frac{1}{\eta} = 0.730$，可见振幅衰减是显著的。

对式(2-29)的两边同时取自然对数，则得到**对数衰减率**

$$\delta = \ln\frac{u_i}{u_{i+1}} = 2\pi\xi\frac{\omega}{\omega_D} = \frac{2\pi\xi}{\sqrt{1-\xi^2}} \tag{2-30}$$

如图 2-7 所示，当 $\xi \ll 1$ 时，式(2-30)可以近似为

$$\delta \approx 2\pi\xi \tag{2-31}$$

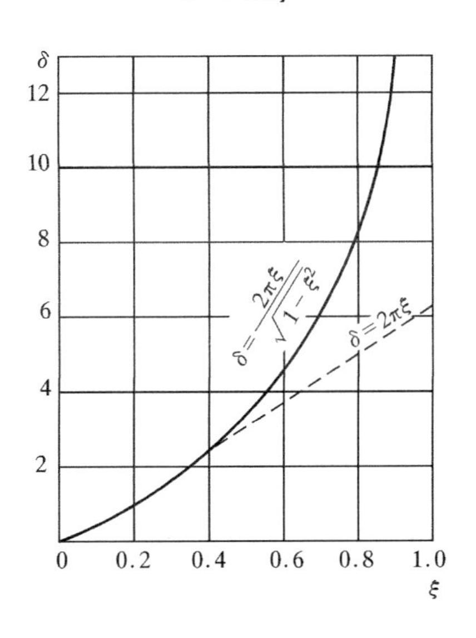

图 2-7　δ 随 ξ 的变化

典型结构体系的真实阻尼特性很复杂，也很难确定。然而，通常采用在自由振动条件下具有同样衰减率的等效黏滞阻尼比 ξ 来表示实际结构的阻尼。由式(2-31)，得到

$$\xi = \frac{\delta}{2\pi} \tag{2-32}$$

对于阻尼较小的体系来说，取相隔 m 周的反应幅值计算阻尼比，可以获得更高的精度，即

$$\delta = \frac{1}{m}\ln\frac{u_i}{u_{i+m}} \tag{2-33}$$

代入式(2－32)计算出阻尼比。

例 2－1 一个单层建筑物被简化为无重柱子支承的刚性大梁,如图 2－8 所示。为了得到这个结构的动力特性,对它进行自由振动试验。用液压千斤顶使结构的顶部侧向产生偏离,然后突然释放,使结构产生振动。试验时观察到为了使顶部大梁产生 5 mm 的位移需要 100 kN 的力。在产生初始位移后突然释放,往返摆动的最大位移仅为 4 mm,而位移循环的周期为 0.50 s。从这些数据可以确定结构的一些动力特性。

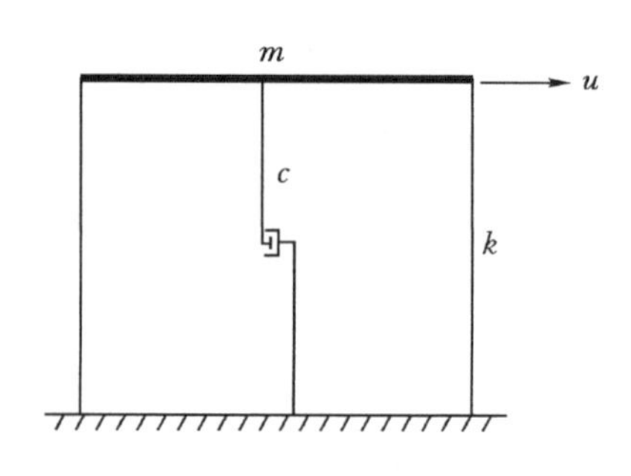

图 2－8 单层建筑计算简图

解 (1)振动频率

$$f=\frac{1}{T}=\frac{1}{0.50}=2.0\ \text{Hz}$$

$$\omega=2\pi f=2\pi\times 2.0=12.57\ \text{rad/s}$$

(2)侧向刚度

$$k=\frac{100}{0.005}=20000\ \text{kN/m}$$

(3)有效质量

$$m=\frac{k}{\omega^2}=\frac{20000}{12.57^2}=126.7\ \text{t}$$

(4)阻尼特性

对数衰减率

$$\delta=\ln\frac{u_0}{u_1}=\ln\frac{5}{4}=0.2231$$

阻尼比

$$\xi=\frac{\delta}{2\pi}=\frac{0.2231}{2\pi}=0.03551$$

阻尼系数

$$c=\xi c_{\text{cr}}=\xi\times 2m\omega=0.03551\times 2\times 126.7\times 12.57=113.1\ \text{kN}\cdot\text{s/m}$$

习题

2－1 如图所示,质量块的质量 $m=1$ kg,处于静平衡状态,假设一个 $p=100$ N 的力沿竖直方向作用于该质量块,弹簧获得静伸长量 $\Delta=1$ cm,将该力卸掉(此时

计 $t=0$)，试写出该质量块 $t>0$ 时的运动规律。

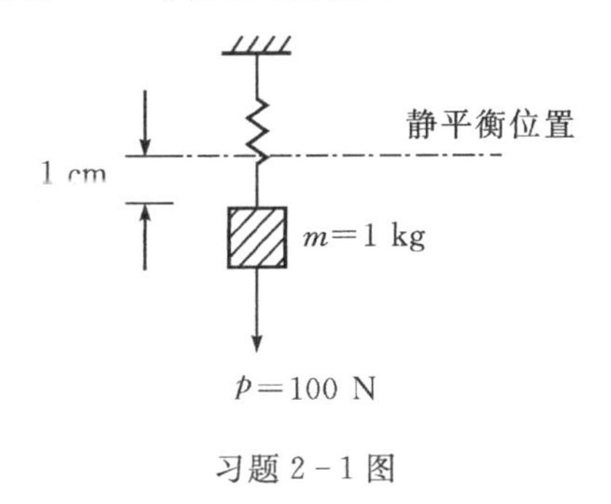

习题 2-1 图

2-2　试求图示梁的固有频率和周期。已知梁的分布质量不计，支座弹簧的刚度系数 $k=24EI/7l^3$。

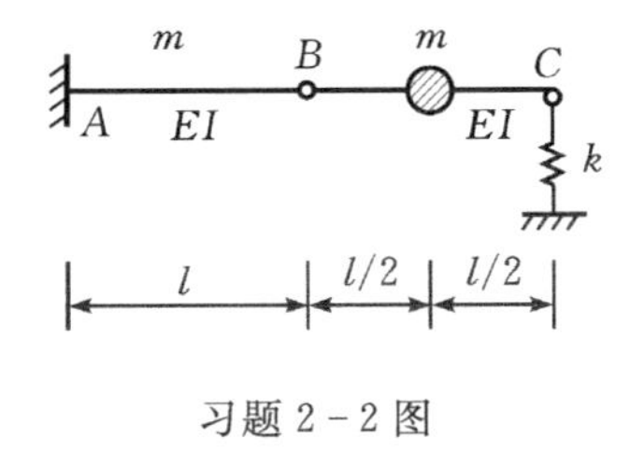

习题 2-2 图

2-3　已知结构的自振周期 $T=0.5$ s，阻尼比 $\xi=0.01$，设结构在初始位移 $u_0=2$ cm的情况下自由振动，试求振幅衰减到 0.05 cm 以下所需的时间。

2-4　如图所示为一单层建筑的计算简图。设横梁的刚度 $EI=\infty$，屋盖、横梁重量及柱子部分重量均集中在横梁处，设总质量为 $m=5000$ kg。如在横梁处加一水平力 $p=100$ kN，横梁发生侧移 $u_0=0.6$ cm，然后突然释放，使其发生自由振动，此时测得 1.5 s 后横梁回摆的最大位移 $u_1=0.4$ cm。试求该体系的阻尼比，阻尼系数及摆动 5 周后的振幅。

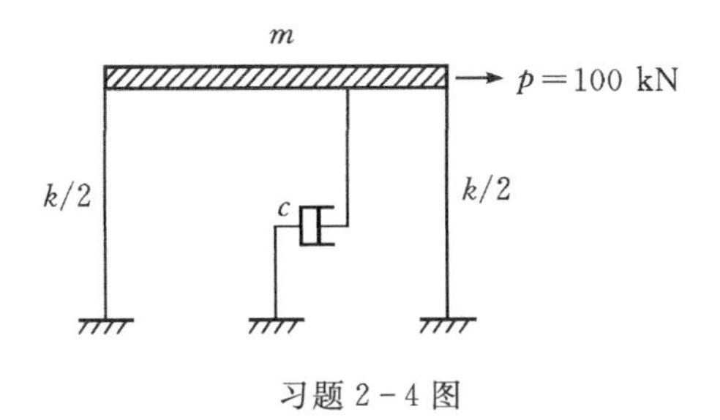

习题 2-4 图

第3章　强迫振动

3.1　引　言

与结构体系由初始位移或初始速度引起的自由振动不同，**强迫振动**为与时间有关的外荷载产生的振动。单自由度体系在承受动力荷载 $p(t)$ 的作用时，运动方程为

$$m\ddot{u}(t)+c\dot{u}(t)+ku(t)=p(t) \tag{3-1}$$

每项除以质量 m，并注意到 $c/m=2\xi\omega$ 和 $k/m=\omega^2$，可得到运动方程的标准形式为

$$\ddot{u}(t)+2\xi\omega\dot{u}(t)+\omega^2u(t)=\frac{p(t)}{m} \tag{3-2}$$

这是一个二阶常系数非齐次微分方程，它的解由两部分组成，一部分是相应的齐次方程(2-11)的解，即自由振动解；另一部分是上述方程的任一特解。因此，对于低阻尼($\xi<1$)结构体系(这是符合实际结构性能的)强迫振动的解可表示为

$$u(t)=\mathrm{e}^{-\xi\omega t}(C_1\cos\omega_{\mathrm{D}}t+C_2\sin\omega_{\mathrm{D}}t)+u_{\mathrm{p}}(t) \tag{3-3}$$

式中的特解 $u_{\mathrm{p}}(t)$ 与 $p(t)$ 有关，当荷载是函数 $\mathrm{e}^{\overline{\omega}t}$、$\sin\overline{\omega}t$、$\cos\overline{\omega}t$ (这里 $\overline{\omega}$ 是常数)和 t^k(这里 k 是非负整数)的任意线性组合时，常能用待定系数法求得。

3.2　简谐荷载作用下的动力反应

1. 动力反应

简谐荷载是工程领域中常见的动力荷载，同时为了更好地理解一般动力荷载下结构体系的反应，掌握在简谐荷载下结构体系的反应特征也是必要的。**简谐荷载**随时间的变化规律可以由正弦函数或者余弦函数表达。假设简谐荷载是幅值为 $\hat{p}$、圆频率为 $\overline{\omega}$、初相角为零的正弦函数，这种假设实质上具有普遍意义，此时

$$p(t)=\hat{p}\sin\overline{\omega}t \tag{3-4}$$

代入方程(3-2)，有

$$\ddot{u}(t)+2\xi\omega\dot{u}(t)+\omega^2u(t)=\frac{\hat{p}}{m}\sin\overline{\omega}t \tag{3-5}$$

为求方程(3-5)的特解,可假定此方程有试解 $u_p(t)=G_1\sin\overline{\omega}t+G_2\cos\overline{\omega}t$,也就相当于

$$u_{\mathrm{p}}(t)=\hat{u}\sin(\overline{\omega}t-\theta) \tag{3-6}$$

式中:$\hat{u}$、θ 是两个待定常数。将式(3-6)代入方程(3-5),并且把方程(3-5)的右边项因子改写为 $\sin\overline{\omega}t=\sin[(\overline{\omega}t-\theta)+\theta]=\sin(\overline{\omega}t-\theta)\cos\theta+\cos(\overline{\omega}t-\theta)\sin\theta$,分别按 $\sin(\overline{\omega}t-\theta)$ 和 $\cos(\overline{\omega}t-\theta)$ 的因子整理后,即可得到

$$\left[\hat{u}(\omega^2-\overline{\omega}^2)-\frac{\hat{p}}{m}\cos\theta\right]\sin(\overline{\omega}t-\theta)+\left[\hat{u}(2\xi\overline{\omega}\omega)-\frac{\hat{p}}{m}\sin\theta\right]\cos(\overline{\omega}t-\theta)=0 \tag{3-7}$$

这个方程对于任意时间 t 都应成立,必有 $\sin(\overline{\omega}t-\theta)$ 和 $\cos(\overline{\omega}t-\theta)$ 前的因子分别等于零,即

$$\left.\begin{aligned}&\hat{u}(\omega^2-\overline{\omega}^2)-\frac{\hat{p}}{m}\cos\theta=0\\&\hat{u}(2\xi\omega\overline{\omega})-\frac{\hat{p}}{m}\sin\theta=0\end{aligned}\right\} \tag{3-8}$$

联立求解上述线性方程组,并注意到 $k=m\omega^2$,即可求得待定系数

$$\left.\begin{aligned}&\hat{u}=\frac{\hat{p}}{k}\frac{1}{\sqrt{(1-\lambda^2)^2+(2\xi\lambda)^2}}\\&\theta=\arctan\frac{2\xi\lambda}{1-\lambda^2}\end{aligned}\right\} \tag{3-9}$$

式中:**频率比** $\lambda=\overline{\omega}/\omega$,相位角 θ 只限于 $0<\theta<\pi$ 的范围。代入式(3-6),并由式(3-3)可得到完全解为

$$u(t)=\mathrm{e}^{-\xi\omega t}(C_1\cos\omega_{\mathrm{D}}t+C_2\sin\omega_{\mathrm{D}}t)+\frac{\hat{p}}{k}\frac{1}{\sqrt{(1-\lambda^2)^2+(2\xi\lambda)^2}}\sin(\overline{\omega}t-\theta) \tag{3-10}$$

这里的积分常数 C_1 和 C_2 由给定的初始条件确定。

设 $t=0$ 时的初位移和初速度分别为 u_0 和 $\dot{u}_0$,则可以得到反应为

$$\begin{aligned}u(t)=&\,\mathrm{e}^{-\xi\omega t}\left(u_0\cos\omega_{\mathrm{D}}t+\frac{\dot{u}_0+\xi\omega u_0}{\omega_{\mathrm{D}}}\sin\omega_{\mathrm{D}}t\right)+\\&\hat{u}\mathrm{e}^{-\xi\omega t}\left(\sin\theta\cos\omega_{\mathrm{D}}t-\frac{\overline{\omega}\cos\theta-\xi\omega\sin\theta}{\omega_{\mathrm{D}}}\sin\omega_{\mathrm{D}}t\right)+\\&\hat{u}\sin(\overline{\omega}t-\theta)\end{aligned} \tag{3-11}$$

上式中的反应由三项运动叠加而成,第一项表示由初始条件引起的有阻尼自由振

动项;第二项表示伴生的有阻尼自由振动项,振动的频率仍为 ω_D,但幅值与强迫振动的荷载有关;最后一项与荷载有关,以荷载的频率 $\overline{\omega}$ 振动,并且不随时间衰减。由于阻尼的存在,第一项和第二项的振幅很快就消失,最后趋于零,故为过渡状态,称为**瞬态反应**,通常其意义不大。最后一项为与作用荷载同频率而不同相位的**稳态反应**。瞬态反应与初始条件有关;而稳态反应则与初始条件无关,仅与荷载和结构的性能有关。图 3-1 为 $\omega_D > \overline{\omega}$ 时简谐荷载的典型反应曲线。

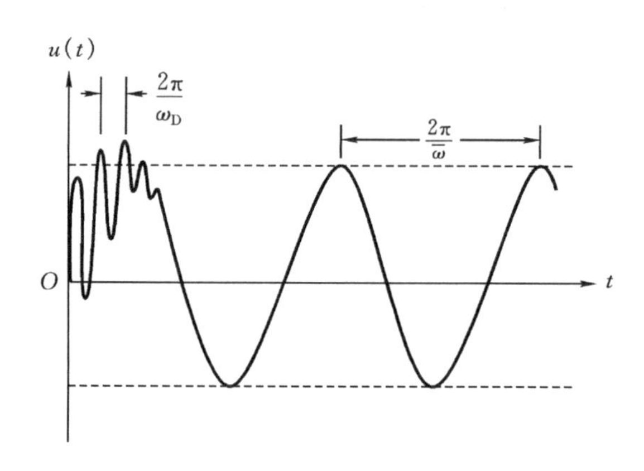

图 3-1 简谐荷载的典型反应曲线

2. 稳态振动反应的特征

在简谐荷载 $p(t) = \hat{p}\sin\overline{\omega}t$ 作用下结构体系的稳态反应是简谐振动,振动的频率与荷载的频率相同,即

$$u(t) = \hat{u}\sin(\overline{\omega}t - \theta) \tag{3-12}$$

稳态振动的振幅 $\hat{u}$ 与初始条件无关并且不随时间变化,与荷载幅值 $\hat{p}$ 所引起的静位移 $\frac{\hat{p}}{k}$ 成正比。我们把振幅 $\hat{u}$ 与静位移 $\frac{\hat{p}}{k}$ 的比值定义为**动力放大系数** β,即

$$\beta = \frac{\hat{u}}{\frac{\hat{p}}{k}} = \frac{1}{\sqrt{(1-\lambda^2)^2 + (2\xi\lambda)^2}} \tag{3-13}$$

则稳态反应可表示为

$$u(t) = \frac{\hat{p}}{k}\beta\sin(\overline{\omega}t - \theta) \tag{3-14}$$

式中的动力放大系数 β 和相位角 θ 都仅仅取决于频率比 λ 和阻尼比 ξ。

从式(3-13)出发,对于不同的阻尼比 ξ,分别画出如图 3-2 所示的一组动力放大系数 β-频率比 λ 曲线,称为**幅频特性曲线**。

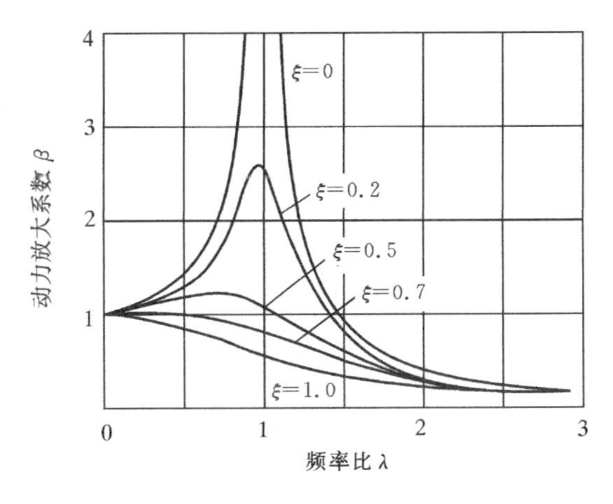

图 3-2　幅频特性曲线

由幅频特性曲线可以看出，当频率比 $\lambda \ll 1$，即荷载频率 ϖ 远小于结构固有频率 ω 时，动力放大系数 β 非常接近于 1，此时动力荷载可以近似看作静荷载处理；当频率比 $\lambda \gg 1$，即荷载频率 ϖ 远大于结构固有频率 ω 时，动力放大系数 β 趋近于零，此时动力荷载的反应非常小；而当频率比 $\lambda \approx 1$，即荷载频率 ϖ 约等于结构固有频率 ω 时，动力放大系数 β 可能非常大，无阻尼时为无穷大。实际上由于阻尼的存在，动力放大系数 β 的极值点并不在频率比 $\lambda = 1$ 处，由 $\frac{\mathrm{d}\beta}{\mathrm{d}\lambda} = 0$ 得到对于阻尼比 $\xi < \frac{1}{\sqrt{2}}$ 的实际结构反应极值频率比为 $\lambda = \sqrt{1-2\xi^2}$（略小于 1），此时动力放大系数 β 有极大值

$$\beta_{\max} = \frac{1}{2\xi\sqrt{1-\xi^2}} \tag{3-15}$$

通常把振幅最大时的荷载频率称为**共振频率**。但实际工程结构的阻尼往往比较小（$\xi \ll 1$），常不加区别认为 $\lambda = 1$ 时发生共振，即共振频率为 ω，此时动力放大系数

$$\beta_{\max} \approx \beta_{\lambda=1} = \frac{1}{2\xi} \tag{3-16}$$

相对于阻尼比 $\xi = 0.01$、0.05 和 0.1，共振时的动力放大系数分别为 $\beta_{\max} = 50$、10 和 5。因此在工程设计中要避免结构在共振区工作。

从幅频特性曲线还可以看出，阻尼比 ξ 越大，动力放大系数 β 越小。在共振区（一般称 $0.75 < \lambda < 1.25$ 为共振区）附近一定范围内，阻尼比 ξ 对动力放大系数 β 影响显著，增大阻尼振幅可以明显下降。在离共振区稍远的范围，阻尼对振幅的影响不大，尤其当 $\varpi \gg \omega$ 时阻尼对振幅几乎没有多少作用。当阻尼比 $\xi > \frac{1}{\sqrt{2}}$ 时，无论频率比 λ 是多少，动力放大系数 $\beta < 1$，即振幅小于静位移。

稳态振动位移反应与荷载同频率但有相位差,位移反应滞后荷载 θ 角。从式(3-9)显而易见相位角 θ 也随频率比 λ 和阻尼比 ξ 而变化,根据式(3-9)第二式对于不同的阻尼比 ξ 做出的 $\theta-\lambda$ 曲线称为**相位频率特性曲线**,如图 3-3 所示。

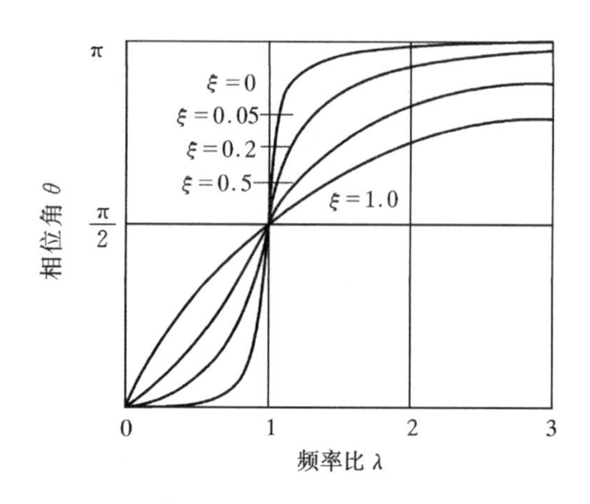

图 3-3　相位频率特性曲线

从相位频率特性曲线可以看出,当阻尼比较小时,对频率比 $\lambda \ll 1$ 的低频荷载相位角 $\theta \to 0$,即位移反应与荷载接近于同相位;对频率比 $\lambda \gg 1$ 的高频荷载相位角 $\theta \to \pi$,即位移反应与荷载接近于反相位;而当频率比 $\lambda = 1$ 时,无论阻尼比 ξ 为何值,相位角 $\theta \to \frac{\pi}{2}$,这是共振的一个重要特征。这一现象可以用来测定结构体系的固有频率。

例 3-1　一种便携式产生简谐荷载的激振器,可用来现场测定结构的动力特性。用此激振器对结构施加两种不同频率的荷载,分别测出每种荷载所引起的结构稳态反应振幅与相位,确定单自由度结构的质量、阻尼和刚度。对一单层建筑物进行了测试,两次激振荷载的幅值、频率和测得的结构反应的振幅、相位如下:

$$\hat{p}_1 = 2\ \text{kN},\ \overline{\omega}_1 = 16\ \text{rad/s},\ \hat{u}_1 = 0.18\ \text{mm},\ \theta_1 = 15^\circ$$

$$\hat{p}_2 = 2\ \text{kN},\ \overline{\omega}_2 = 25\ \text{rad/s},\ \hat{u}_2 = 0.37\ \text{mm},\ \theta_2 = 55^\circ$$

试求该结构的质量、刚度和阻尼。

解　由式(3-9),有

$$\hat{u} = \frac{\hat{p}}{k}\frac{1}{\sqrt{(1-\lambda^2)^2+(2\xi\lambda)^2}} = \frac{\hat{p}}{k}\frac{1}{(1-\lambda^2)\sqrt{1+\left(\frac{2\xi\lambda}{1-\lambda^2}\right)^2}} = \frac{\hat{p}}{k}\frac{\cos\theta}{1-\lambda^2} \tag{a}$$

对上式进一步进行代数简化,并注意到 $k = m\omega^2$,则有

$$k(1-\lambda^2) = k - \overline{\omega}^2 m = \frac{\hat{p}\cos\theta}{\hat{u}} \tag{b}$$

引入两组试验数据,可得到如下方程组

$$k - 16^2 m = \frac{2\cos 15^\circ}{0.18 \times 10^{-3}}$$

$$k - 25^2 m = \frac{2\cos 55^\circ}{0.37 \times 10^{-3}}$$

联立解得

$$m = 20.68\ \mathrm{t}$$

$$k = 16027\ \mathrm{kN/m}$$

由此可以得到固有频率

$$\omega = \sqrt{\frac{k}{m}} = \sqrt{\frac{16027}{20.68}} = 27.84\ \mathrm{rad/s}$$

为了确定阻尼比,可由方程(a)和(3-9)解得阻尼比的算式,用第一个试验的数据可求得

$$\xi = \frac{\hat{p}_1 \sin\theta_1}{2\hat{u}_1 k \lambda_1} = \frac{2.0 \times \sin 15^\circ}{2 \times 0.18 \times 10^{-3} \times 16027 \times \dfrac{16}{27.84}} = 0.1561$$

黏滞阻尼系数

$$c = \xi c_{\mathrm{cr}} = \xi(2\omega m) = 0.156 \times 2 \times 27.84 \times 20.68 = 179.8\ \mathrm{kN \cdot s/m}$$

3. 矢量表示

讨论在稳态振动条件下作用于质量上力的平衡是有意义的。这些力的分量很容易用动力放大系数表达,如图 3-4 所示。应注意,弹性力的方向与位移矢量方向相反。同样,阻尼力和惯性力的作用方向也分别与速度和加速度方向相反。最后,显然这些抗力的合力恰好与作用荷载相抵消,因为必须保持动力平衡。

稳态反应可用旋转矢量表示,由于

$$u(t) = \hat{u}\sin(\overline{\omega}t - \theta)$$

则

$$\dot{u}(t) = \hat{u}\overline{\omega}\cos(\overline{\omega}t - \theta) = \hat{u}\overline{\omega}\sin\left(\overline{\omega}t - \theta + \frac{\pi}{2}\right)$$

$$\ddot{u}(t) = -\hat{u}\overline{\omega}^2\sin(\overline{\omega}t - \theta) = \hat{u}\,\overline{\omega}^2\sin(\overline{\omega}t - \theta + \pi)$$

即速度、加速度的相位分别超前位移 $\pi/2$ 和 π,因此阻尼力、惯性力的相位也分别超前弹性恢复力 $\pi/2$ 和 π。运动中的各力用旋转矢量表示如图 3-4(a),相应的力平衡多边形如图 3-4(b)所示。

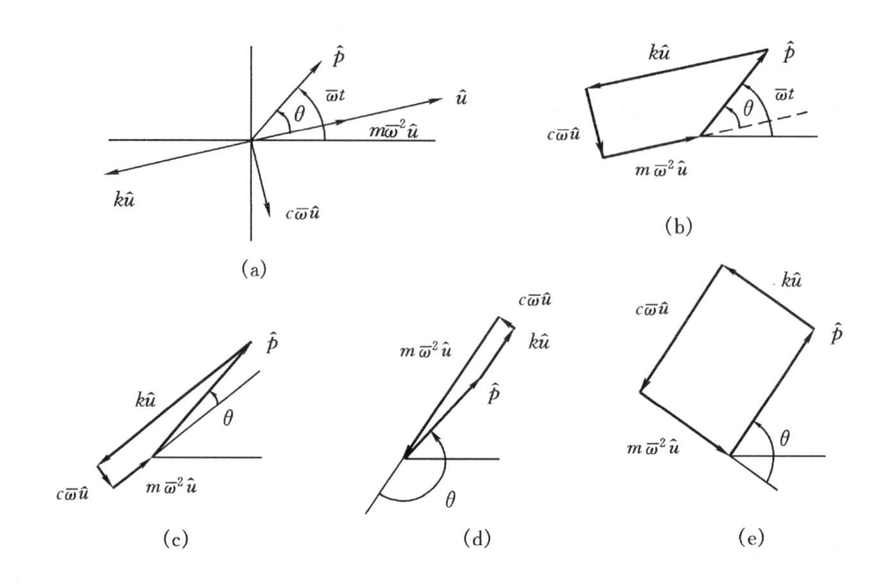

图 3-4　力平衡图

当荷载频率在低频范围,即 $\overline{\omega} \ll \omega$ 时,结构振动缓慢,速度和加速度都比较小,因此阻尼力和惯性力都很小,位移与荷载基本同相位,恢复力与荷载几乎平衡,结构的静态特性是主要的,如图 3-4(c)所示。

在高频范围,即 $\overline{\omega} \gg \omega$ 时,加速度很大,惯性力充分发挥作用,这时位移与荷载接近反相位,惯性力与荷载几乎平衡,结构的动力特性突出,如图 3-4(d)所示。

在共振时,即 $\overline{\omega} = \omega$ 时,结构产生强烈的振动,振幅达到最大值,弹性恢复力、阻尼力和惯性力都比较大,此时弹性恢复力与惯性力相平衡,荷载全部用以克服阻尼力,如图 3-4(e)所示。

4. 共振反应

对小阻尼结构体系来说,稳态反应的峰值出现在频率比 λ 接近 1 的地方即共振。为了对谐振荷载下结构共振反应的性质有更完整的理解,需要对包含瞬态项以及稳态项的一般反应式(3-10)进行讨论。在共振荷载频率 $(\lambda = 1)$ 时,此式成为

$$u(t) = \mathrm{e}^{-\xi\omega t}(C_1\cos\omega_{\mathrm{D}}t + C_2\sin\omega_{\mathrm{D}}t) - \frac{\hat{p}}{k}\frac{1}{2\xi}\cos\omega t \tag{3-17}$$

不失一般性,假定结构体系从静止$[u(0) = \dot{u}(0) = 0]$开始运动,则相应的积分常数

$$C_1 = \frac{\hat{p}}{k}\frac{1}{2\xi}$$

$$C_2 = \frac{\hat{p}}{k}\frac{\omega}{2\omega_D} = \frac{\hat{p}}{k}\frac{1}{2\sqrt{1-\xi^2}}$$

代入式(3-17)，得到结构的共振反应

$$u(t) = \frac{\hat{p}}{k}\frac{1}{2\xi}\left[e^{-\xi\omega t}\left(\cos\omega_D t + \frac{\xi}{\sqrt{1-\xi^2}}\sin\omega_D t\right) - \cos\omega t\right] \tag{3-18}$$

对于一般实际工程结构来说，阻尼比往往比较小，式中正弦项对反应振幅的影响很小，可以忽略，而且结构的有阻尼振动频率 ω_D 几乎等于固有频率 ω，因此，在这种情况下的反应比近似为

$$R(t) = \frac{u(t)}{\dfrac{\hat{p}}{k}} \approx \frac{1}{2\xi}(e^{-\xi\omega t} - 1)\cos\omega t \tag{3-19}$$

对于无阻尼的情况，式(3-19)成为不定式，通过应用洛必达法则后，结构的共振反应比为

$$R(t) = \frac{1}{2}(\sin\omega t - \omega t\cos\omega t) \tag{3-20}$$

式(3-19)和(3-20)的曲线如图 3-5 所示。它们表示了有阻尼和无阻尼时在共振情况下反应是如何增加的；可清楚地看到在这两种情况下反应都是逐渐增加的。对无阻尼体系，反应比每一周期增加一个 π 值，一直增加除非频率发生变化，否则结构最后必然产生破坏。另一方面，可清楚地看出阻尼限制共振反应振幅的情况。基本达到阻尼共振反应的峰值振幅所需的周数，依赖于阻尼的大小。图 3-6 表示不同阻尼值的反应包络线(图 3-5 中虚线)的上升情况。由此可见，达到接近最大反应振幅所需的干扰周数并不多。

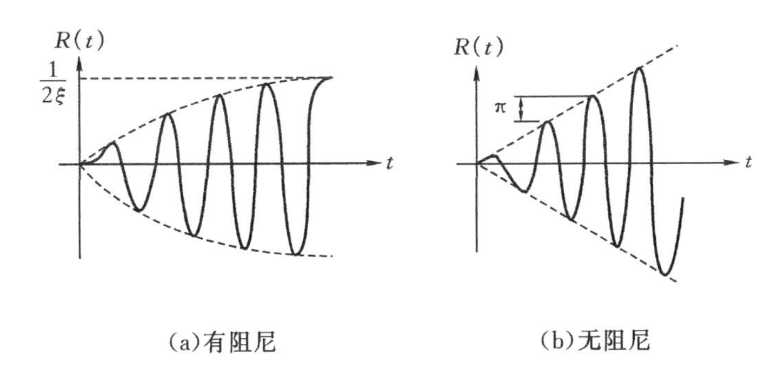

图 3-5　反应比曲线

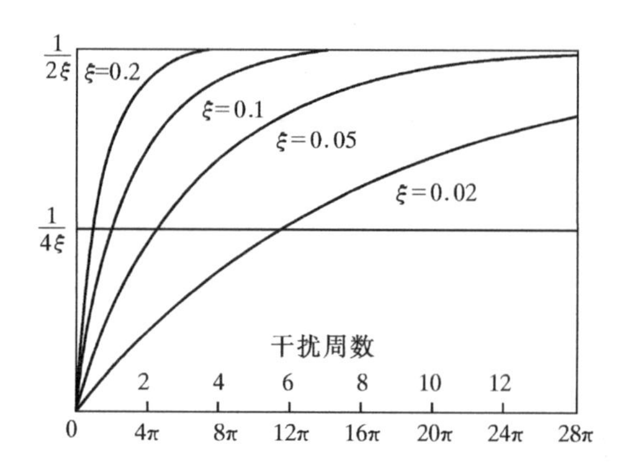

图 3-6　达到最大反应的干扰周数

3.3　阶跃荷载作用下的动力反应

现在考虑图 3-7 所示阶跃荷载作用下的动力反应，将 $p(t)=\hat{p}$ 代入方程(3-2)，有

$$\ddot{u}(t)+2\xi\omega\dot{u}(t)+\omega^2u(t)=\frac{\hat{p}}{m}\tag{3-21}$$

此种情况下的特解为

$$u_{\rm p}(t)=\frac{\hat{p}}{m\omega^2}=\frac{\hat{p}}{k}\tag{3-22}$$

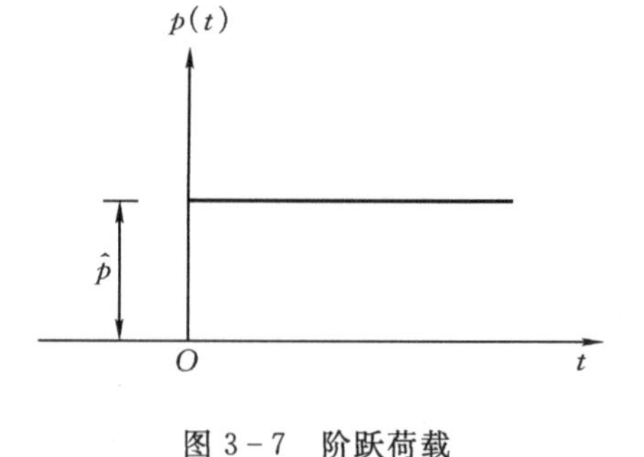

图 3-7　阶跃荷载

因而完全解可表示为

$$u(t)={\rm e}^{-\xi\omega t}(C_1\cos\omega_{\rm D}t+C_2\sin\omega_{\rm D}t)+\frac{\hat{p}}{k}\tag{3-23}$$

式中的积分常数 C_1 和 C_2 必须由给定的初始条件确定。设 $t=0$ 时的初位移和初速度分别为 u_0 和 $\dot{u}_0$，则相应的积分常数

$$C_1=u_0-\frac{\hat{p}}{k}$$

$$C_2=\frac{\dot{u}_0+\xi\omega u_0}{\omega_{\rm D}}-\frac{\xi\omega}{\omega_{\rm D}}\frac{\hat{p}}{k}$$

代入式(3-23)，得到动力反应

$$
\begin{aligned}
u = {} & \mathrm{e}^{-\xi\omega t}\left(u_0\cos\omega_{\mathrm{D}}t+\frac{\dot{u}_0+\xi\omega u_0}{\omega_{\mathrm{D}}}\sin\omega_{\mathrm{D}}t\right)- \\
& \frac{\hat{p}}{k}\mathrm{e}^{-\xi\omega t}\left(\cos\omega_{\mathrm{D}}t+\frac{\xi}{\sqrt{1-\xi^2}}\sin\omega_{\mathrm{D}}t\right)+\frac{\hat{p}}{k}
\end{aligned}
\tag{3-24}
$$

式中的反应由三项运动叠加而成，第一项表示由初始条件决定的有阻尼自由振动项；第二项表示伴生的阻尼振动项，振动的频率仍为 ω_{D} ，但幅值与强迫振动的荷载有关；最后一项是荷载的静位移项，不随时间衰减。

假定结构初始是静止的，即 $u_0=\dot{u}_0=0$ ，代入式(3-24)得到

$$
\begin{aligned}
u(t) &= \frac{\hat{p}}{k}\left[1-\mathrm{e}^{-\xi\omega t}\left(\cos\omega_{\mathrm{D}}t+\frac{\xi}{\sqrt{1-\xi^2}}\sin\omega_{\mathrm{D}}t\right)\right] \\
&= \frac{\hat{p}}{k}\left[1-\frac{1}{\sqrt{1-\xi^2}}\mathrm{e}^{-\xi\omega t}\cos(\omega_{\mathrm{D}}t-\theta)\right]
\end{aligned}
\tag{3-25}
$$

其中

$$
\theta=\arctan\frac{\xi}{\sqrt{1-\xi^2}}
$$

若阻尼为零，则式(3-25)退化为

$$
u(t)=\frac{\hat{p}}{k}(1-\cos\omega t)
\tag{3-26}
$$

零初始条件下，不同阻尼比的结构在阶跃荷载作用下的反应比曲线如图 3-8 所示。可见在有阻尼的情况下最大位移稍小于荷载按静力作用引起的位移的 2 倍；若忽略阻尼，则最大位移恰好是静力位移的 2 倍。

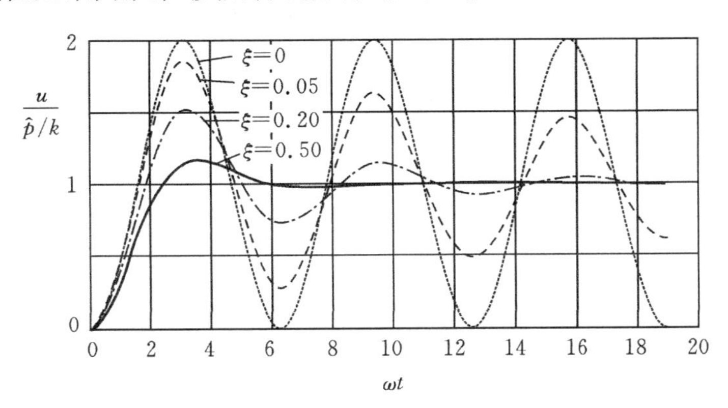

图 3-8　阶跃荷载的反应

注意，如果仅对结构的最大反应感兴趣，则无阻尼系统可用来求得它的上限。实际结构由于阻尼的存在，振动项很快衰减使反应趋于静力位移，这对我们认识静力加载和动力加载很有帮助。

3.4 周期荷载作用下的动力反应

1. 动力反应的傅里叶级数表达式

前面讲述了在简谐荷载或阶跃荷载作用下单自由度体系强迫振动反应的计算方法和特点,现在讨论如何用简谐荷载反应和阶跃荷载反应的分析结果来计算任意周期荷载作用下单自由度体系的反应。

法国数学家傅里叶(Fourier,1768～1830)指出,任何周期函数都可以展开为正弦和余弦级数,且它们是和谐相关的,称作傅里叶级数。因此一个周期荷载便可分解为一系列不同频率的简谐荷载来处理。图3-9所示为任意周期荷载

$$p(t)=p(t+T_p) \tag{3-27}$$

式中:T_p 为荷载的周期,相应的基本频率 $\bar{\omega}_1=\dfrac{2\pi}{T_p}$。这样的周期荷载可以展开成傅里叶级数

$$p(t)=a_0+\sum_{j=1}^{\infty}(a_j\cos j\bar{\omega}_1 t+b_j\sin j\bar{\omega}_1 t) \tag{3-28}$$

只要 $p(t)$ 为已知,式中系数可由下式完全确定

$$\left.\begin{aligned}
a_0&=\frac{1}{T_p}\int_0^{T_p}p(t)\mathrm{d}t\\
a_j&=\frac{2}{T_p}\int_0^{T_p}p(t)\cos j\bar{\omega}_1 t\mathrm{d}t \qquad (j=1,2,\cdots)\\
b_j&=\frac{2}{T_p}\int_0^{T_p}p(t)\sin j\bar{\omega}_1 t\mathrm{d}t \qquad (j=1,2,\cdots)
\end{aligned}\right\} \tag{3-29}$$

我们知道,两个频率相同的简谐函数可以合成为一个同频率的简谐函数,因此,式(3-28)也可表示为

$$p(t)=c_0+\sum_{j=1}^{\infty}c_j\sin(j\bar{\omega}_1 t+\varphi_j) \tag{3-30}$$

式中

$$c_0=a_0\quad c_j=\sqrt{a_j^2+b_j^2}\quad \varphi_j=\arctan\frac{a_j}{b_j}\quad (j=1,2,\cdots) \tag{3-31}$$

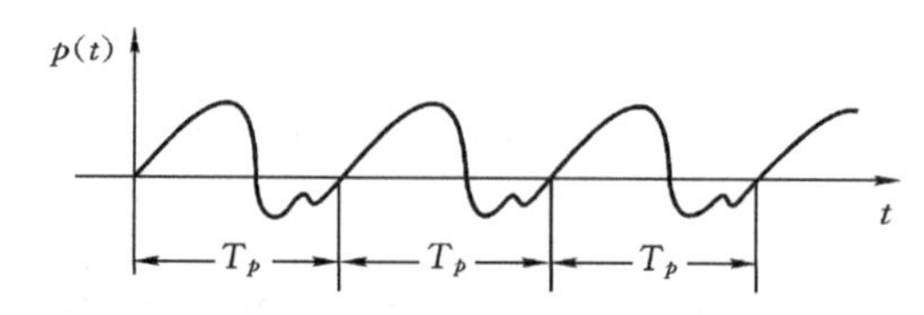

图3-9　周期荷载

以上分析表明，任何一个复杂的周期荷载都可以分解成一系列具有基频整倍数频率的简谐荷载的叠加，为了把展开的结果形象化，将 c_j 和 φ_j 与 $\overline{\omega}$ 之间的变化关系用图形来表示，如图 3-10 所示。仅在 $j\overline{\omega}_1(j=0,1,2,3,\cdots)$ 各点 c_j 和 φ_j 才有值，所以频谱图形是一组离散的垂线。

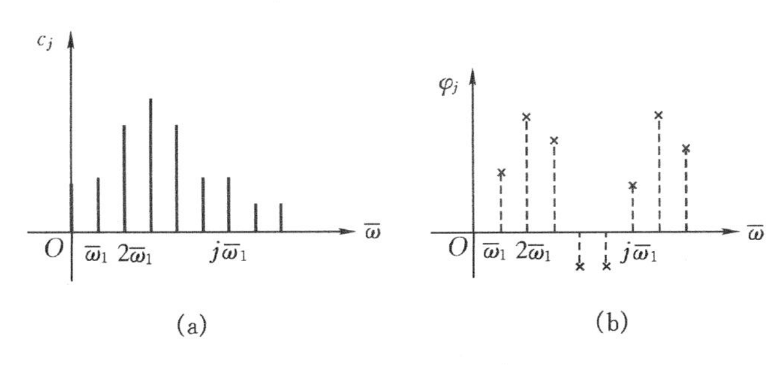

图 3-10　周期荷载频谱图形

周期荷载的傅里叶级数表达式(3-30)，显然包括了一个阶跃荷载(用系数 c_0 表示的周期平均荷载值)和一系列频率为 $j\overline{\omega}_1$、幅值为 c_j 和相位角为 φ_j 的简谐荷载。对于线性结构体系，根据叠加原理周期荷载总的振动反应等于展开后的各荷载项反应之和。而每一项的反应都包含两部分：一部分是瞬态的自由振动，另一部分是稳态的强迫振动。自由振动由于阻尼的存在经过一段时间后就很快衰减掉，只剩下各项的稳态反应。因此，先分别求出阶跃荷载和各简谐荷载项的稳态反应，然后将各项的稳态反应叠加起来，便得到线性单自由度体系在周期荷载作用下的稳态反应

$$u(t)=\frac{c_0}{k}+\sum_{j=1}^{\infty}\frac{c_j}{k}\frac{1}{\sqrt{(1-\lambda_j^2)^2+(2\xi\lambda_j)^2}}\sin(j\overline{\omega}t+\varphi_j-\theta_j) \tag{3-32}$$

式中

$$\left.\begin{aligned}\lambda_j&=\frac{j\overline{\omega}_1}{\omega}=j\lambda_1\\ \theta_j&=\arctan\frac{2\xi\lambda_j}{1-\lambda_j^2}\end{aligned}\right\} \tag{3-33}$$

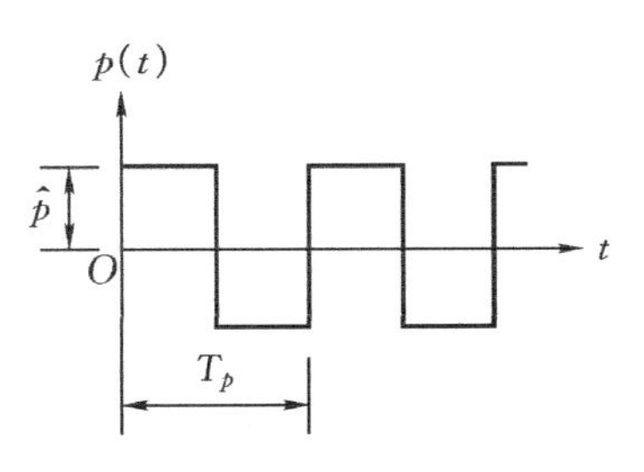

图 3-11　交变矩形波周期荷载

例 3-2　一周期为 T_p、幅值为 $\hat{p}$ 的交变矩形波，如图 3-11 所示，在每一个周期内的函数表达式为

$$p(t)=\begin{cases}\hat{p}, & 0<t<\dfrac{T_p}{2}\\ -\hat{p}, & \dfrac{T_p}{2}<t<T_p\end{cases}$$

试求无阻尼单自由度体系受到该周期荷载的结构稳态反应。

解　利用式(3-29)可求得此荷载的傅里叶系数如下

$$a_0=\frac{1}{T_p}\int_0^{T_p}p(t)\mathrm{d}t=\frac{1}{T_p}\left(\int_0^{\frac{T_p}{2}}\hat{p}\mathrm{d}t+\int_{\frac{T_p}{2}}^{T_p}-\hat{p}\mathrm{d}t\right)=0$$

$$a_j=\frac{2}{T_p}\int_0^{T_p}p(t)\cos j\overline{\omega}_1 t\mathrm{d}t=\frac{2}{T_p}\left(\int_0^{\frac{T_p}{2}}\hat{p}\cos j\overline{\omega}_1 t\mathrm{d}t+\int_{\frac{T_p}{2}}^{T_p}-\hat{p}\cos j\overline{\omega}_1 t\mathrm{d}t\right)=0$$

$$b_j=\frac{2}{T_p}\int_0^{T_p}p(t)\sin j\overline{\omega}_1 t\mathrm{d}t=\frac{2}{T_p}\left(\int_0^{\frac{T_p}{2}}\hat{p}\sin j\overline{\omega}_1 t\mathrm{d}t+\int_{\frac{T_p}{2}}^{T_p}-\hat{p}\sin j\overline{\omega}_1 t\mathrm{d}t\right)$$

$$=\frac{2\hat{p}}{j\pi}(1-\cos j\pi)=\begin{cases}\dfrac{4\hat{p}}{j\pi}\ (j=1,3,5,\cdots)\\0\quad(j=2,4,6,\cdots)\end{cases}$$

$$c_j=b_j=\frac{2\hat{p}}{j\pi}(1-\cos j\pi)=\begin{cases}\dfrac{4\hat{p}}{j\pi}\ (j=1,3,5,\cdots)\\0\quad(j=2,4,6,\cdots)\end{cases}$$

$$\varphi_j=0\quad(j=1,3,5,\cdots)$$

式中

$$\overline{\omega}_1=\frac{2\pi}{T_p}$$

将这些系数代入式(3-30),则可导得如下的周期性荷载级数表达式

$$p(t)=\sum_{j=1,3,5,\cdots}^{\infty}\frac{4\hat{p}}{j\pi}\sin j\overline{\omega}_1 t$$

结构的稳态反应由式(3-32)引入荷载傅里叶系数和频率比的具体数值,最后可得

$$u(t)=\frac{4\hat{p}}{\pi k}\sum_{j=1,3,5,\cdots}^{\infty}\frac{1}{j}\frac{1}{1-(j\lambda_1)^2}\sin j\overline{\omega}_1 t$$

式中

$$\lambda_1=\frac{\overline{\omega}_1}{\omega}$$

如果结构是有阻尼的,其分析过程完全类似。

2. 周期荷载的傅里叶级数的指数形式

傅里叶级数也可以表示成指数形式,将欧拉公式

$$\sin\theta=-\frac{\mathrm{i}}{2}(\mathrm{e}^{\mathrm{i}\theta}-\mathrm{e}^{-\mathrm{i}\theta}),\quad\cos\theta=\frac{1}{2}(\mathrm{e}^{\mathrm{i}\theta}+\mathrm{e}^{-\mathrm{i}\theta})\tag{3-34}$$

代入式(3-28)有

$$p(t)=a_0+\sum_{j=1}^{\infty}\left[a_j\,\frac{1}{2}(\mathrm{e}^{\mathrm{i}j\overline{\omega}_1 t}+\mathrm{e}^{-\mathrm{i}j\omega_1 t})-b_j\,\frac{\mathrm{i}}{2}(\mathrm{e}^{\mathrm{i}j\overline{\omega}_1 t}-\mathrm{e}^{-\mathrm{i}j\overline{\omega}_1 t})\right]$$

$$=a_0+\sum_{j=1}^{\infty}\frac{1}{2}(a_j-\mathrm{i}b_j)\mathrm{e}^{\mathrm{i}j\overline{\omega}_1 t}+\sum_{j=1}^{\infty}\frac{1}{2}(a_j+\mathrm{i}b_j)\mathrm{e}^{-\mathrm{i}j\overline{\omega}_1 t}$$

引入记号

$$P_0=a_0$$

$$P_j=\frac{1}{2}(a_j-\mathrm{i}b_j)=\frac{1}{T_p}\int_0^{T_p}p(t)(\cos j\overline{\omega}_1 t-\mathrm{i}\sin j\overline{\omega}_1 t)\mathrm{d}t$$

式(3-28)的级数可改写为

$$p(t)=\sum_{j=-\infty}^{\infty}P_j\mathrm{e}^{\mathrm{i}j\overline{\omega}_1 t} \tag{3-35}$$

式中

$$P_j=\frac{1}{T_p}\int_0^{T_p}p(t)\mathrm{e}^{-\mathrm{i}j\overline{\omega}_1 t}\mathrm{d}t \tag{3-36}$$

注意到在式(3-35)中,每个正的 j,必有一个相应的负的 j,因此 $\mathrm{e}^{\mathrm{i}j\overline{\omega}_1 t}$ 和 $\mathrm{e}^{-\mathrm{i}j\overline{\omega}_1 t}$ 这两项可设想为以角速度 $j\overline{\omega}_1$ 分别按逆时针和顺时针方向旋转的单位矢量,这对矢量的虚部总是彼此相互抵消。还应注意到在式(3-36)中 P_j 是 P_{-j} 的共轭复数,因而如果 $p(t)$ 是实荷载函数,那么式中所有虚部将彼此抵消。P_j 的模和复角分别为

$$|P_j|=\frac{1}{2}\sqrt{a_j^2+b_j^2}\ ,\ \varphi_j=-\arctan\frac{b_j}{a_j} \tag{3-37}$$

因而可表示为

$$P_j=|P_j|\mathrm{e}^{\mathrm{i}\varphi_j} \tag{3-38}$$

注意,周期荷载所对应的频谱总是离散谱。但随着荷载周期 T_p 的增长,基频 $\overline{\omega}_1$ 将随之减少,在 $T_p\to\infty$ 的极限情况下,周期荷载将失去周期性,而离散频谱将转化为连续频谱。这种情形将在3.5节对一般动力荷载的反应中详细讨论。

3. 频率反应函数

任何周期性荷载用式(3-35)表示成傅里叶级数的指数形式后,我们也希望把确定简谐荷载反应的表达式写成指数形式。仍然假设周期性荷载作用时间足够长以致开始时引起的瞬态反应已经消失,仅讨论其稳态反应。把单位大小的复简谐荷载 $\mathrm{e}^{\mathrm{i}\overline{\omega}t}$ 引入运动方程(3-1)中,则有

$$m\ddot{u}(t)+c\dot{u}(t)+ku(t)=\mathrm{e}^{\mathrm{i}\overline{\omega}t} \tag{3-39}$$

假定在单位大小的复简谐荷载作用下的稳态反应为如下形式:

$$u(t) = H(\mathrm{i}\bar{\omega})\mathrm{e}^{\mathrm{i}\bar{\omega}t} \tag{3-40}$$

将式(3-40)代入式(3-39),求得 $H(\mathrm{i}\bar{\omega})$ 的具体形式为

$$H(\mathrm{i}\bar{\omega}) = \frac{1}{k-\bar{\omega}^2 m+\mathrm{i}\bar{\omega}c} \tag{3-41}$$

当引入频率比 λ、阻尼比 ξ 的表达式后,上式改写为

$$H(\mathrm{i}\bar{\omega}) = \frac{1}{k}\frac{1}{(1-\lambda^2)+\mathrm{i}(2\xi\lambda)} \tag{3-42}$$

$H(\mathrm{i}\bar{\omega})$ 为一个复数,称为**频率反应函数**,它的模和复角分别为

$$|H(\mathrm{i}\bar{\omega})| = \frac{1}{k}\frac{1}{\sqrt{(1-\lambda^2)^2+(2\xi\lambda)^2}},\ \theta = -\arctan\frac{2\xi\lambda}{1-\lambda^2} \tag{3-43}$$

完备地反映了结构体系的动力特性。从式(3-42)的表达式可以看出,$H(-\mathrm{i}\bar{\omega})$ 是 $H(\mathrm{i}\bar{\omega})$ 的共轭复数。

4. 稳态反应的指数形式

对于荷载频率为 $j\bar{\omega}_1$ 的频率反应函数将为 $H(\mathrm{i}j\bar{\omega}_1)$,利用叠加原理,结构体系对式(3-35)表示的任意周期荷载的稳态反应可写成

$$u(t) = \sum_{j=-\infty}^{\infty} P_j H(\mathrm{i}j\bar{\omega}_1)\mathrm{e}^{\mathrm{i}j\bar{\omega}_1 t} \tag{3-44}$$

与等效的三角级数表达式比较,周期荷载反应分析的指数形式显然要简单得多。

3.5 一般荷载作用下的动力反应

1. 杜哈梅尔积分

虽然待定系数法提供了一种求特解的方法,但它只适用于某些简单的荷载类型。现在讨论在一般荷载作用下结构动力反应的求解方法。我们分两步讨论:首先讨论结构在单位脉冲作用下的动力反应,然后在此基础上讨论一般荷载的动力反应。

设结构体系在 $t=0$ 时处于静止状态,然后受瞬时单位脉冲 I(冲量为单位1)的作用。单位脉冲 I 用如图3-12所示在瞬间 Δt 内作用一个幅值为 $1/\Delta t$ 的荷载 $p(t)$ 来表示,当 $\Delta t \to 0$ 时这个荷载便是一个 δ 函数,表示为

$$p(t)=\delta(t)$$

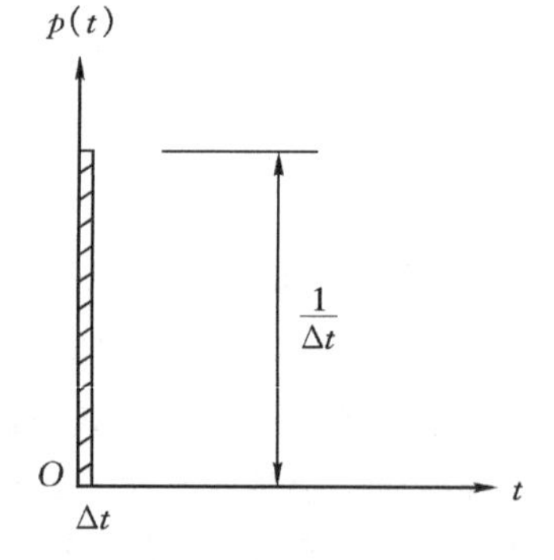

图 3-12 单位脉冲荷载

δ 函数具有下列性质

$$\left.\begin{array}{ll}\delta(t)=\infty & t=0\\ \delta(t)=0 & t\neq 0\\ \int_{-\infty}^{\infty}\delta(t)\mathrm{d}t=1 & \end{array}\right\}$$

在单位脉冲 I 的作用下，由动量定理有

$$m\dot{u}(\Delta t)-0=I=1$$

得到单位脉冲作用后结构产生的初速度

$$\dot{u}(0_+)=\lim_{\Delta t\to 0}\dot{u}(\Delta t)=\frac{1}{m}$$

由于在瞬间 Δt 内速度有界，位移将是 Δt 级的微量，这样单位脉冲作用后结构产生的初位移

$$u(0_+)=\lim_{\Delta t\to 0}u(\Delta t)=0$$

然后体系以此反应为初始条件作自由振动。根据式(2－26)，即得到结构体系在 $t=0$ 时单位脉冲作用下所引起的动力反应，用专门的符号 $h(t)$ 表示，即

$$h(t)=\frac{1}{m\omega_D}\mathrm{e}^{-\xi\omega t}\sin\omega_D t \tag{3-45}$$

称为**单位脉冲反应函数**。

有了单位脉冲反应函数 $h(t)$，就可以建立在一般荷载 $p(t)$ 作用下的动力反应表达式。为此，把一般荷载 $p(t)$ 的作用看作是一系列连续的作用时间无穷小的脉冲，如图 3－13 所示。若在 τ 时刻作用一个元冲量为 $p(\tau)\mathrm{d}\tau$ 的脉冲，由式(3－45) 的定义可计算出这个脉冲在 t 时刻产生的位移反应

$$\mathrm{d}u(t)=h(t-\tau)p(\tau)\mathrm{d}\tau \quad (t>\tau) \tag{3-46}$$

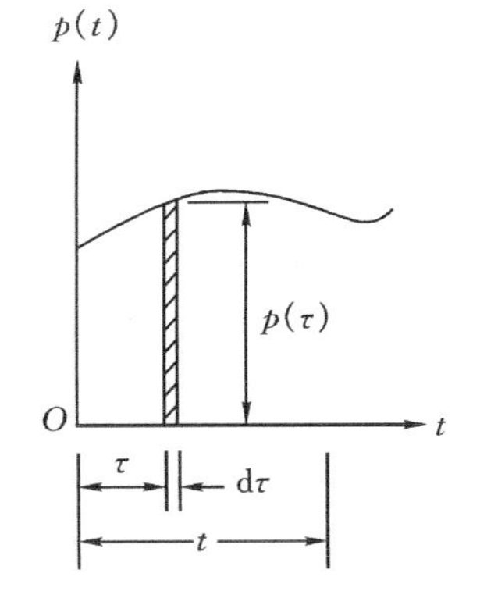

图 3－13　任意荷载的分解

式中：$\mathrm{d}u(t)$ 项表示在 $t>\tau$ 的整个反应时程范围内元冲量产生的微分反应，而不是时间间隔 $\mathrm{d}t$ 内 u 的变化。然后将荷载时程范围内所产生的全部微分反应进行叠加，即对式(3－46)进行积分，可得到一般荷载作用下 t 时刻结构体系总的位移反应

$$u(t)=\int_0^t p(\tau)h(t-\tau)\mathrm{d}\tau \tag{3-47}$$

将式(3－45)代入上式，得到

$$u(t)=\frac{1}{m\omega_{\mathrm{D}}}\int_0^t p(\tau)\mathrm{e}^{-\xi\omega(t-\tau)}\sin\omega_{\mathrm{D}}(t-\tau)\mathrm{d}\tau \tag{3-48}$$

这个积分称之为**杜哈梅尔积分**,也称作卷积积分。此关系式仅适用于零初始条件的情况,对于任意初始条件 $u(0)=u_0$,$\dot{u}(0)=\dot{u}_0$ 的位移反应,只需将式(2-26)的自由振动反应与式(3-48)相加即可

$$u(t)=\mathrm{e}^{-\xi\omega t}\left(u_0\cos\omega_{\mathrm{D}}t+\frac{\dot{u}_0+\xi\omega u_0}{\omega_{\mathrm{D}}}\sin\omega_{\mathrm{D}}t\right)+\frac{1}{m\omega_{\mathrm{D}}}\int_0^t p(\tau)\mathrm{e}^{-\xi\omega(t-\tau)}\sin\omega_{\mathrm{D}}(t-\tau)\mathrm{d}\tau \tag{3-49}$$

如果不考虑阻尼,即 $\xi=0$,则单位脉冲反应函数和位移反应可简化为

$$h(t)=\frac{1}{m\omega}\sin\omega t \tag{3-50}$$

$$u(t)=u_0\cos\omega t+\frac{\dot{u}_0}{\omega}\sin\omega t+\frac{1}{m\omega}\int_0^t p(\tau)\sin\omega(t-\tau)\mathrm{d}\tau \tag{3-51}$$

例 3-3 在无阻尼单自由度体系上作用一线性增长的荷载 $p(t)=at\ (t\geqslant 0)$,求在零初始条件下的反应。

解 由杜哈梅尔积分式(3-51),有

$$\begin{aligned}u(t)&=\frac{1}{m\omega}\int_0^t p(\tau)\sin\omega(t-\tau)\mathrm{d}\tau\\&=\frac{1}{m\omega}\int_0^t a\tau\sin\omega(t-\tau)\mathrm{d}\tau\\&=\frac{a}{m\omega^2}\left[\tau\cos\omega(t-\tau)+\frac{1}{\omega}\sin\omega(t-\tau)\right]_0^t\\&=\frac{a}{k}\left(t-\frac{1}{\omega}\sin\omega t\right)\end{aligned}$$

上式的反应是由线性增长的静位移 $\frac{at}{k}$ 和一个振幅为 $\frac{a}{k\omega}$ 的简谐振动叠加而成。

杜哈梅尔积分可用来计算任意形式的动力荷载 $p(t)$ 作用下单自由度结构体系的反应。但在荷载变化不规则时,计算必须利用数值积分来进行。

2. 杜哈梅尔积分的数值计算

在解决工程实际情况中结构对复杂形式荷载的反应问题时,必须采用数值分析的方法。为了便于数值计算,注意到三角恒等式 $\sin\omega_{\mathrm{D}}(t-\tau)=\sin\omega_{\mathrm{D}}t\cos\omega_{\mathrm{D}}\tau-\cos\omega_{\mathrm{D}}t\sin\omega_{\mathrm{D}}\tau$,把式(3-48)重新改写为

$$u(t)=\overline{A}(t)\sin\omega_{\mathrm{D}}t-\overline{B}(t)\cos\omega_{\mathrm{D}}t \tag{3-52}$$

式中

$$\left.\begin{aligned}\overline{A}(t)&=\frac{1}{m\omega_{\mathrm{D}}}\int_0^t p(\tau)\,\frac{\mathrm{e}^{\xi\omega\tau}}{\mathrm{e}^{\xi\omega t}}\cos\omega_{\mathrm{D}}\tau\mathrm{d}\tau\\\overline{B}(t)&=\frac{1}{m\omega_{\mathrm{D}}}\int_0^t p(\tau)\,\frac{\mathrm{e}^{\xi\omega\tau}}{\mathrm{e}^{\xi\omega t}}\sin\omega_{\mathrm{D}}\tau\mathrm{d}\tau\end{aligned}\right\} \tag{3-53}$$

因此，要进行杜哈梅尔积分的数值计算，必须首先进行 $\overline{A}(t)$ 和 $\overline{B}(t)$ 积分的数值计算，$\overline{A}(t)$ 和 $\overline{B}(t)$ 的计算方法和步骤完全一样。为了数值计算的方便采用等时间步长 $\Delta\tau$，各时间离散点是 $\Delta\tau$ 的倍数。可将这些离散点的函数值乘以适当的加权系数然后相加而得到近似的积分值，用数学式表达为

$$\overline{A}(t) \approx \frac{\Delta\tau}{m\omega_{\mathrm{D}}} \frac{1}{\eta} \sum_{\eta}^{\overline{A}}(t) \tag{3-54}$$

针对不同的积分算法，式中的求和表达分别为以下几种。

简单求和法（$\eta=1$）：

$$\sum_{1}^{\overline{A}}(t) = \left[\sum_{1}^{\overline{A}}(t-\Delta\tau) + p(t-\Delta\tau)\cos\omega_{\mathrm{D}}(t-\Delta\tau)\right]\mathrm{e}^{-\xi\omega\Delta\tau} \tag{3-55a}$$

梯形法则（$\eta=2$）：

$$\sum_{2}^{\overline{A}}(t) = \left[\sum_{2}^{\overline{A}}(t-\Delta\tau) + p(t-\Delta\tau)\cos\omega_{\mathrm{D}}(t-\Delta\tau)\right]\mathrm{e}^{-\xi\omega\Delta\tau} + p(t)\cos\omega_{\mathrm{D}}t \tag{3-55b}$$

森普生法则（$\eta=3$）：

$$\sum_{3}^{\overline{A}}(t) = \left[\sum_{3}^{\overline{A}}(t-2\Delta\tau) + p(t-2\Delta\tau)\cos\omega_{\mathrm{D}}(t-2\Delta\tau)\right]\mathrm{e}^{-\xi\omega 2\Delta\tau} + 4p(t-\Delta\tau)\cos\omega_{\mathrm{D}}(t-\Delta\tau)\mathrm{e}^{-\xi\omega\Delta\tau} + p(t)\cos\omega_{\mathrm{D}}t \tag{3-55c}$$

$\overline{B}(t)$ 的计算将上式中余弦函数换成正弦函数而得出类似的表达式。

上述任何一种数值积分方法的精度当然依赖于时间步长 $\Delta\tau$ 的长短，根据经验一般来说，$\Delta\tau \leqslant T/10$（$T$ 为结构的固有周期）时可得到满意的结果。精度和计算的工作量随着求和方法的序号增大而增加。

3. 利用频域进行的反应分析

上述求解动力反应的方法称为时域分析法，虽然可用来计算任何线性单自由度结构体系对一般荷载的反应，但用频域分析法有时更为方便。频域分析法在概念上与周期荷载分析相似，把荷载展开成简谐分量，计算结构对每个简谐分量的反应，然后将各简谐分量的反应进行叠加而得到结构体系对整个荷载的反应。

为了把周期荷载的分析方法推广到一般荷载，显然要把傅里叶级数的概念推广于非周期函数的展开。对任意的非周期荷载 $p(t)$ 都可以看作是把周期 T_p 扩展到无穷大的周期荷载，当 $T_p\to\infty$ 时由式(3-36)定义的 $P_j\to 0$，因此需要重新规定傅里叶级数的表达式。为了方便起见，引入如下记号：

$$\Delta\bar{f} = \frac{1}{T_p} = \frac{\overline{\omega}_1}{2\pi} \equiv \frac{\Delta\overline{\omega}}{2\pi}$$

$$j\overline{\omega}_1 = j\Delta\overline{\omega} \equiv \overline{\omega}_j$$

$$P_j = \Delta \bar{f} P(\mathrm{i}\bar{\omega}_j) = \frac{\Delta \bar{\omega}}{2\pi} P(\mathrm{i}\bar{\omega}_j) = \frac{1}{T_p} P(\mathrm{i}\bar{\omega}_j)$$

先把傅里叶级数方程(3-35)和(3-36)修改为

$$p(t) = \frac{1}{2\pi} \sum_{j=-\infty}^{\infty} P(\mathrm{i}\bar{\omega}_j) \mathrm{e}^{\mathrm{i}\bar{\omega}_j t} \Delta \bar{\omega} \tag{3-56}$$

$$P(\mathrm{i}\bar{\omega}_j) = \int_{-\frac{T_p}{2}}^{\frac{T_p}{2}} p(t) \mathrm{e}^{-\mathrm{i}\bar{\omega}_j t} \mathrm{d}t \tag{3-57}$$

现在,如果荷载周期扩展到无穷大($T_p \to \infty$),即频率增量成为无穷小($\Delta\bar{\omega} \to \mathrm{d}\bar{\omega}$),离散的频率 $\bar{\omega}_j$ 就变成一个连续频率 $\bar{\omega}$。因此,在 $T_p \to \infty$ 极限情况下傅里叶级数表达式(3-56)转化为如下**傅里叶积分**

$$p(t) = \frac{1}{2\pi} \int_{-\infty}^{\infty} P(\mathrm{i}\bar{\omega}) \mathrm{e}^{\mathrm{i}\bar{\omega} t} \mathrm{d}\bar{\omega} \tag{3-58}$$

式中的**傅里叶变换**

$$P(\mathrm{i}\bar{\omega}) = \int_{-\infty}^{\infty} p(t) \mathrm{e}^{-\mathrm{i}\bar{\omega} t} \mathrm{d}t \tag{3-59}$$

式(3-58)和(3-59)的积分通常称为**傅里叶变换对**,因为可以从频率函数转换到时间函数,也可从时间函数转换到频率函数。傅里叶变换的必要条件是积分 $\int_{-\infty}^{\infty} |p(t)| \mathrm{d}t$ 是有限值。

与式(3-56)的傅里叶级数表达式类似,式(3-58)所示的傅里叶积分可以理解为把一个任意荷载用无穷个微小幅值的简谐分量之和来表示,式中的 $P(\mathrm{i}\bar{\omega})$ 定义了频率为 $\bar{\omega}$ 处的单位频率 $\bar{f} = \bar{\omega}/2\pi$ 上的荷载分量的幅值密度。

$P(\mathrm{i}\bar{\omega})$ 乘以频率反应函数 $H(\mathrm{i}\bar{\omega})$,可得出频率为 $\bar{\omega}$ 时单位 $\bar{f}$ 宽度的简谐荷载分量的稳态反应幅值。因此,在整个频率范围内对这些反应分量求和就可得到总的稳态反应,即导出用频域进行反应分析的基本方程

$$u(t) = \frac{1}{2\pi} \int_{-\infty}^{\infty} P(\mathrm{i}\bar{\omega}) H(\mathrm{i}\bar{\omega}) \mathrm{e}^{\mathrm{i}\bar{\omega} t} \mathrm{d}\bar{\omega} \tag{3-60}$$

式中:$P(\mathrm{i}\bar{\omega})$ 为 $p(t)$ 的傅里叶变换;$H(\mathrm{i}\bar{\omega})$ 是依赖于结构的频率反应函数。

4. 利用频域进行的数值分析

实际上,只有荷载函数能进行傅里叶积分变换,才能有效地应用频域分析法。即使如此,计算最后所得的积分也可能是十分麻烦的。因此,为了便于频域分析法的实际应用,它的数值分析是非常必要而有效的。

为了将傅里叶变换式(3-59)的无穷时间积分用有限求和来代替,首先假定荷载是周期为 T_p 的周期性荷载,这对处理一般性荷载来说是作了一次近似。荷载周期 T_p 的选择,也规定了分析中可能要考虑的最低荷载频率,因此

$$\bar{\omega}_1 = \Delta\bar{\omega} = \frac{2\pi}{T_p}$$

然后把荷载周期 T_p 分成 N 个等距离的时间增量 Δt，只要荷载在离散时间点 $t_m = m\Delta t$ 上有值，利用上述这些关系，式(3-58)中的指数项可改写成

$$e^{i\bar{\omega}_n t_m} = e^{in\Delta\bar{\omega} m\Delta t} = e^{i2\pi\frac{nm}{N}}$$

与此相应，式(3-58)取离散形式

$$p(t_m) = \frac{\Delta\bar{\omega}}{2\pi}\sum_{n=0}^{N-1} P(i\bar{\omega}_n)e^{i2\pi\frac{nm}{N}} \tag{3-61}$$

在把荷载周期 T_p 分成 N 等分的情况下所考虑的最高频率为 $(N-1)\Delta\bar{\omega}$ 。

对于幅值密度函数 $P(i\bar{\omega}_n)$ 用离散的有限级数项之和代替式(3-59)的积分，得到对应的离散表达式

$$P(i\bar{\omega}_n) = \Delta t\sum_{m=0}^{N-1} p(t_m)e^{-i2\pi\frac{nm}{N}} \tag{3-62}$$

式(3-61)和(3-62)就是离散傅里叶变换(DFT)对，它们对应于式(3-58)和(3-59)的连续傅里叶变换。必须记住，利用离散傅里叶变换时，采用了荷载是周期性的基本假定。为了使非周期荷载分析中的误差减至最小，可使周期里包括很长一段零荷载区段，用来扩展荷载的周期。

若记 $W = e^{-i\frac{2\pi}{N}}$ ，$A_m = p(t_m)\Delta t$ ，则式(3-62)可写成

$$P(i\bar{\omega}_n) = \sum_{m=0}^{N-1} A_m W^{nm} \tag{3-63}$$

把离散傅里叶变换式(3-63)写成矩阵形式是方便的

$$\begin{bmatrix} P(i\bar{\omega}_0) \\ P(i\bar{\omega}_1) \\ \vdots \\ P(i\bar{\omega}_n) \\ \vdots \\ P(i\bar{\omega}_{N-1}) \end{bmatrix} = \begin{bmatrix} W^{0\times0} & W^{0\times1} & \cdots & W^{0\times m} & \cdots & W^{0\times(N-1)} \\ W^{1\times0} & W^{1\times1} & \cdots & W^{1\times m} & \cdots & W^{1\times(N-1)} \\ \vdots & \vdots & \vdots & \vdots & \vdots & \vdots \\ W^{n\times0} & W^{n\times1} & \cdots & W^{n\times m} & \cdots & W^{n\times(N-1)} \\ \vdots & \vdots & \vdots & \vdots & \vdots & \vdots \\ W^{(N-1)\times0} & W^{(N-1)\times1} & \cdots & W^{(N-1)\times m} & \cdots & W^{(N-1)\times(N-1)} \end{bmatrix} \begin{bmatrix} A_0 \\ A_1 \\ \vdots \\ A_m \\ \vdots \\ A_{N-1} \end{bmatrix} \tag{3-64}$$

式中 W 只与 N 有关，因此式(3-64)中的系数矩阵仅是 N 的函数，荷载给定后右端列向量也是已知的，可求出左端列向量，即荷载的离散傅里叶变换。同样由式(3-60)得到稳态反应的离散傅里叶积分形式

$$u(t_m) = \frac{\Delta\bar{\omega}}{2\pi}\sum_{n=0}^{N-1} P(i\bar{\omega}_n)H(i\bar{\omega}_n)e^{i2\pi\frac{nm}{N}} = \frac{\Delta\bar{\omega}}{2\pi}\sum_{n=0}^{N-1} P(i\bar{\omega}_n)H(i\bar{\omega}_n)W^{-mn} \tag{3-65}$$

可见两个离散傅里叶变换式中的求和运算中的指数函数是谐和的，并在 N^2 范围内扩展，因而可以大大地简化，发展出快速傅里叶变换算法(FFT)，能大大提高计算效率。

有关快速傅里叶变换已有成熟的标准算法,可参考相关文献,这里不再赘述。

3.6 单位脉冲反应函数和频率反应函数之间的关系

单位脉冲反应函数和频率反应函数分别从时域和频域完备地反映了结构的动力特性,因此两者必有关系。

根据定义,单位脉冲反应函数 $h(t)$ 是单位脉冲 $p(t)=\delta(t)$ 的反应。现在用频域进行反应分析,这个荷载函数的傅里叶变换为

$$P(\mathrm{i}\overline{\omega})=\int_{-\infty}^{\infty}p(t)\mathrm{e}^{-\mathrm{i}\overline{\omega}t}\mathrm{d}t=\int_{-\infty}^{\infty}\delta(t)\mathrm{e}^{-\mathrm{i}\overline{\omega}t}\mathrm{d}t=1$$

把这个表达式代入式(3-60),得到反应的积分式:

$$\begin{aligned}u(t)&=\frac{1}{2\pi}\int_{-\infty}^{\infty}P(\mathrm{i}\overline{\omega})H(\mathrm{i}\overline{\omega})\mathrm{e}^{\mathrm{i}\overline{\omega}t}\mathrm{d}\overline{\omega}\\&=\frac{1}{2\pi}\int_{-\infty}^{\infty}H(\mathrm{i}\overline{\omega})\mathrm{e}^{\mathrm{i}\overline{\omega}t}\mathrm{d}\overline{\omega}\end{aligned}\tag{3-66}$$

这时的反应就是单位脉冲反应函数 $h(t)$ 。显然,单位脉冲反应函数 $h(t)$ 是频率反应函数 $H(\mathrm{i}\overline{\omega})$ 的傅里叶积分,反过来频率反应函数 $H(\mathrm{i}\overline{\omega})$ 是单位脉冲反应函数 $h(t)$ 的傅里叶变换,即

$$H(\mathrm{i}\overline{\omega})=\int_{-\infty}^{\infty}h(t)\mathrm{e}^{-\mathrm{i}\overline{\omega}t}\mathrm{d}t\tag{3-67a}$$

$$h(t)=\frac{1}{2\pi}\int_{-\infty}^{\infty}H(\mathrm{i}\overline{\omega})\mathrm{e}^{\mathrm{i}\overline{\omega}t}\mathrm{d}\overline{\omega}\tag{3-67b}$$

傅里叶变换存在的条件是体系中的阻尼使得单位脉冲反应函数随时间而衰减。

3.7 冲击荷载作用下的动力反应

1. 冲击荷载的一般性质

冲击荷载在工程结构中经常遇到,例如受爆炸冲击波作用的结构物、汽车或梁式吊车。如图 3-14 所示,冲击荷载由一个单独的主要脉冲组成,一般来说它的持续时间 t_1 很短。与承受周期性荷载或谐振荷载比较,在冲击荷载作用下,结构的最大反应将在很短的时间内达到,在这之前,阻尼还未耗散较多的能量,从控制结构的最大反应的角度

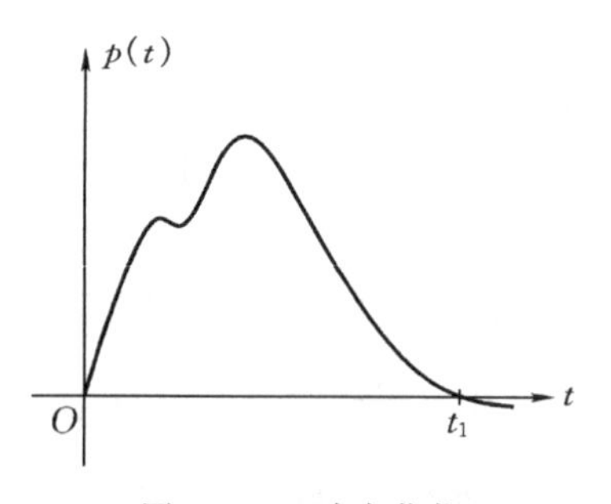

图 3-14 冲击荷载

来说，阻尼可以不计。基于这个原因，仅讨论冲击荷载作用下体系的无阻尼动力反应。

冲击荷载的反应过程可分为两个阶段：阶段Ⅰ（$0\leqslant t\leqslant t_1$）为荷载作用期间内的强迫振动反应，包含瞬态以及稳态反应；而阶段Ⅱ（$t\geqslant t_1$）则为随后发生的自由振动阶段。对于几种可用简单解析函数表达的冲击荷载来说，可以得到运动方程的闭合解。

讨论冲击荷载反应的一些特征对于设计某些类型的结构来说也是十分重要的。

2. 半正弦脉冲荷载的动力反应

半正弦脉冲荷载（如图 3－15 所示）可表示为

$$p(t)=\begin{cases}\hat{p}\sin\overline{\omega}t & (t\leqslant t_1)\\ 0 & (t>t_1)\end{cases} \tag{3-68}$$

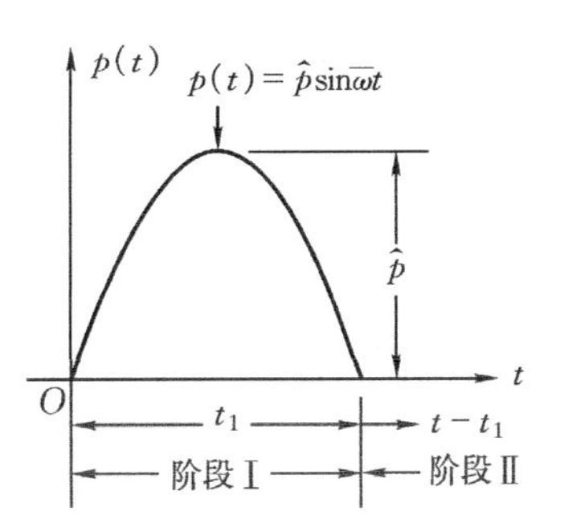

图 3－15　半正弦脉冲荷载

下面分别讨论强迫振动和自由振动两个阶段的反应。

阶段Ⅰ　结构体系在简谐荷载 $p(t)=\hat{p}\sin\overline{\omega}t$（$t\leqslant t_1=\dfrac{\pi}{\overline{\omega}}$）作用下从静止（$u_0=\dot{u}_0=0$）开始运动，包含瞬态以及稳态的无阻尼（$\xi=0$）强迫振动反应由式(3－11)给出

$$u(t)=\frac{\hat{p}}{k}\frac{1}{1-\lambda^2}(\sin\overline{\omega}t-\lambda\sin\omega t) \tag{3-69}$$

式中：$\overline{\omega}=\dfrac{\pi}{t_1}$。

阶段Ⅱ　在这个阶段发生的是以阶段Ⅰ终止时刻的位移 $u(t_1)$ 和速度 $\dot{u}(t_1)$ 为初始条件的自由振动，不考虑阻尼时的自由振动反应参照式(2－4)可以表示为

$$u(t)=u(t_1)\cos\omega(t-t_1)+\frac{\dot{u}(t_1)}{\omega}\sin\omega(t-t_1) \tag{3-70}$$

对结构工程师来说，在结构设计时求出整个振动过程中结构体系的最大反应值和最大反应出现的时间比全部反应过程更有意义。

当最大反应值 $u_{\max}$ 发生在阶段Ⅰ时，冲击荷载引起的最大位移出现的时间可由式(3－69)对时间 t 求导并令其等于零来确定

$$\frac{\mathrm{d}u(t)}{\mathrm{d}t}=\frac{\hat{p}}{k}\frac{1}{1-\lambda^2}(\overline{\omega}\cos\overline{\omega}t-\overline{\omega}\cos\omega t)=0$$

要使上式成立，必有

$$\cos\overline{\omega}t=\cos\omega t$$

因此

$$\overline{\omega}t=2\pi n\pm\omega t\quad(n=0,\pm1,2,3,\cdots)$$

由 $0 \leqslant t \leqslant t_1$ 条件知道,这个表达式仅在 $\overline{\omega} t \leqslant \overline{\omega} t_1 = \pi$ 时才是正确的,这就是说,最大反应出现在冲击荷载作用时间内,只有取 $n = 1$ 和"±"取"—"才能满足这个条件,得到

$$t = \frac{2\pi}{\overline{\omega} + \omega} = \frac{2}{1 + \frac{\omega}{\overline{\omega}}} t_1 = \frac{2\lambda}{1 + \lambda} t_1$$

要使 $t \leqslant t_1$,就要求 $\frac{2\lambda}{1+\lambda} \leqslant 1$,即 $\lambda \leqslant 1$ 。就是说只有 $\overline{\omega} < \omega$ 时最大反应值 $u_{\max}$ 才发生在阶段Ⅰ,此时最大反应 $u_{\max}$ 由式(3-69)得到

$$u_{\max} = \frac{\hat{p}}{k} \frac{1}{1-\lambda^2} \left(\sin \frac{2\pi\lambda}{1+\lambda} - \lambda \sin \frac{2\pi}{1+\lambda} \right)$$

因此,这种情况下的动力放大系数为

$$\beta = \frac{u_{\max}}{\hat{p}/k} = \frac{1}{1-\lambda^2} \left(\sin \frac{2\pi\lambda}{1+\lambda} - \lambda \sin \frac{2\pi}{1+\lambda} \right) \tag{3-71}$$

当 $\lambda > 1$ 时,最大反应 $u_{\max}$ 出现在自由振动阶段(阶段Ⅱ)内。这一阶段的初位移和初速度可将 $\overline{\omega} t_1 = \pi$ 代入式(3-69)而得到

$$\left. \begin{aligned} u(t_1) &= \frac{\hat{p}}{k} \frac{\lambda}{\lambda^2 - 1} \sin \frac{\pi}{\lambda} \\ \dot{u}(t_1) &= -\frac{\hat{p}}{k} \frac{\overline{\omega}}{\lambda^2 - 1} \left(1 + \cos \frac{\pi}{\lambda}\right) \end{aligned} \right\} \tag{3-72}$$

根据式(2-6),这个自由振动的幅值为

$$u_{\max} = \sqrt{[u(t_1)]^2 + \left[\frac{\dot{u}(t_1)}{\omega}\right]^2} = \frac{\hat{p}}{k} \frac{\lambda}{\lambda^2 - 1} \sqrt{2 + 2\cos \frac{\pi}{\lambda}} = \frac{\hat{p}}{k} \frac{2\lambda}{\lambda^2 - 1} \cos \frac{\pi}{2\lambda}$$

因此,这种情况下的动力放大系数为

$$\beta = \frac{u_{\max}}{\hat{p}/k} = \frac{2\lambda}{\lambda^2 - 1} \cos \frac{\pi}{2\lambda} \tag{3-73}$$

3. 矩形脉冲荷载的动力反应

现在来讨论在矩形脉冲荷载(如图 3-16 所示)作用下结构体系的动力反应。

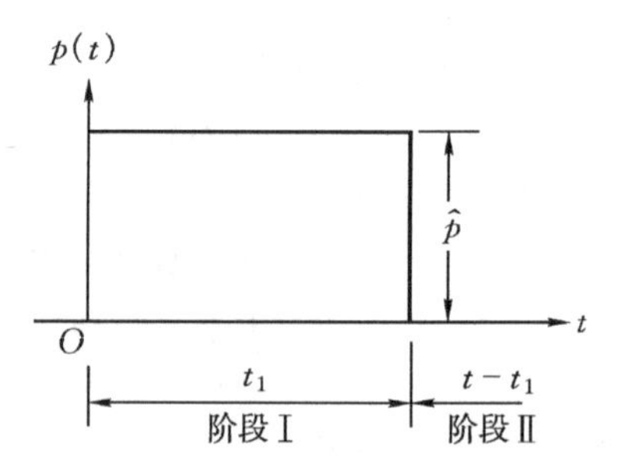

图 3-16 矩形脉冲荷载

阶段Ⅰ 从静止 ($u_0 = \dot{u}_0 = 0$) 开始突然施加一个阶跃荷载。包含瞬态以及稳态的无阻尼($\xi = 0$)强迫振动反应由式(3-26)给出:

$$u(t) = \frac{\hat{p}}{k}(1 - \cos\omega t) \tag{3-74}$$

但由于 t_1 一般较短,强迫振动反应还来不及

进入稳态反应阶段。

阶段Ⅱ　在此阶段内，自由振动反应再次由式(3－70)给出。

由式(3－74)可以看出，对于矩形脉冲如果 $t_1 \geqslant \frac{\pi}{\omega} = \frac{T}{2}$ 的话，最大反应将总是出现在阶段Ⅰ，此时的动力放大系数 $\beta = 2$ 。

对于持续时间比较短($t_1 < \frac{T}{2}$)的矩形脉冲，最大反应将出现在阶段Ⅱ的自由振动期间，而反应幅值将由式(2－6)给出

$$
\begin{aligned}
u_{\max} &= \sqrt{[u(t_1)]^2 + \left[\frac{\dot{u}(t_1)}{\omega}\right]^2} \\
&= \frac{\hat{p}}{k}\sqrt{(1-\cos\omega t_1)^2 + \sin^2\omega t_1} \\
&= \frac{\hat{p}}{k}\sqrt{2(1-\cos\omega t_1)} \\
&= \frac{2\hat{p}}{k}\sin\frac{\omega t_1}{2}
\end{aligned} \tag{3-75}
$$

从该式可得

$$
\beta = \frac{u_{\max}}{\hat{p}/k} = 2\sin\frac{\omega t_1}{2} \tag{3-76}
$$

因此当 $t_1 < \frac{\pi}{\omega} = \frac{T}{2}$ 时，动力放大系数是一个正弦函数，它随荷载脉冲长度 t_1 而变化，但最大值不超过 2。

4. 前峰三角形脉冲荷载的动力反应

最后详细分析随时间而减小的前峰三角形脉冲荷载(如图 3－17 所示)的动力反应。

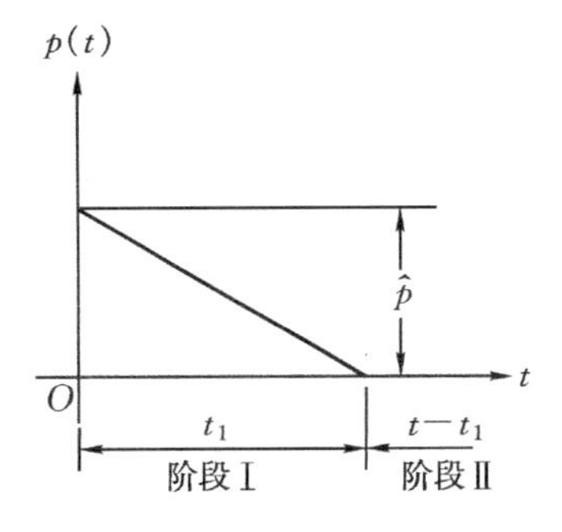

图 3－17　前峰三角形脉冲荷载

阶段Ⅰ　在这个阶段荷载为 $p(t) = \hat{p}\left(1-\frac{t}{t_1}\right)$，不难证明，在此荷载下的特解为

$$
u_{\mathrm{p}} = \frac{\hat{p}}{k}\left(1-\frac{t}{t_1}\right)
$$

如果假定从静止($u_0 = \dot{u}_0 = 0$)开始运动，包含瞬态以及稳态的无阻尼($\xi = 0$)强迫振动反应为

$$
u(t) = \frac{\hat{p}}{k}\left(\frac{\sin\omega t}{\omega t_1} - \cos\omega t - \frac{t}{t_1} + 1\right) \tag{3-77}
$$

阶段Ⅱ　由式(3－77)计算阶段Ⅰ结束时($t = t_1$)的位移和速度作为这一阶

段的初位移和初速度：

$$\left.\begin{aligned} u(t_1) &= \frac{\hat{p}}{k}\left(\frac{\sin\omega t_1}{\omega t_1} - \cos\omega t_1\right) \\ \dot{u}(t_1) &= \frac{\hat{p}\,\omega}{k}\left(\frac{\cos\omega t_1}{\omega t_1} + \sin\omega t_1 - \frac{1}{\omega t_1}\right) \end{aligned}\right\} \tag{3-78}$$

再将上式代入式(3－70)，则可获得阶段Ⅱ的自由振动反应。自由振动的幅值由式(2－6)给出

$$\begin{aligned} u_{\max} &= \sqrt{[u(t_1)]^2 + \left[\frac{\dot{u}(t_1)}{\omega}\right]^2} \\ &= \frac{\hat{p}}{k}\sqrt{\left(\frac{\sin\omega t_1}{\omega t_1} - \cos\omega t_1\right)^2 + \left(\frac{\cos\omega t_1}{\omega t_1} + \sin\omega t_1 - \frac{1}{\omega t_1}\right)^2} \\ &= \frac{\hat{p}}{k}\sqrt{1 + \frac{2(1-\cos\omega t_1)}{(\omega t_1)^2} - \frac{\sin\omega t_1}{\omega t_1}} \end{aligned}$$

相应的动力放大系数

$$\beta = \frac{u_{\max}}{\hat{p}/k} = \sqrt{1 + \frac{2(1-\cos\omega t_1)}{(\omega t_1)^2} - \frac{\sin\omega t_1}{\omega t_1}} \tag{3-79}$$

对于持续时间很短的加荷情况($\frac{t_1}{T} < 0.4$)，最大反应在阶段Ⅱ的自由振动期间出现，动力放大系数由式(3－79)计算；否则，最大反应在加荷阶段内(阶段Ⅰ)出现，由对式(3－77)的导数为零的条件下，有

$$\cos\omega t + \omega t_1 \sin\omega t - 1 = 0 \tag{3-80}$$

计算最大反应可能出现的时间值，然后代入式(3－77)求得最大反应 $u_{\max}$ 及动力放大系数 β。不同加荷持续时间的动力放大系数 β 的值示于表 3－1。

表 3－1　前峰三角形脉冲荷载作用下的动力放大系数

t_1/T	0.20	0.40	0.50	0.75	1.00	1.50	2.00
β	0.66	1.05	1.20	1.42	1.55	1.69	1.76

5. 反应谱

由上面导出的表达式可见，在无阻尼单自由度结构体系中，给定的冲击荷载形式所引起的最大反应仅仅依赖于脉冲的持续时间 t_1 与结构的固有频率 ω 的乘积 ωt_1，也即持续时间 t_1 与结构固有周期的比值 $\frac{t_1}{T}$。因此，对于各种形式的冲击荷载，很容易画出动力放大系数 β 与 $\frac{t_1}{T}$ 的函数曲线，如图 3－18 所示，图中的这些曲线称

为冲击荷载的位移**反应谱**或简称反应谱。利用这些反应谱曲线可以在工程所需精度内估计作用在结构上的给定形式冲击荷载所产生的最大位移。

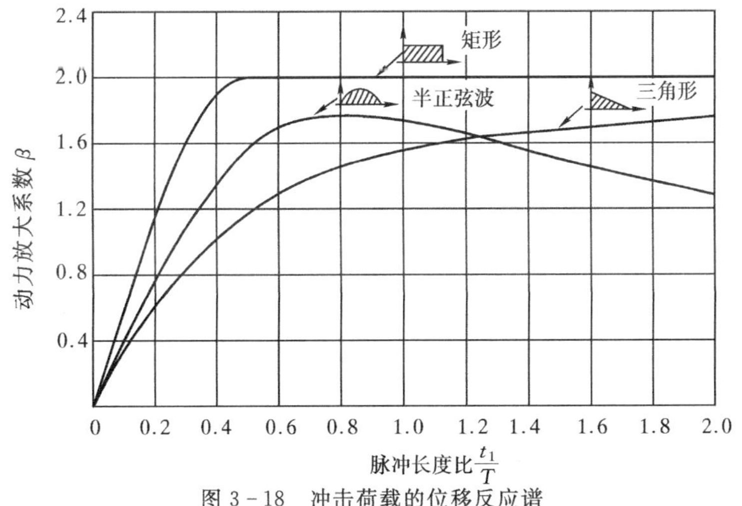

图 3-18　冲击荷载的位移反应谱

从图 3-18 所示的反应谱及类似的其他形式荷载的反应谱的研究中，可以得出关于冲击荷载下结构反应的两个概括性结论：

(1)对于长持续时间荷载，例如 $t_1/T > 1$，动力放大系数主要依赖于荷载达到最大值的速度。速度最快的阶跃荷载具有足够持续时间时所产生的动力放大系数为 2；而缓慢地逐渐增加的荷载，其动力放大系数为 1。

(2)对于持续时间短的荷载，例如 $t_1/T < 1/4$，最大位移幅值 $u_{\max}$ 主要依赖于作用冲量 $I = \int_0^{t_1} p(t)\mathrm{d}t$ 的大小，而脉冲荷载的形式对它影响不大。但是，动力放大系数 β 却十分依赖于荷载的形式，因为动力放大系数与脉冲面积对荷载峰值的比成比例，比较图 3-18 中短周期范围内的各条曲线就可看出这一点。

习题

3-1　一种能产生简谐荷载的便携式激振器，可用来现场测定结构的动力特性。用此激振器对某一单层建筑物施加两种不同频率的荷载，两次激振荷载的幅值、频率和测得的结构反应的振幅、相位如下：

$$\hat{p}_1 = 3\ \text{kN},\ \bar{\omega}_1 = 18\ \text{rad/s},\ \hat{u}_1 = 0.20\ \text{mm},\ \theta_1 = 20^\circ,$$

$$\hat{p}_2 = 4\ \text{kN},\ \bar{\omega}_2 = 30\ \text{rad/s},\ \hat{u}_2 = 0.40\ \text{mm},\ \theta_2 = 60^\circ$$

试求该结构体系的质量 m、刚度 k 和阻尼 c。

3－2　如图所示,一周期为 T_p,幅值为 $\hat{p}$ 的交变矩形波荷载,在一个周期内的函数表达式为

$$p(t)=\begin{cases}-\hat{p} & 0<t<T_p/2\\ \hat{p} & T_p/2<t<T_p\end{cases}$$

试求无阻尼单自由度体系受该周期荷载的稳态反应。

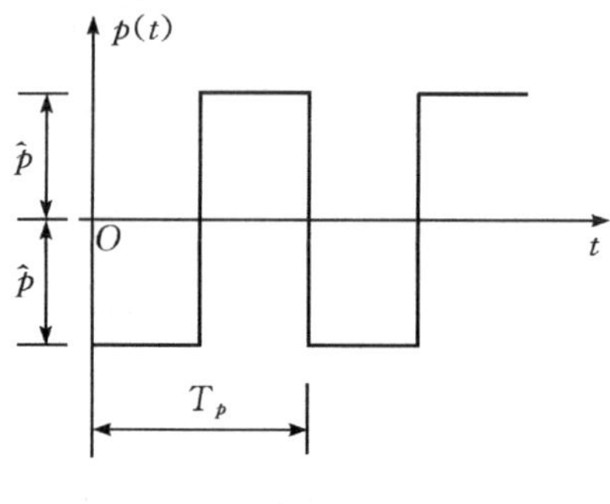

习题 3－2 图

3－3　一根简支梁,在跨中安装一台质量 $m=910$ kg 的电动机,梁的质量不计,该梁的刚度使跨中处静力挠度 $u_{st}=2.5$ mm,黏滞阻尼使自由振动 10 周后振幅减少到初始值的一半,电动机以 600 r/min 匀速转到,转子存在偏心,产生的离心力 $p=2300$ N,试求梁稳态振动的幅值。

3－4　在无阻尼单自由度体系上作用如图所示的荷载,试求其在零初始条件下的反应。

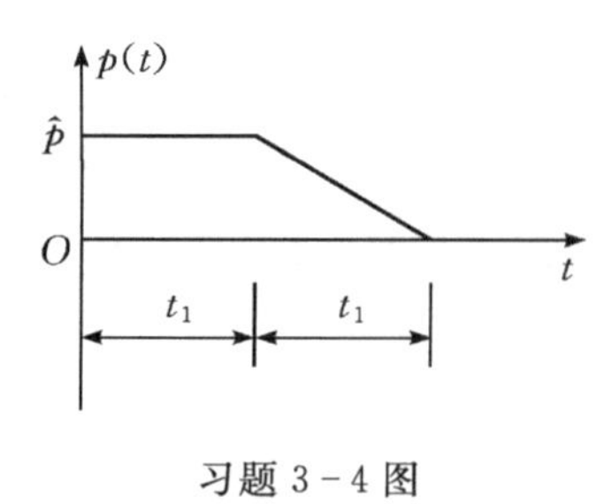

习题 3－4 图

第4章　支承运动的动力反应与阻尼理论

4.1　支承运动的相对位移反应　测振原理

1. 支承运动的相对位移反应

结构的动力反应除由初始条件或动力荷载引起外，也可能由于结构支承的运动而产生。地震时基础的运动引起的建筑物的振动、建筑物振动时引起的放在建筑物上的设备的振动、汽车在不平的路面上行驶引起的车辆振动等，都属于支承运动引起的动力反应问题。

支承运动动力反应问题的一个简化模型如图 4-1(a)所示，图中地面水平运动即为支承运动，用相对于固定参考轴(准惯性系)的位移 $u_g(t)$ 来表示。这个结构体系具有一个动力自由度，支承运动引起的结构动力反应有两种描述法，即质量块相对于支承的相对位移 $u(t)$和相对于准惯性系的绝对位移 $u_t(t)$。由运动学可知

$$u_t(t) = u_g(t) + u(t) \tag{4-1}$$

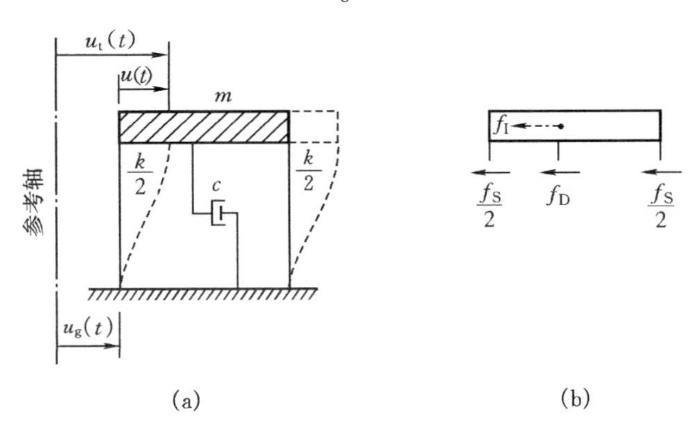

图 4-1　支承运动

首先讨论支承运动引起的结构相对于支承的相对位移反应，取质量块为隔离体，受力如图 4-1(b)所示，这个结构体系的动平衡关系为

$$f_I + f_D + f_S = 0 \tag{4-2}$$

式中:弹性力和阻尼力分别为

$$f_S = ku(t)\ ,\ f_D = c\dot{u}(t) \tag{4-3}$$

而惯性力要由绝对加速度给出

$$f_I = m\ddot{u}_t(t) = m\ddot{u}_g(t) + m\ddot{u}(t) \tag{4-4}$$

将惯性力、阻尼力和弹性力的表达式代入式(4-2),地面加速度可看作对结构特定的动力输入,运动方程可以很方便地写成

$$m\ddot{u}(t) + c\dot{u}(t) + ku(t) = -m\ddot{u}_g(t) \equiv p_{\mathrm{eff}}(t) \tag{4-5}$$

式中:$p_{\mathrm{eff}}(t)$ 表示等效支承扰动荷载。换句话说,在地面运动作用下的结构相对位移反应与在外荷载 $p(t)$ 作用下产生的反应一样,只是外荷载 $p(t)$ 等于质量和地面加速度的乘积而已。

如果支承运动为简谐运动 $u_g(t) = \hat{u}_g \sin\overline{\omega} t$,则等效荷载为简谐荷载

$$p_{\mathrm{eff}}(t) = m\hat{u}_g\overline{\omega}^2 \sin\overline{\omega} t \tag{4-6}$$

结构体系相对位移的稳态反应可表示为

$$u = \hat{u}\sin(\overline{\omega} t - \theta) \tag{4-7}$$

式中

$$\left.\begin{aligned} \hat{u} &= \frac{m\hat{u}_g\overline{\omega}^2}{k}\beta = \lambda^2\beta\hat{u}_g \\ \theta &= \arctan\frac{2\xi\lambda}{1-\lambda^2} \end{aligned}\right\} \tag{4-8}$$

由上式可得到相对位移放大系数

$$\beta' = \frac{\hat{u}}{\hat{u}_g} = \lambda^2\beta = \frac{\lambda^2}{\sqrt{(1-\lambda^2)^2 + (2\xi\lambda)^2}} \tag{4-9}$$

不同阻尼比下,相对位移放大系数 β' 和相位差 θ 随频率比 λ 变化的曲线如图 4-2 所示。

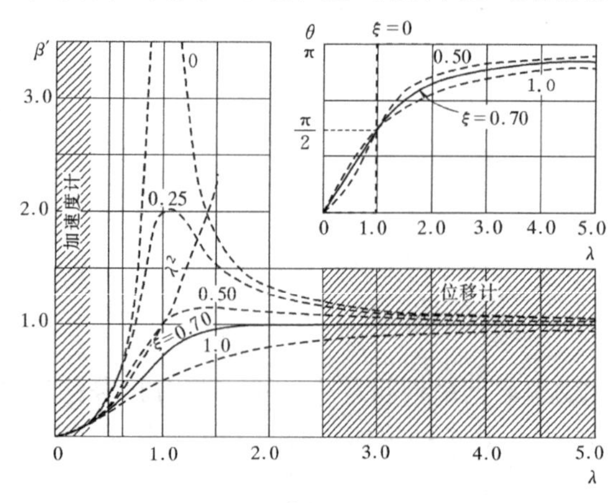

图 4-2　相对位移放大系数 β' 和相位差 θ 随频率比 λ 变化的曲线

2. 位移计

有了支承运动引起的相对位移反应的理论基础，现在可以很方便地讨论一类重要的动力测量仪器——惯性式测振仪的工作原理。惯性式测振仪有两类：一类是测振动物体位移的，称为**位移计**；一类是测振动物体加速度的，称为**加速度计**。两者本质上都是一个如图 4-3 所示的被安装在一个外罩里的有阻尼振动器。将其安置在振动物体上，振动物体的运动 $u_g(t)$ 可用质量块相对于外罩的运动 $u(t)$ 来测量。

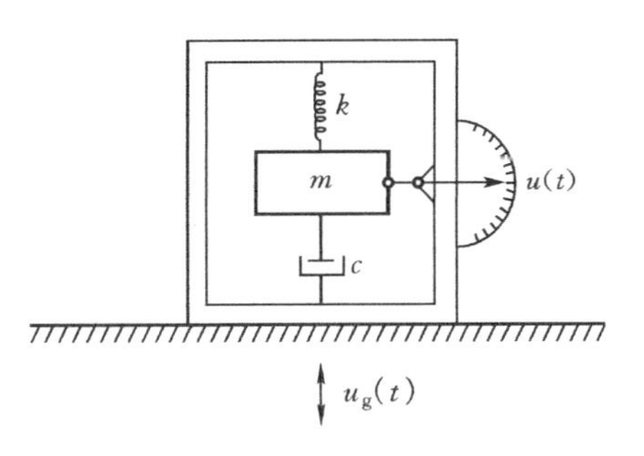

图 4-3　测振仪示意图

设被测物体的运动为简谐位移 $u_g(t)=\hat{u}_g\sin\overline{\omega}t$，则测振仪的相对位移稳态反应幅值由式(4-8)给出。

由图 4-2 可以看出，当频率比 $\lambda\to\infty$ 时，则相对位移放大系数 $\beta'\to 1$，即 $\hat{u}\to\hat{u}_g$，此时质量块的相对位移反应(指针所指示的)就是被测物体的位移，而相位差 $\theta\to\pi$，这就是位移计的工作原理。由式(4-1)此时绝对位移 $u_t(t)=0$，即质量块不动，而外罩与振动物体一起运动。实际上只要振动物体的振动频率比位移计的频率足够高，就可以使测得的值足够准确地接近于振动物体的实际振幅。

位移计要求自身的频率要远低于被测物体的振动频率，是一种低固有频率的仪器。必须指出阻尼对频率使用范围有很大影响，从图 4-2 的特性曲线可以看出，当阻尼比 $\xi=0.6\sim0.7$，频率比 $\lambda>2.5$ 时，相对位移放大系数 β' 基本上已接近于 1。所以合理选择阻尼，实际上扩大了频率使用范围的下限。用降低固有频率的办法，亦即用减少弹簧刚度或增加质量的办法也可以扩大这类仪器的适用范围。

位移计是低频仪器，缺点是体积大而重，对重量不大的被测物体或结构的振动有影响，通常只用于测量大物体的振动，如地震、船舶振动等。

3. 加速度计

若被测物体的运动由加速度 $\ddot{u}_g(t)=\hat{\ddot{u}}_g\sin\overline{\omega}t$ 给出，则用加速度幅值 $\hat{\ddot{u}}_g$ 代替式(4-8)中的 $\hat{u}_g\overline{\omega}^2$，得到

$$\hat{u}=\frac{m\hat{\ddot{u}}_g}{k}\beta=\frac{\beta}{\omega^2}\hat{\ddot{u}}_g \tag{4-10}$$

由图 3-2 可以看出：当 $\lambda\to 0$ 时，$\beta\to 1$，则 $\hat{u}\omega^2\to\hat{\ddot{u}}_g$。$\omega^2$ 为加速度计的自身特性，

是已知的常量,此时,结构的相对位移反应与被测物体的加速度成正比,这就是加速度计的工作原理。

加速度计要求自身的频率要远高于被测物体的振动频率,是一种高固有频率的仪器。加速度计的频率使用范围同样受阻尼影响较大,从图 3-2 中的幅频反应曲线可以看出:当阻尼比 $\xi = 0.65 \sim 0.7$ 时,在频率比 $0 < \lambda < 0.4$ 范围内,$\beta \approx 1$,误差小于 0.1%。因此,合理地选择阻尼可以有效地扩大加速度计的频率使用范围。用增大仪器固有频率的办法,就是用增大弹簧刚度的办法,也可以扩大这类仪器的适用范围。

加速度计属高频仪器,体积小,对重量不大的被测物体或结构的振动影响小,测量范围广。工程结构物多为低频结构,实际测量中常用高频仪器测加速度,而速度和位移用积分得到。

惯性式测振仪(位移计、加速度计等)中的阻尼不仅能扩大频率使用范围,还能影响测振仪的性能。阻尼过小的测振仪初始的自由振动长时间不衰减,叠加到被测的反应量中,分析起来很困难。阻尼还对测振仪的相位频率特性有较大影响,测振仪指针指示的反应值与振动物体运动之间有相位差 θ,在测量由不同频率简谐波叠加而成的周期振动时,可能会造成波形畸变(或相位畸变)。要避免这种畸变,必须使相位角 θ 与频率 λ 的变化成正比。如图 3-3 的相位频率特性曲线所示,当 $\xi = 0.65 \sim 0.7$ 时,在频率 $0 < \lambda < 1$ 的范围内 θ 与 λ 之间接近线性关系,此时 $\theta = \frac{\pi}{2}\lambda$,这样畸变实际上可以被消除。所以阻尼的合理选择在测振仪中是一个非常重要的问题。

4.2 支承运动的绝对位移反应 隔振原理

1. 支承运动的绝对位移反应

现在用绝对位移反应 $u_t(t)$ 来表示结构的运动状态,讨论支承运动引起的结构振动问题,由式(4-1)得到相对位移

$$u(t) = u_t(t) - u_g(t) \tag{4-11}$$

代入式(4-3)后再代入动平衡方程式(4-2),有

$$m\ddot{u}_t(t) + c[\dot{u}_t(t) - \dot{u}_g(t)] + k[u_t(t) - u_g(t)] = 0$$

整理后得到

$$m\ddot{u}_t(t) + c\dot{u}_t(t) + ku_t(t) = ku_g(t) + c\dot{u}_g(t) = p_{\mathrm{eff}}(t) \tag{4-12}$$

可见用绝对位移反应描述支承运动引起的结构振动问题时相当于作用了两个激振力,一个是经过弹簧传递来的 $ku_g(t)$,另一个是经过阻尼器传递来的 $c\dot{u}_g(t)$,两者相位不同。

若支承运动为简谐运动 $u_g(t) = \hat{u}_g\sin\overline{\omega}t$,则这两个同频率的力可以合成为一

个等效的简谐荷载

$$p_{\mathrm{eff}}(t) = k\hat{u}_{\mathrm{g}}\sin\overline{\omega}t + c\hat{u}_{\mathrm{g}}\overline{\omega}\cos\overline{\omega}t = \hat{p}\sin(\overline{\omega}t + \varphi) \tag{4-13}$$

式中

$$\hat{p} = \sqrt{(k\hat{u}_{\mathrm{g}})^2 + (c\hat{u}_{\mathrm{g}}\overline{\omega})^2} = k\hat{u}_{\mathrm{g}}\sqrt{1+(2\xi\lambda)^2} \tag{4-14a}$$

$$\varphi = \arctan\frac{c\overline{\omega}}{k} = \arctan(2\xi\lambda) \tag{4-14b}$$

相应的绝对位移的稳态反应

$$u_{\mathrm{t}}(t) = \hat{u}_t\sin(\overline{\omega}t + \varphi - \theta) \tag{4-15}$$

式中

$$\hat{u}_{\mathrm{t}} = \frac{\hat{p}}{k}\beta = \beta\sqrt{1+(2\xi\lambda)^2}\,\hat{u}_{\mathrm{g}} = \frac{\sqrt{1+(2\xi\lambda)^2}}{\sqrt{(1-\lambda^2)^2+(2\xi\lambda)^2}}\hat{u}_{\mathrm{g}} \tag{4-16a}$$

$$\theta = \arctan\frac{2\xi\lambda}{1-\lambda^2} \tag{4-16b}$$

绝对位移幅值与支承位移幅值的比值称为**位移传导比**，即

$$TR = \frac{\hat{u}_{\mathrm{t}}}{\hat{u}_{\mathrm{g}}} = \beta\sqrt{1+(2\xi\lambda)^2} = \frac{\sqrt{1+(2\xi\lambda)^2}}{\sqrt{(1-\lambda^2)^2+(2\xi\lambda)^2}} \tag{4-17}$$

位移传导比 TR 作为频率比 λ 与阻尼比 ξ 的函数的曲线示于图 4－4，与动力放大系数 β 的曲线基本相似。从图中可以看出：当频率比 $\lambda \ll 1$ 时，$TR \to 1$，即绝对位移幅值与支承位移幅值基本相同；当 $\lambda = \sqrt{2}$ 时，$TR = 1$，与阻尼无关，即绝对位移幅值等于支承位移幅值；当 $\lambda > \sqrt{2}$ 时，不论 ξ 取何值，$TR < 1$，即绝对位移幅值小于支承位移幅值，而且阻尼小的绝对位移幅值要稍小些。

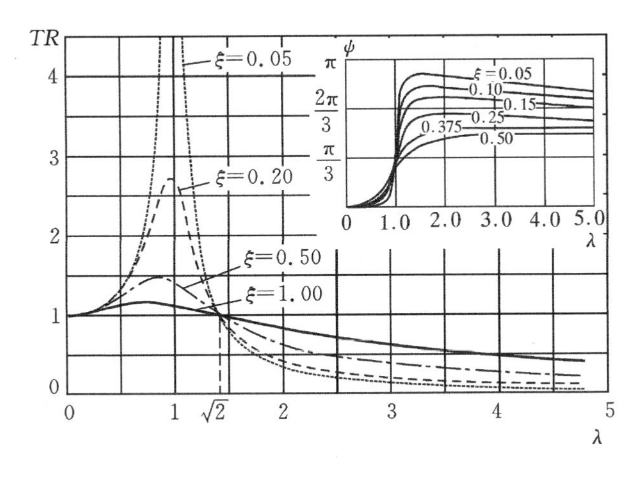

图 4－4　位移传导比和相位差

绝对运动与支承运动的相位差

$$\begin{aligned}\psi &= \varphi - \theta \\ &= \arctan[\tan(\varphi - \theta)] \\ &= \arctan\left(\frac{\tan\varphi - \tan\theta}{1 + \tan\varphi\tan\theta}\right) \\ &= \arctan\left(\frac{2\xi\lambda - \dfrac{2\xi\lambda}{1-\lambda^2}}{1 + 2\xi\lambda\,\dfrac{2\xi\lambda}{1-\lambda^2}}\right) \\ &= \arctan\left[\frac{2\xi\lambda^3}{1-\lambda^2+(2\xi\lambda)^2}\right]\end{aligned} \tag{4-18}$$

与频率比 λ 的关系曲线见图 4-4。

2. 被动隔振

机器设备运转时发生的剧烈振动常常影响到周围其他仪器设备,使之不能正常工作,振动产生的噪声对人体健康也很有害,另外地震引起的强烈地面运动会对建筑物造成破坏,因此工程上常采用隔振措施减少振动造成的危害。根据振源的不同,隔振分为两类:一类称为**主动隔振**,运转的装置本身能产生振动力是振源,减少这些振动力在支承结构中产生有害振动的隔振措施,为力隔振;另一类称为**被动隔振**,振源来自支承运动,为减少外部振动向结构系统传递而采取的隔振措施,为运动隔振。

支承运动的绝对位移反应的讨论为被动隔振奠定了理论基础,被动隔振装置被简化为如图 4-5 所示的弹簧-阻尼体系,安置在基础上。当基础传来简谐运动 $u_g(t) = \hat{u}_g \sin\varpi t$ 时,参照式(4-17)质量块的绝对位移反应的幅值

$$\hat{u}_t = TR\hat{u}_g \tag{4-19}$$

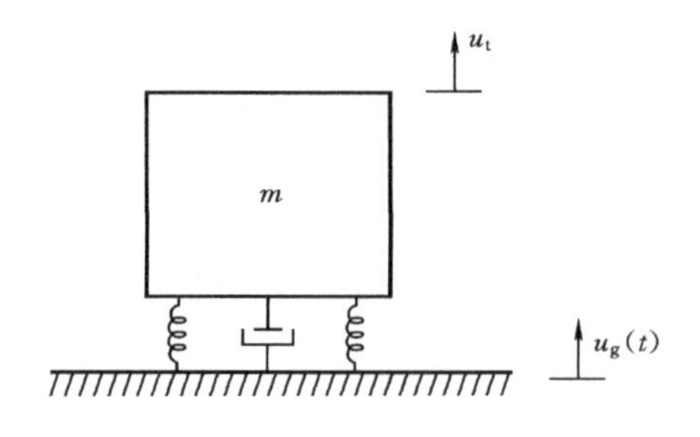

图 4-5 被动隔振示意图

当 $\lambda > \sqrt{2}$ 时,不论 ξ 取何值,位移传导比 $TR < 1$,即绝对位移幅值小于基础运动位移幅值,这就起到了位移隔振的效果,即为被动隔振。位移传导比 TR 越小意味着隔振效果越好。

3. 主动隔振

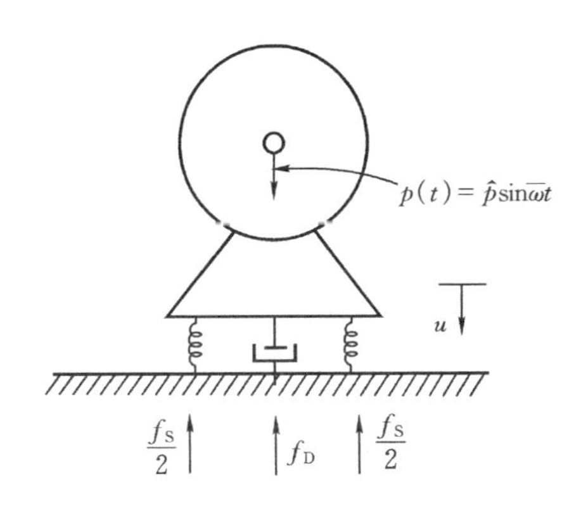

图 4-6　主动隔振示意图

图 4-6 所示的转动机器由于转动部分的不平衡产生一个垂直的振动力 $p(t)=\hat{p}\sin\overline{\omega}t$ 。如果机器被安放在一个弹簧-阻尼隔振体系上,它的稳态位移反应

$$u(t)=\frac{\hat{p}}{k}\beta\sin(\overline{\omega}t-\theta) \tag{4-20}$$

式中 β 由式(3-13)确定。传递给基础上的力有两部分:一部分是由弹簧传给基础的弹性恢复力

$$f_S=ku(t)=\hat{p}\beta\sin(\overline{\omega}t-\theta)$$

另一部分是通过阻尼器传到基础的阻尼力

$$f_D=c\dot{u}(t)=\frac{c\hat{p}\beta\overline{\omega}}{k}\cos(\overline{\omega}t-\theta)=2\xi\lambda\hat{p}\beta\cos(\overline{\omega}t-\theta)$$

因为阻尼力的相位角超前弹性力 $\frac{\pi}{2}$,故作用于基础上的两个力的合力的幅值

$$\hat{f}=\sqrt{(\hat{p}\beta)^2+(2\xi\lambda\hat{p}\beta)^2}=\hat{p}\beta\sqrt{1+(2\xi\lambda)^2} \tag{4-21}$$

传到基础上的力与振动力二者幅值之比称作隔振体系的**力传导比**

$$TR=\frac{\hat{f}}{\hat{p}}=\beta\sqrt{1+(2\xi\lambda)^2} \tag{4-22}$$

隔振体系的力传导比 TR 与图 4-4 所示的位移传导比完全相同,也称为**隔振系数**。当频率比 $\lambda>\sqrt{2}$ 时,不论阻尼比 ξ 取何值,传导比 $TR<1$,即作用于基础上力的幅值小于振动力的幅值,这就起到了隔振的效果,即为主动隔振。

由式(4-17)、式(4-22)可见无论是被动隔振还是主动隔振,含义虽然不同,传导比 TR 与频率比 λ 、阻尼比 ξ 的变化规律是相同的,都用图 4-4 所示的传导比曲线来表示,并有以下共同特征:

①无论阻尼大小,只有当频率比 $\lambda>\sqrt{2}$ (隔振频段)时才有隔振效果。

②在隔振频段随着频率比 λ 的增加,传导比 TR 逐渐趋于零;但在 $\lambda>5$ 以后 TR 曲线几乎水平,隔振效率提高有限,实际上选取 λ 在 2.5～5 之间已足够。

③在隔振频段传导比 TR 随着阻尼比 ξ 的增大而提高,增大阻尼不利于隔振,盲目增大阻尼并不一定能带来好的隔振效果;但是为了使结构安全通过共振区,还应考虑保持适当的阻尼。

例题 4-1　由一系列等跨度的梁板组成的混凝土桥面由于蠕变而产生挠度，当汽车在桥上匀速行驶时，这些挠度将产生简谐干扰。这个体系的理想化模型示于图 4-7，图中汽车质量为 2000 kg，弹簧刚度为 32000 N/m，阻尼比为 0.3。用一个波长为 12 m(梁的跨度)、幅值为 40 mm 的正弦曲线代表桥的剖面，当汽车以 108 km/h的速度行驶，利用这些数据预测一下汽车的竖向稳态振动的幅值。

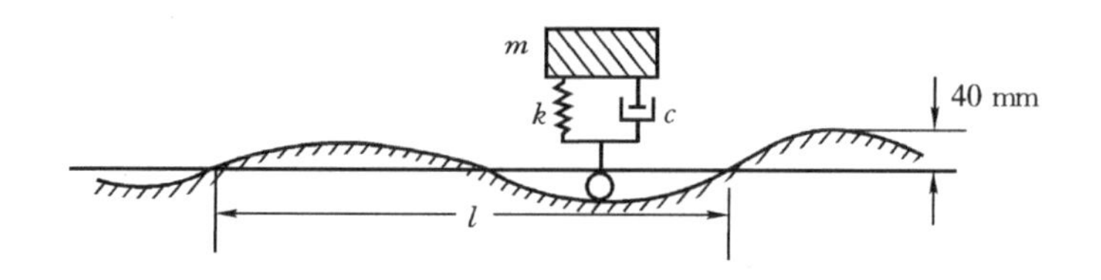

图 4-7　汽车在有挠度桥面上运动时的计算简图

解　由题意取汽车为研究对象，它的固有频率

$$\omega = \sqrt{k/m} = \sqrt{32000/2000} = 4 \text{ rad/s}$$

当汽车以 v=108 km/h =30 m/s 速度行驶时，干扰周期和频率分别为

$$T_p = l/v = 12/30 = 0.4 \text{ s}, \qquad \overline{\omega} = \frac{2\pi}{T_p} = \frac{2\pi}{0.4} = 15.7 \text{ rad/s}$$

因此，频率比 $\lambda = \dfrac{\overline{\omega}}{\omega} = \dfrac{15.7}{4} = 3.925$ 。

对于这种情况，传导比由式(4-17) 给出

$$TR = \frac{\sqrt{1+(2\xi\lambda)^2}}{\sqrt{(1-\lambda^2)^2+(2\xi\lambda)^2}} = \frac{\sqrt{1+(2\times 0.3\times 3.925)^2}}{\sqrt{(1-3.925^2)^2+(2\times 0.3\times 3.925)^2}} = 0.175$$

因此，汽车竖向稳态振动的幅值为

$$\hat{u}_t = TR\hat{u}_g = 0.175\times 40 = 7 \text{ mm}$$

说明在限制由于路面不平所引起的运动中，冲击减震器起着重要的作用。

例 4-2　一往复式机器重 8000 kg，已知当机器的运转速度为 30 Hz 时，产生幅值为 200 kN 的竖向谐振力。为了限制机器对所在建筑物的振动影响，在它的矩形底面的四角各用一个弹簧支承。为了使机器传给建筑物的全部谐振力限制在 25 kN，所需采用的每个弹簧刚度应为多少?

解　这是一个主动隔振系统的设计问题，假设阻尼为零。

要求的力传导比为

$$TR = 25/200 = 0.125$$

代入式(4-22)，得到

$$0.125 = \frac{1}{\lambda^2 - 1}$$

解得

$$\lambda = 3$$

$$\omega = \overline{\omega}/\lambda = 2\pi f/\lambda = 2\pi \times 30/3 = 62.8 \text{ rad/s}$$

由此解得总弹簧刚度为

$$k = m\omega^2 = 8 \times 62.8^2 = 31550 \text{ kN/m}$$

因此,四个支承弹簧中每个的刚度为 $k/4 = 7888$ kN/m 。值得注意的是由于机器重量引起的这些支承弹簧的静位移为 $\frac{mg}{k} = \frac{8 \times 9.8}{31550} = 0.0024$ m 。

4.3　阻尼理论与阻尼值的确定

1. 阻尼

前面在讨论单自由度结构体系的反应分析时,假定结构的物理特性(质量、刚度和阻尼)是已知的。在大多数情况下,结构的质量和刚度可以容易地用简单的物理方法计算出来。但另一方面,在实际结构中基本的能量损失机理却很少为人们所充分了解,通常不可能用相应的阻尼表达式来确定阻尼系数。

在振动过程中实际结构系统不可避免地存在各种阻力,将消耗振动系统的能量,消耗的能量转变为热能和声能传播出去,这些阻力统称为**阻尼**。

不同的阻尼具有不同的性质。两个干燥的平滑接触面之间的摩擦力与接触面间的法向压力成正比。两接触面之间有润滑剂的话,摩擦力取决于润滑剂的黏性和运动的速度,当滑动面之间有一层连续油膜时,阻力与润滑剂的黏性和速度成正比,一个物体以低速在黏性液体内运动,或使液体从很狭窄的缝里通过阻尼器,阻力也与速度成正比,属于**黏滞阻尼**,这个比例系数 c 称为**黏滞阻尼系数**。但当物体以较大的速度(如 3 m/s 以上)在空气或液体内运动时阻力与速度的平方成正比。结构材料的内摩擦引起的阻力称为材料阻尼,如黏弹性材料内应变滞后于应力,在反复受力过程中形成滞后回线耗散能量;由于结构各部件连接界面之间相对滑动而产生的阻尼称为滑动阻尼,材料阻尼和滑动阻尼统称**结构阻尼**。

黏滞阻尼由于它与速度成正比,在分析动力问题时使求解大为简化,所以我们一开始就以黏滞阻尼为基本模型来讨论阻尼的作用。如果遇到非黏滞阻尼,将用等效黏滞阻尼来近似。

2. 等效黏滞阻尼

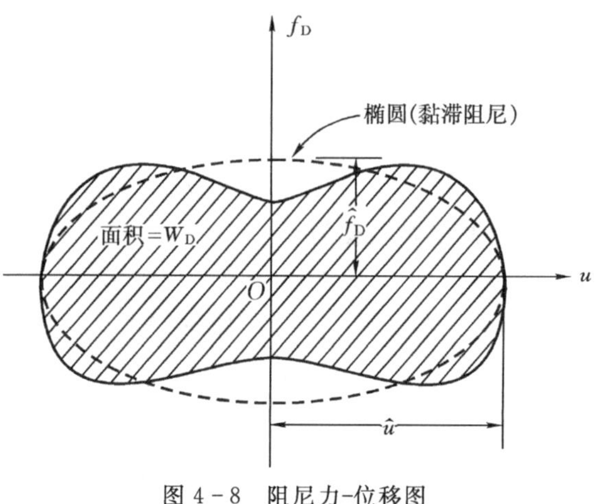

图 4-8　阻尼力-位移图

当振动系统中存在非黏滞阻尼时,通常用一个等效黏滞阻尼来代替。**等效黏滞阻尼系数**的值是根据一个振动周期内非黏滞阻尼所消耗的能量与等效黏滞阻尼所消耗的能量相等,且有相同的位移幅值这一准则确定的。

如果把一次加载循环中阻尼力和位移之间的关系画出,如图 4-8 所示,则这个图可称为阻尼力-位移图。

设阻尼系数为 c 的黏滞阻尼结构作 $u(t)=\hat{u}\sin(\overline{\omega}t-\theta)$ 的简谐振动,此时阻尼力 $f_D=c\dot{u}=c\hat{u}\,\overline{\omega}\cos(\overline{\omega}t-\theta)=\hat{f}_D\cos(\overline{\omega}t-\theta)$,则这个关系曲线为一椭圆。结构在振动一个周期内阻尼力所作的功(即耗散的能量)为这个椭圆的面积

$$W_D=\pi\hat{u}\hat{f}_D=\pi c\hat{u}^2\overline{\omega} \tag{4-23}$$

对非黏滞阻尼的结构,阻尼力-位移图的形状不再是椭圆,如图 4-8 中实线所示的曲线。在这种情况下,等效黏滞阻尼系数可以用等效准则确定:等效黏滞阻尼的椭圆图与实际的阻尼力-位移图具有同等的面积和位移幅值,图 4-8 中的虚线与实线是等效的。设非黏滞阻尼力在一个振动周期内所做的功(能量损失)为 W_D,即实际阻尼力-位移图的面积,则由式(4-23)得到等效黏滞阻尼系数

$$c_{eq}=\frac{W_D}{\pi\overline{\omega}\hat{u}^2} \tag{4-24}$$

在大多数情况下,用阻尼比来表示阻尼要比阻尼系数更为方便。结构的临界阻尼系数用包含频率及刚度的形式来表达

$$c_{cr}=2m\omega=\frac{2k}{\omega} \tag{4-25}$$

因为结构的刚度同样可用测量每周阻尼能量损失的仪器来测定,只要使仪器运转得很缓慢基本上达到静力的条件即可。如果结构是线性弹性的,则弹性变形能 $W_S=\frac{1}{2}k\hat{u}^2$,刚度系数可以用弹性变形能 W_S 表示为

$$k=\frac{2W_S}{\hat{u}^2}$$

于是应用式(4-24)和式(4-25)可得到阻尼比

$$\xi=\frac{c_{\mathrm{eq}}}{c_{\mathrm{cr}}}=\frac{W_{\mathrm{D}}}{4\pi W_{\mathrm{S}}}\frac{\omega}{\overline{\omega}} \tag{4-26}$$

式(4－26)可以用来表达一个结构的阻尼比，而不管其实际内部能量损失机理是什么。但是，对于任何给定的黏滞阻尼机理，体系的能量损失将与谐振频率成比例。

例 4－3　求干摩擦阻尼的等效黏滞阻尼系数。

解　干摩擦力 F 在振动过程中大小不变，但方向始终与运动方向相反。设振动的位移幅值为 $\hat{u}$，则干摩擦力在一个周期内所做的功

$$W_{\mathrm{D}}=\int_{0}^{\frac{2\pi}{\overline{\omega}}}F\dot{u}\,\mathrm{d}t=4F\hat{u}$$

代入式(4－24)，得到

$$c_{\mathrm{eq}}=\frac{4F}{\pi\overline{\omega}\,\hat{u}}$$

可见干摩擦阻尼的等效黏滞阻尼系数不仅与摩擦力成正比，还与系统的振幅 $\hat{u}$ 和频率 $\overline{\omega}$ 成反比。

例 4－4　求材料阻尼的等效黏滞阻尼系数。

解　材料力学试验表明：一个加载卸载循环过程中应力应变曲线会形成一个滞后回线，材料不是完全弹性的，有能量的耗散。振动过程也就是加载卸载过程，每一个振动周期形成一个滞后回线，材料阻尼由此产生。大量实验指出：对大多数金属结构材料，一个周期内消耗的能量与振幅平方成正比，而且在很大一个频率范围内与频率无关。故 W_{D} 可表示为

$$W_{\mathrm{D}}=\alpha\hat{u}^{2}$$

式中：α 为一材料常数，由实验确定。材料阻尼的等效黏滞阻尼系数

$$c_{\mathrm{eq}}=\frac{\alpha}{\pi\overline{\omega}}$$

可见材料阻尼的等效黏滞阻尼系数与振动频率 $\overline{\omega}$ 成反比，而与振幅 $\hat{u}$ 无关。

3. 阻尼测定方法

基于阻尼机理的复杂性和用等效黏滞阻尼来描述的原因，许多实际结构的阻尼必须直接用试验的方法来求出。下面简述用实测结果计算阻尼的主要方法。

(1)自由振动衰减法

测量结构阻尼比最简单而且最常用的方法也许是在第 2 章里介绍的自由振动衰减试验。用任意手段使结构体系产生一个自由振动后，阻尼比可用相隔 m 周量得的两个位移幅值的比来确定。如果 u_i 是在任一时刻的振动幅值而 u_{i+m} 为 m 周后的幅值，则由式(2－32)得到阻尼比

$$\xi\approx\frac{\delta}{2\pi} \tag{4-27}$$

式中：$\delta = \dfrac{1}{m}\ln(u_i/u_{i+m})$ 为对数衰减率。在大多数实际结构中，阻尼比都小于 0.2，因此式(4－27)不考虑阻尼引起的频率变化已足够精确，ξ 的误差小于 2% 。

这种方法的主要优点是所需的仪器、设备最少，可用任何简便的方法起振，所要测量的仅为相对的位移幅值。

(2)共振放大法

求阻尼的其他主要方法都是基于稳态谐振反应性能，为此需要一种对结构施加规定频率和振幅的简谐扰动装置，在结构上施加包括共振频率在内的一系列较密分布频率的等幅值的谐振荷载 $\hat{p}\sin\bar{\omega} t$ ，然后作出振幅与荷载频率的关系曲线，这就是结构频率特性曲线。

由式(3－13)知道，任意频率时的动力放大系数就是该频率的反应幅值与零频率的(静止的)反应幅值之比。式(3－16)中已表明，阻尼比与频率比 $\lambda=1$ 时的动力放大系数 $\beta_{\lambda=1}$ 是紧密相关的，当静反应幅值与共振反应幅值分别用 $\hat{u}_{\lambda=0}$ 和 $\hat{u}_{\lambda=1}$ 表示时，阻尼比由下式给出

$$\xi = \frac{1}{2}\frac{\hat{u}_{\lambda=0}}{\hat{u}_{\lambda=1}} \tag{4-28}$$

然而，在实践中要施加准确的共振频率是困难的，而测定最大反应幅值比较方便，它发生在频率稍小于固有频率时。由式(3－15)有

$$\frac{\hat{u}_{\max}}{\hat{u}_{\lambda=0}} = \frac{1}{2\xi\sqrt{1-\xi^2}}$$

直接解出阻尼比 ξ ，也可作如下简化

$$\xi = \frac{1}{2}\frac{\hat{u}_{\lambda=0}}{\hat{u}_{\max}}\frac{1}{\sqrt{1-\xi^2}} = \frac{1}{2}\frac{\hat{u}_{\lambda=0}}{\hat{u}_{\max}}\frac{\omega}{\omega_{\mathrm{D}}} \approx \frac{1}{2}\frac{\hat{u}_{\lambda=0}}{\hat{u}_{\max}} \tag{4-29}$$

由于忽略了有阻尼与无阻尼频率之间的差别，所引起的误差对一般结构来说是不大的。

以上结果是在荷载幅值 $\hat{p}$ 保持不变的情况下得到的，如果每一频率的荷载幅值 $\hat{p}$ 不同，则需要将测到的位移幅值按比例修正后即可用式(4－28)和(4－29)计算阻尼比 ξ 。

这种测定阻尼的方法，仅需要能测量相对位移幅值的简单仪器。但是，求静位移可能出现问题，因为许多种加荷设备是不能在零频率时工作的。

(3)惯性式激振器测定阻尼比

现在来讨论惯性式激振器测定阻尼比的原理和方法。惯性式激振器由两个对称的带有偏心质量块反向等速旋转的齿轮构成，如图 4－9 所示，质量块的质量为 m_0、偏心距为 e 。安装在被测结构上，以匀角速度 $\bar{\omega}$ 旋转时两偏心质量的离心力合成为一个在垂直方向的激振力 $p(t) = 2m_0 e\bar{\omega}^2\sin\bar{\omega} t$，与此相应的被测结构位移

反应幅值

$$\hat{u}=\frac{2m_0e\bar{\omega}^2}{k}\beta=\frac{2m_0e\bar{\omega}^2}{m\omega^2}\beta=\frac{2m_0e}{m}\lambda^2\beta \tag{4-30}$$

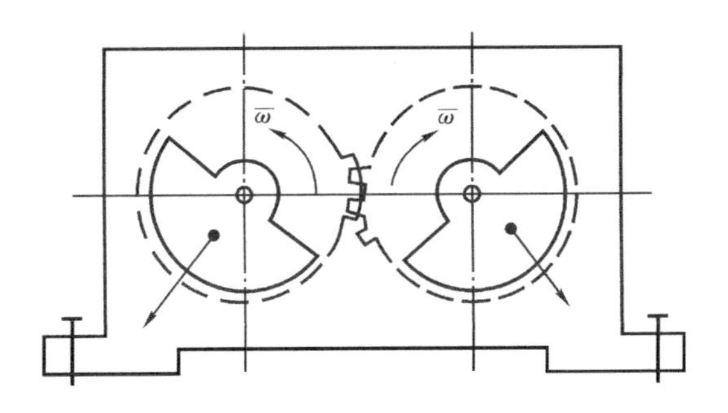

图 4-9　惯性式激振器

在不断改变激振频率 ϖ 的过程中，测得共振时的振动幅值 $\hat{u}_{\lambda=1}$，在超过共振区很远时振动幅值将趋于一个常值 $\hat{u}_\infty$。由式(4-9)或图 4-2 知道，$\lambda^2\beta$ 在共振($\lambda=1$)时为 $\frac{1}{2\xi}$；$\lambda\gg1$ 时趋于 1。代入式(4-30)得到

$$\hat{u}_{\lambda=1}=\frac{2m_0e}{m}\frac{1}{2\xi}$$

$$\hat{u}_{\lambda\to\infty}=\frac{2m_0e}{m}$$

两式相比，得到阻尼比

$$\xi=\frac{1}{2}\frac{\hat{u}_{\lambda\to\infty}}{\hat{u}_{\lambda=1}} \tag{4-31}$$

这种测定阻尼的方法，避免了设备在低频段工作。

例 4-5　用惯性式激振器测量某一桥梁的阻尼比，测得共振时的竖向位移幅值为 2.07 mm，在超过共振频率很远时，竖向位移幅值趋于一常值 0.32 mm，试计算该桥梁的阻尼比。

解　已知 $\hat{u}_{\lambda=1}=2.07$ mm，$\hat{u}_{\lambda\to\infty}=0.32$ mm，代入式(4-31)，得到

$$\xi=\frac{1}{2}\frac{\hat{u}_{\lambda\to\infty}}{\hat{u}_{\lambda=1}}=\frac{1}{2}\frac{0.32}{2.07}=0.077$$

(4)带宽法

由幅频特性曲线可以看出,频率比 $\lambda=1$ 附近的曲线形状主要由阻尼比 ξ 控制,因此,可以从曲线的许多不同特性来求得阻尼比,其中最方便的方法之一为带宽法(或半功率法)。在频率比 $\lambda=1$ 的两侧截取动力放大系数为共振时的 $\dfrac{1}{\sqrt{2}}$ 的两个点称为半功率点,对应的激振频率比分别为 λ_1 和 λ_2,如图 4-10 所示。在此频率下输入功率为共振功率的一半,因此也称**半功率法**。

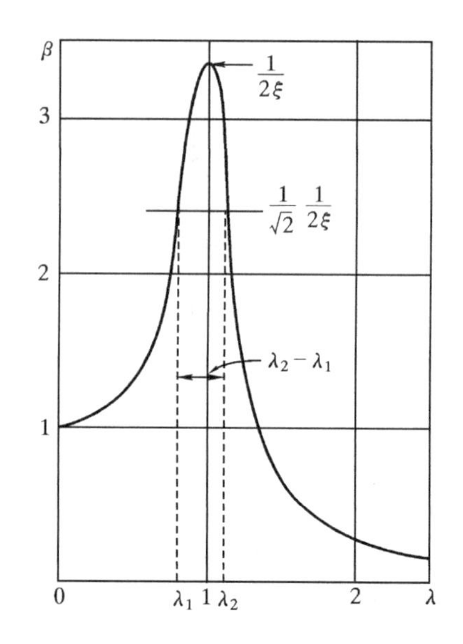

图 4-10　幅频特性曲线

半功率频率比的值可由式(3-13)计算,即

$$\frac{1}{\sqrt{2}}\frac{1}{2\xi}=\frac{1}{\sqrt{(1-\lambda^2)^2+(2\xi\lambda)^2}}$$

解此方程得出半功率频率比的平方为

$$\lambda_{1,2}^2=1-2\xi^2\mp 2\xi\sqrt{1-\xi^2}$$

考虑到阻尼甚小 ($\xi\ll 1$),忽略 ξ^2 及以上的小量,可得到两个半功率点频率比

$$\lambda_1\approx 1-\xi-\xi^2$$
$$\lambda_2\approx 1+\xi-\xi^2$$

由两式分别相减、相加可得到

$$\lambda_2-\lambda_1=2\xi$$
$$\lambda_2+\lambda_1=2-2\xi^2\approx 2$$

由此得到阻尼比

$$\xi=\frac{\lambda_2-\lambda_1}{2}=\frac{\overline{\omega}_2-\overline{\omega}_1}{2\omega}\tag{4-32a}$$

或

$$\xi=\frac{\lambda_2-\lambda_1}{\lambda_2+\lambda_1}=\frac{\overline{\omega}_2-\overline{\omega}_1}{\overline{\omega}_2+\overline{\omega}_1}\tag{4-32b}$$

式中的 $\overline{\omega}_2-\overline{\omega}_1$ 称为结构体系的带宽,所以这个求阻尼比 ξ 的方法就称为**带宽法**。利用这个办法可以避免求静反应。然而,它需要精确地画出半功率范围及共振时的反应曲线。

(5)共振试验

如果用仪器能够测出激振力与所引起的位移之间的相位关系,则只需在共振时进行试验就可求出阻尼系数,而不需要作幅频特性曲线。通过调整激振频率,直到位移的相位比荷载的相位滞后$\frac{\pi}{2}$而达到共振,这时荷载恰好与阻尼力平衡。

如果结构具有线性黏滞阻尼,则共振时的阻尼力的幅值 $\hat{f}_{\mathrm{Dmax}}=c\dot{u}_{\max}=c\hat{u}\omega$ 且应等于荷载幅值 $\hat{p}$,由此得到阻尼系数

$$c=\frac{\hat{f}_{\mathrm{Dmax}}}{\dot{u}_{\max}}=\frac{\hat{p}}{\omega\hat{u}} \tag{4-33}$$

如果阻尼不是线性黏滞阻尼,此关系不成立,可用确定等效黏滞阻尼的系数的方法求等效黏滞阻尼 c_{eq}。

习题

4-1　由一系列等跨度的梁板组成的混凝土桥面由于蠕变而产生挠度,当汽车在桥上匀速行驶时,这些挠度将产生简谐干扰。其理想化模型如图所示,图中汽车质量为 2500 kg,弹簧刚度为 20000 N/m,阻尼比为 0.25。用一波长为 15 m(梁的跨度)、幅值为 40 mm 的正弦曲线代表桥的剖面,当汽车以 120 km/h 的速度行驶,试预测汽车的竖向稳态振动的幅值。

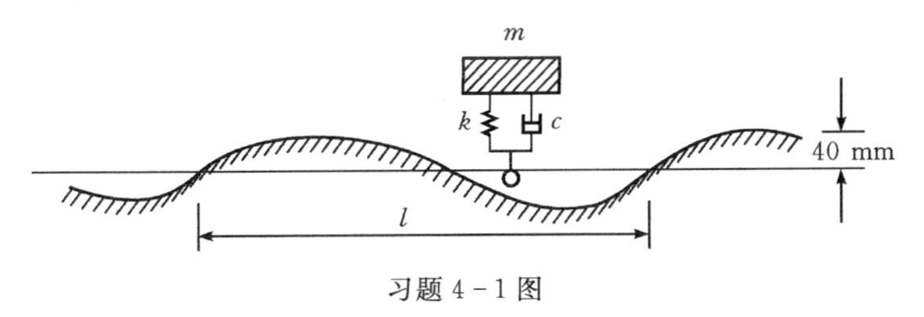

习题 4-1 图

4-2　一往复式机器重 1000 kg,已知当机器的转速为 32 Hz 时产生幅值为 200 kN 的竖向简谐力。为限制机器对所在建筑物的振动,在它的矩形底面的四角各放置一个弹簧支撑。如将机器传给建筑物的简谐力限制在 30 kN,试计算每个弹簧的刚度。

4-3　一机器安装在弹性支撑上,测得固有频率为 15 Hz,阻尼比 $\xi=0.12$,参与振动的质量为 1000 kg,当机器转速为 $N=2500$ r/min 时,不平衡力的幅值为 1600 N,求机器振动的振幅,力传导比及传到地基上的力的最大值。

4-4　简述阻尼测定的方法。

4-5　用惯性式激振器测量某一桥梁的阻尼比,测得共振时的竖向位移幅值为 1.89 mm,在超过共振频率很远时,竖向位移幅值趋于一常数 0.28 mm,试求该桥梁的阻尼比。

第5章　能量法和瑞利法

5.1　能量法

自由振动的结构体系在阻尼可以忽略不计的前提下，既没有能量的输入也没有能量的损失，任意时刻的机械能保持守恒。机械能由动能 T 和势能 V 组成，总能量不变，或随时间的变化率为零，故有

$$T+V=\text{常数} \tag{5-1a}$$

或

$$\frac{\mathrm{d}(T+V)}{\mathrm{d}t}=0 \tag{5-1b}$$

势能可以包括结构体系的变形势能和重力势能等，无论势能表达式中是否包含重力势能或其他势能，总可以选取静平衡位置处的势能为零基准值。这样结构体系的势能为零时动能必为最大值 $T_{\max}$；而动能为零时势能必取最大值 $V_{\max}$。由式(5-1a)有

$$T_{\max}=V_{\max} \tag{5-2}$$

对于无阻尼单自由度体系的自由振动，位移可表示为

$$u(t)=\hat{u}\sin(\omega t+\theta)$$

结构体系的动能为

$$T=\frac{1}{2}m\dot{u}^2(t)=\frac{1}{2}m\hat{u}^2\omega^2\cos^2(\omega t+\theta)$$

因而结构体系动能的最大值

$$T_{\max}=\frac{1}{2}m\hat{u}^2\omega^2 \tag{5-3}$$

势能完全为弹簧的应变能

$$V=\frac{1}{2}ku^2(t)=\frac{1}{2}k\hat{u}^2\sin^2(\omega t+\theta)$$

因而结构体系势能的最大值

$$V_{\max}=\frac{1}{2}k\hat{u}^2 \tag{5-4}$$

将式(5－3)、(5－4)代入式(5－2),可得到

$$\omega^2 = \frac{k}{m} \tag{5-5}$$

所得的这个表达式和以前所述的一样,但它却是从动能的最大值等于势能的最大值得到的。

例 5－1　用能量法建立图 1－2 所示体系以静平衡位置为参考原点的无阻尼自由振动微分方程。

解　设质量块以静平衡位置为参考原点的位移为 u ,则体系的动能

$$T = \frac{1}{2}m\dot{u}^2(t)$$

取体系在静平衡位置处的势能为零,则在任意位置 u 处的重力势能

$$V_1 = -Wu(t)$$

弹簧的势能

$$V_2 = \frac{1}{2}k\left[u(t) + u_{st}\right]^2 - \frac{1}{2}ku_{st}^2 = \frac{1}{2}ku^2(t) + ku(t)u_{st}$$

式中:u_{st} 为弹簧在静平衡时的变形。于是体系总的势能为

$$V = V_1 + V_2 = -Wu(t) + \frac{1}{2}ku^2(t) + ku(t)u_{st}$$

再考虑到平衡时有 $ku_{st} = W$,体系总的势能

$$V = \frac{1}{2}ku^2(t)$$

对于无阻尼自由振动体系由式(5－1b),可以得到

$$m\ddot{u}(t) + ku(t) = 0$$

与式(2－1a)完全一致。

上述能量法可有效地计算动力体系的固有频率或建立无阻尼自由振动微分方程,对于复杂的结构体系,能量法显得更为方便。

5.2　瑞利法

单自由度体系在动力荷载作用下的反应分析中,固有频率或周期显然对它的动力特性具有决定性的影响。对于质量块-弹簧体系的动力分析来说,应用能量法看不出有什么长处。对于工程中常具有分布质量体系的动力问题(实际上是一个无限自由度问题),这里介绍一种近似计算固有频率的方法,称为**瑞利法**。它首先假定一个振动形状函数,然后运用能量原理把一个分布质量体系简化为一个广义单自由度体系,最后得到相当精确的固有频率值。

下面以图 5-1 所示的非均匀简支梁为例说明瑞利法的原理和应用。在应用瑞利法时必须先假定梁的一个振动形状,这个假定可以用下式来表达

$$u(x,t) = \psi(x)q(t) \tag{5-6}$$

式中:$\psi(x)$ 为形状函数,它表示任意一点 x 的位移 $u(x,t)$ 与广义坐标 $q(t)$ 的比值。方程(5-6)等于假定梁在振动过程中其形状不随时间而改变,仅仅是运动的幅值在变化。对于简谐振动,广义坐标可表示为

$$q(t) = \hat{q}\sin(\omega t + \theta) \tag{5-7}$$

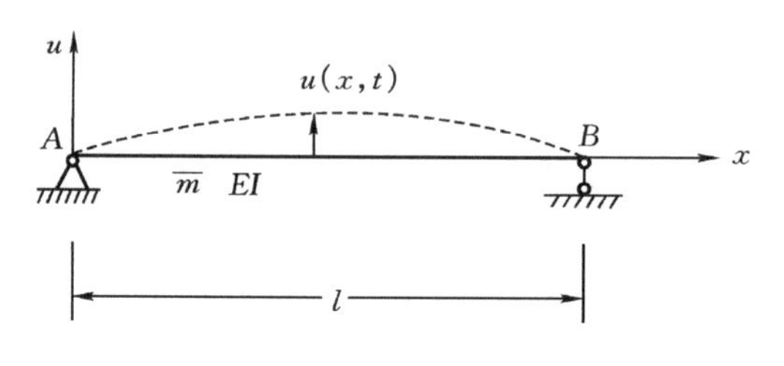

图 5-1 简支梁

形状函数的假定使梁简化为一单自由度体系,固有频率可由运动过程中动能最大值与势能最大值相等而求得。梁的势能就是弯曲变形的应变能,由下式给出

$$V = \frac{1}{2}\int_0^l EI(x)[u''(x,t)]^2 \mathrm{d}x$$

式中“$'$”表示对坐标 x 的导数。把式(5-7)代入式(5-6)并取位移幅值代入上式,则得到势能最大值

$$V_{\max} = \frac{1}{2}\hat{q}^2\int_0^l EI(x)[\psi''(x)]^2 \mathrm{d}x \tag{5-8}$$

而梁的动能为

$$T = \frac{1}{2}\int_0^l \overline{m}(x)[\dot{u}(x,t)]^2 \mathrm{d}x$$

式中仍用“·”表示对时间 t 的导数。将式(5-6)对时间求导而获得速度,取其幅值则得到动能最大值

$$T_{\max} = \frac{1}{2}\hat{q}^2\omega^2\int_0^l \overline{m}(x)[\psi(x)]^2 \mathrm{d}x \tag{5-9}$$

由 $T_{\max} = V_{\max}$,则求得梁振动的固有频率为

$$\omega^2 = \frac{\int_0^l EI(x)[\psi''(x)]^2 \mathrm{d}x}{\int_0^l \overline{m}(x)[\psi(x)]^2 \mathrm{d}x} = \frac{k^*}{m^*} \tag{5-10}$$

称为**瑞利商**,式中 k^* 称为广义刚度,m^* 称为广义质量。

5.3 形状函数的选取

瑞利法所获得的振动频率的精度完全依赖于所假设的形状函数 $\psi(x)$ 。原则上，只要满足梁的几何边界条件，形状函数可以任意选取。然而，对不是真实振动形状的形状函数，为了保持平衡就必须有附加的外部约束作用，这些附加约束将使结构体系的刚度变大，应变能增加，从而使计算得到的频率增大。因此，用真实振型所得的频率是用瑞利法所求得的频率中最小的一个。这样就可以用该方法对所求得的近似结果加以选择，其中频率最小的一个总是最好的近似值。

例 5-2 假定图 5-1 所示的简支梁具有均匀的质量和刚度，试用瑞利法求振动频率。

解 首先假定形状函数为抛物线 $\psi(x)=\frac{x}{l}\left(\frac{x}{l}-1\right)$，则 $\psi''(x)=\frac{2}{l^2}$，因而有

$$V_{\max}=\frac{1}{2}\hat{q}^2 EI\int_0^l\left(\frac{2}{l^2}\right)^2\mathrm{d}x=\frac{1}{2}\hat{q}^2\ \frac{4EI}{l^3}$$

和

$$T_{\max}=\frac{1}{2}\hat{q}^2\omega^2\overline{m}\int_0^l\left[\frac{x}{l}\left(\frac{x}{l}-1\right)\right]^2\mathrm{d}x=\frac{1}{2}\hat{q}^2\omega^2\ \frac{\overline{m}l}{30}$$

由 $T_{\max}=V_{\max}$ 可得到

$$\omega^2=\frac{120EI}{\overline{m}l^4}$$

如果假定形状函数为正弦曲线 $\psi(x)=\sin\frac{\pi x}{l}$，用同样的方法可得到

$$\omega^2=\frac{\pi^4 EI/2l^3}{\overline{m}l/2}=\frac{\pi^4 EI}{\overline{m}l^4}$$

显然，用正弦曲线求得的频率比第一个小很多，因此它是更精确的近似值。事实上正弦曲线的形状函数就是匀质等截面简支梁的真实振型，所以它是精确值。对第一个假定的形状，尽管它满足端点位移为零的几何条件，但它意味着在梁的整个跨度内弯矩是不变的，这显然不符合梁端的简支条件，所以不可能期望得到准确的结果。

如何选取合理的形状函数，保证使用瑞利法时能获得较正确的结果，成为一个关键问题。瑞利法的主要优点是提供既简单又可靠的固有频率的近似计算方法，使用任何假设的合理形状，差不多都能得出有用的结果。

5.4 改进的瑞利法

1. R_{00} 法

标准的瑞利法分析包括选取一个满足结构几何边界条件的形状函数，为方便讨论，这个最初选取的形状函数用 $\psi^{(0)}(x)$ 来表示，则位移

$$u^{(0)}(x,t)=\psi^{(0)}(x)\hat{q}^{(0)}\sin(\omega t+\theta) \tag{5-11}$$

根据此形状函数由式(5-8)、(5-9)求得梁的势能最大值和动能最大值分别为

$$V_{\max}^{(0)}=\frac{1}{2}[\hat{q}^{(0)}]^2\int_0^l EI(x)[\psi^{(0)\prime\prime}(x)]^2\mathrm{d}x \tag{5-12}$$

$$T_{\max}^{(0)}=\frac{1}{2}[\hat{q}^{(0)}]^2\omega^2\int_0^l \overline{m}(x)[\psi^{(0)}(x)]^2\mathrm{d}x \tag{5-13}$$

使 $T_{\max}^{(0)}=V_{\max}^{(0)}$，便得到标准瑞利法振动频率表达式

$$\omega^2=\frac{\int_0^l EI(x)[\psi^{(0)\prime\prime}(x)]^2\mathrm{d}x}{\int_0^l \overline{m}(x)[\psi^{(0)}(x)]^2\mathrm{d}x} \tag{5-14}$$

这个方法记为 **R_{00} 法**。

2. R_{01} 法

若使用与假定形状曲线相关的惯性力所做的功来计算势能，则可以获得更好的频率近似值。与初始形状函数 $\psi^{(0)}(x)$ 相应的分布惯性力为

$$\begin{aligned} f_1^{(0)}(x,t)&=\overline{m}(x)\ddot{u}^{(0)}(x,t)\\ &=\omega^2\overline{m}(x)\psi^{(0)}(x)\hat{q}^{(0)}\sin(\omega t+\theta)\\ &=\hat{f}_1^{(0)}(x)\sin(\omega t+\theta) \end{aligned} \tag{5-15}$$

式中:分布惯性力的幅值 $\hat{f}_1^{(0)}(x)=\omega^2\overline{m}(x)\psi^{(0)}(x)\hat{q}^{(0)}$ 。而这个惯性力所产生的位移 $u^{(1)}(x,t)$ 与 ω^2 成正比，可表示成

$$\begin{aligned} u^{(1)}(x,t)&=\omega^2\frac{u^{(1)}(x,t)}{\omega^2}\\ &=\omega^2\frac{\psi^{(1)}\hat{q}^{(1)}}{\omega^2}\sin(\omega t+\theta)\\ &=\omega^2\psi^{(1)}\overline{q}^{(1)}\sin(\omega t+\theta)\\ &=\hat{u}^{(1)}(x)\sin(\omega t+\theta) \end{aligned} \tag{5-16}$$

式中：ω^2 是未知的；$\hat{q}^{(1)}$ 无法计算，而 $\dfrac{\hat{q}^{(1)}}{\omega^2}=\overline{q}^{(1)}$ 由以上两式可以看出能够直接计

算;惯性力产生的位移幅值 $\hat{u}^{(1)}(x)=\omega^2\psi^{(1)}\overline{q}^{(1)}$ 。故这个惯性力所产生的应变能最大值由下式给出

$$V_{\max}^{(1)}=\frac{1}{2}\int_0^l \hat{f}_1^{(0)}(x)\hat{u}^{(1)}(x)\mathrm{d}x=\frac{1}{2}\hat{q}^{(0)}\overline{q}^{(1)}\omega^4\int_0^l \overline{m}(x)\psi^{(0)}(x)\psi^{(1)}(x)\mathrm{d}x \tag{5-17}$$

使 $T_{\max}^{(0)}=V_{\max}^{(1)}$,就可得到改进的瑞利法振动频率表达式

$$\omega^2=\frac{\hat{q}^{(0)}}{\overline{q}^{(1)}}\frac{\int_0^l \overline{m}(x)\left[\psi^{(0)}(x)\right]^2\mathrm{d}x}{\int_0^l \overline{m}(x)\psi^{(0)}(x)\psi^{(1)}(x)\mathrm{d}x} \tag{5-18}$$

这个方法被命名为 $\mathbf{R}_{01}$ **法**。一般来说,使用假设形状函数的曲率 $\psi''(x)$ 计算不如使用形状函数 $\psi(x)$ 计算精度高,因此,不包含导数项的方程(5-18),其精度得到改善。

3. $\mathbf{R}_{11}$ 法

如果同时用修正后的位移 $u^{(1)}(x)$ 计算动能,能获得一个更好的近似值。由式(5-16)可以看出与修正后的位移 $u^{(1)}(x)$ 相应的速度峰值 $\hat{\dot{u}}^{(1)}(x)=\omega^3\psi^{(1)}\overline{q}^{(1)}$,在此情况下体系的动能最大值

$$T_{\max}^{(1)}=\frac{1}{2}\int_0^l \overline{m}(x)\left[\hat{\dot{u}}^{(1)}(x)\right]^2\mathrm{d}x=\frac{1}{2}\omega^6\left(\overline{q}^{(1)}\right)^2\int_0^l \overline{m}(x)\left[\psi^{(1)}(x)\right]^2\mathrm{d}x \tag{5-19}$$

使 $T_{\max}^{(1)}=V_{\max}^{(1)}$,即可得到更好的结果

$$\omega^2=\frac{\hat{q}^{(0)}}{\overline{q}^{(1)}}\frac{\int_0^l \overline{m}(x)\psi^{(0)}(x)\psi^{(1)}(x)\mathrm{d}x}{\int_0^l \overline{m}(x)\left[\psi^{(1)}(x)\right]^2\mathrm{d}x} \tag{5-20}$$

这个方法称为 $\mathbf{R}_{11}$ **法**。

继续进行另一循环的这种计算,也即由伴随 $\psi^{(1)}(x)$ 的惯性荷载计算新的形状函数 $\psi^{(2)}(x)$,即可获得更进一步的改进。

同时应该注意到,式(5-18)和(5-20)中的广义坐标幅值 $\hat{q}^{(0)}$ 是任意的,如果适当地规定形状函数 $\psi^{(0)}(x)$,则可令 $\hat{q}^{(0)}=1$,此时 $\hat{u}^{(0)}(x)=\psi^{(0)}(x)$。

例 5-3　试用改进的瑞利法求图 5-2 所示三层平面框架的固有频率。横梁的变形忽略不计,质量都集中在横梁上。这里 $m=1$ t,$k=1000$ kN/m。

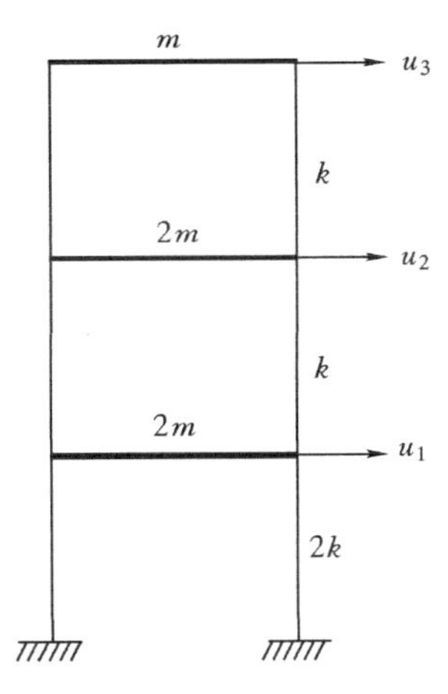

图 5-2　三层平面框架

解 标准的 R_{00} 法:为了说明改进方法的效果,假设一个较差的初始振动形状 $\boldsymbol{\psi}^{(0)}=[1\quad 1\quad 1]^{\mathrm{T}}$(如图 5-3(a)所示),同时取广义坐标幅值 $\hat{q}^{(0)}=1$,这样就得到初始位移幅值(如图 5-3(a))所示

$$\hat{\boldsymbol{u}}^{(0)}=[1.0\quad 1.0\quad 1.0]^{\mathrm{T}}$$

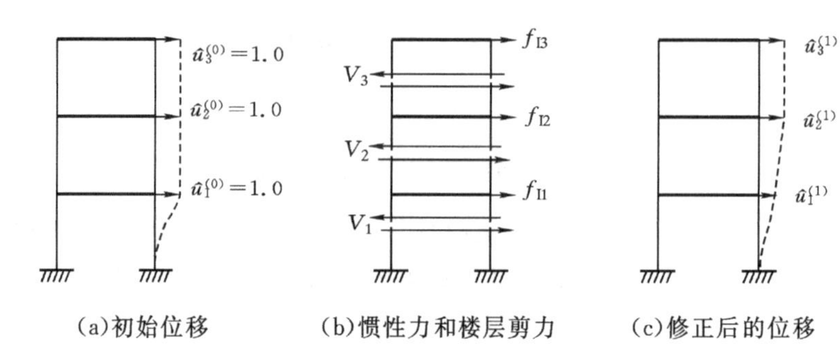

图 5-3 用改进的瑞利法分析框架

与这个形状函数相应的动能最大值为

$$T_{\max}^{(0)}=\frac{1}{2}\sum_{i=1}^{3}m_i(\hat{u}_i^{(0)})^2=\frac{1}{2}(\omega\hat{q}^{(0)})^2\sum_{i=1}^{3}m_i(\psi_i^{(0)})^2=\frac{1}{2}\omega^2\times 5$$

势能最大值依赖于相对的层间变形 $\Delta\hat{u}_i$,由下式给出

$$V_{\max}^{(0)}=\frac{1}{2}\sum_{i=1}^{3}k_i(\Delta\hat{u}_i^{(0)})^2=\frac{1}{2}(\hat{q}^{(0)})^2\sum_{i=1}^{3}k_i(\Delta\psi_i^{(0)})^2=\frac{1}{2}\times 2000$$

由 $T_{\max}^{(0)}=V_{\max}^{(0)}$,可得到

$$\omega^2=\frac{2000}{5}=400,\quad \omega=20\ \mathrm{rad/s}$$

改进的 R_{01} 法:上述初始假定相当于结构二、三层柱子为绝对刚性的,显然与实际不符。如图 5-3(b)所示,各楼层初始形状对应的惯性力幅值 $\hat{f}_{\mathrm{I}i}^{(0)}=m_i\omega^2\hat{u}_i^{(0)}=\omega^2 m_i\psi_i^{(0)}\hat{q}^{(0)}$,结果分别为

$$\begin{bmatrix}\hat{f}_{\mathrm{I1}}\\ \hat{f}_{\mathrm{I2}}\\ \hat{f}_{\mathrm{I3}}\end{bmatrix}=\omega^2\begin{bmatrix}2\\2\\1\end{bmatrix}$$

相应的层间剪力

$$\begin{bmatrix}V_1\\V_2\\V_3\end{bmatrix}=\begin{bmatrix}\hat{f}_{\mathrm{I1}}+\hat{f}_{\mathrm{I2}}+\hat{f}_{\mathrm{I3}}\\ \hat{f}_{\mathrm{I2}}+\hat{f}_{\mathrm{I3}}\\ \hat{f}_{\mathrm{I3}}\end{bmatrix}=\omega^2\begin{bmatrix}5\\3\\1\end{bmatrix}$$

每层的层间变形 $\Delta\hat{u}_i = \dfrac{V_i}{k_i}$，由层间变形累加确定新的位移 $\hat{u}_i^{(1)}$，具体结果如下

$$\begin{bmatrix}\Delta\hat{u}_1\\ \Delta\hat{u}_2\\ \Delta\hat{u}_3\end{bmatrix} = \omega^2 \frac{1}{2000}\begin{bmatrix}5\\6\\2\end{bmatrix}$$

$$\begin{bmatrix}\hat{u}_1^{(1)}\\ \hat{u}_2^{(1)}\\ \hat{u}_3^{(1)}\end{bmatrix} = \begin{bmatrix}\Delta\hat{u}_1\\ \hat{u}_1^{(1)}+\Delta\hat{u}_2\\ \hat{u}_2^{(1)}+\Delta\hat{u}_3\end{bmatrix} = \omega^2\frac{1}{2000}\begin{bmatrix}5\\11\\13\end{bmatrix}\hat{q}^{(0)} = \omega^2\begin{bmatrix}\frac{5}{13}\\ \frac{11}{13}\\ 1\end{bmatrix}\frac{13}{2000}\hat{q}^{(0)} = \omega^2\boldsymbol{\psi}^{(1)}\overline{q}^{(1)}$$

如图 5 - 3(c)所示，式中 $\boldsymbol{\psi}^{(1)} = \begin{bmatrix}\frac{5}{13} & \frac{11}{13} & 1\end{bmatrix}^{\mathrm{T}}$，$\overline{q}^{(1)} = \dfrac{13}{2000}$。对应的势能最大值可由下式计算

$$V_{\max}^{(1)} = \frac{1}{2}\sum_{i=1}^{3}\hat{f}_{1i}^{(0)}\hat{u}_i^{(1)} = \frac{1}{2}\hat{q}^{(0)}\overline{q}^{(1)}\omega^4\sum_{i=1}^{3}m_i\psi_i^{(0)}\psi_i^{(1)} = \frac{1}{2}\omega^4\overline{q}^{(1)}\times\frac{45}{13}$$

由 $T_{\max}^{(0)} = V_{\max}^{(1)}$，可得到频率为

$$\omega^2 = \frac{1}{\overline{q}^{(1)}}\frac{5}{\frac{45}{13}} = \frac{2000}{13}\times\frac{5}{\frac{45}{13}} = 222$$

$$\omega = 14.91\ \mathrm{rad/s}$$

显然所得频率与 R_{00} 法所得结果相比小得多，结果有很大的改进。

改进的 R_{11} 法：在计算动能最大值时用改进的形状 $\psi^{(1)}$ 可以获得更好的结果。此时，动能最大值可由式(5 - 19)得到

$$T_{\max}^{(1)} = \frac{1}{2}\omega^6(\overline{q}^{(1)})^2\sum_{i=1}^{3}m_i(\psi_i^{(1)})^2 = \frac{1}{2}\omega^6\left(\frac{13}{2000}\right)^2\times\frac{461}{169} = \frac{1}{2}\omega^6\frac{461}{2000^2}$$

因此，由 $T_{\max}^{(1)} = V_{\max}^{(1)}$ 求得频率值为

$$\omega^2 = \frac{2000^2}{461}\times\frac{45}{2000} = 195.23$$

$$\omega = 13.97\ \mathrm{rad/s}$$

在例 7 - 1 中求得精确的第一振型频率 $\omega_1 = 13.82\ \mathrm{rad/s}$，可见两者已是十分接近的。

习题

5 - 1　用能量法建立图示体系以静平衡位置为参考原点的无阻尼强迫振动微

分方程。

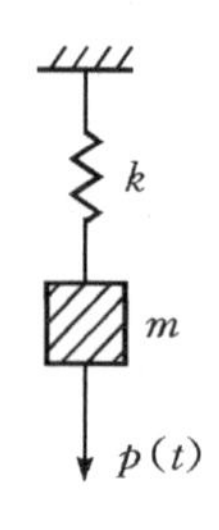

习题5-1图

5-2　假设图示梁具有均匀的质量和刚度，试选两种形状函数用瑞利法求其振动频率，并比较之。

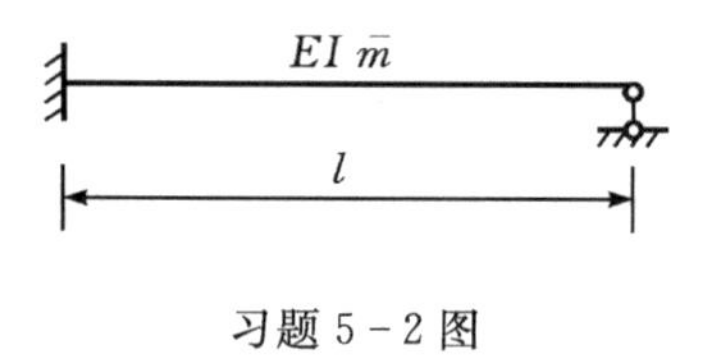

习题5-2图

5-3　试用改进的瑞利法求图示两层平面刚架的固有频率，并将其和标准方法进行比较。已知横梁的变形忽略不计，质量都集中在横梁上，$m=1200$ kg，$k=900$ kN/m。

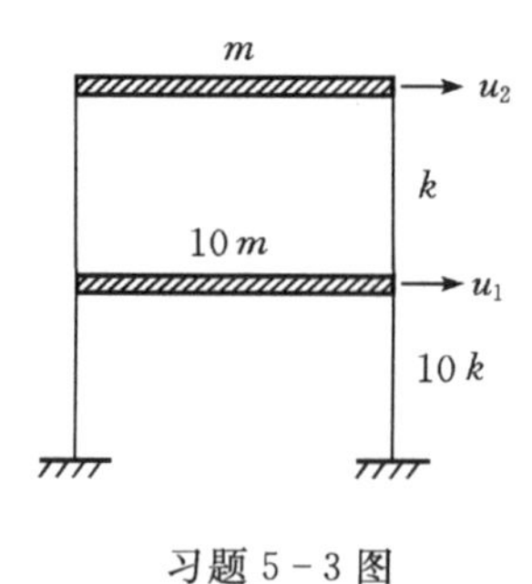

习题5-3图

第二篇　线性多自由度体系

第6章　运动方程的建立

6.1　引　言

在第一篇我们讨论了线性单自由度体系的动力学问题，它们的动力反应可以通过求解一个独立的运动微分方程而得到。假如体系的物理特性使得它们的运动能用一个坐标来描述而不存在其他运动，那么这确实是一个单自由度体系，运动微分方程的解就给出了精确的动力反应。

在工程实际中有大量的问题简化为单自由度模型不能够适当地描绘结构的动力反应。例如多层建筑的侧向振动、不等高单层厂房的振动等只能用多个位移坐标来描述，也就是说，要简化为多自由度体系进行计算。

建立一般多自由度体系运动方程的方法与建立单自由度体系运动方程的方法是类似的。对于理想化的质量-弹簧体系，基于达朗贝尔原理的直接平衡法可能最方便；而对于一般的工程结构，结构力学中提出的两种基本方法位移法（即刚度法）和力法（即柔度法）同样适用，只是在建立动力学方程时根据达朗贝尔原理要加上惯性力。刚度法通过力的平衡关系建立运动方程，柔度法则通过位移协调条件建立运动方程。

另一种方法，即分析力学的方法，从结构体系总体出发来列运动方程。一般采用广义坐标来确定系统的位置，用动能和功这样一些标量来描述系统的运动量与相互作用，并用拉格朗日方程来描述系统的运动规律，对于复杂体系这一方法具有很大的优越性。

6.2　用刚度法建立运动方程

图6-1(a)所示为一个具有 n 个集中质量的结构体系，在平面上若不考虑竖向变形具有 n 个自由度，分别用各质点的水平位移 $u_1(t)$，$u_2(t)$，…，$u_i(t)$，…，$u_n(t)$ 表示。对它的论述同样适用于任何一种结构。

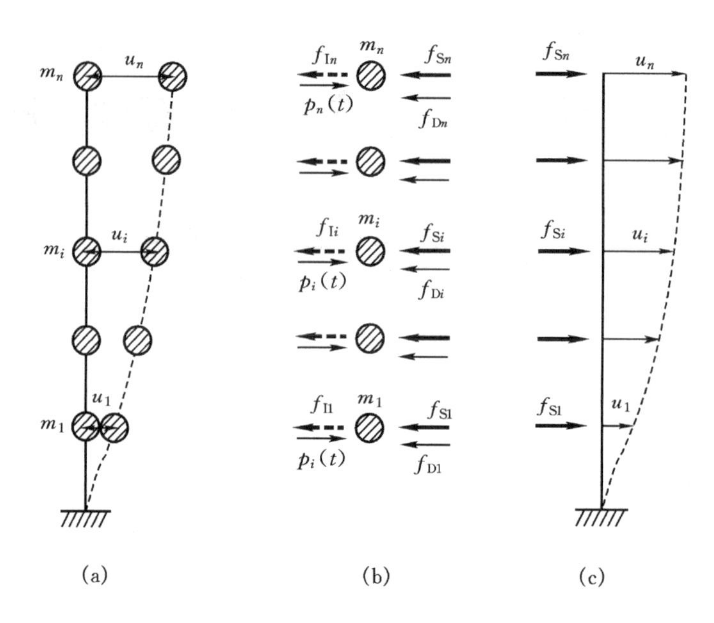

图 6-1　多自由度体系计算简图

按刚度法推导其运动方程,取各质点为隔离体,如图 6-1(b)所示。质点 m_i 所受的力包括荷载 $p_i(t)$ 、惯性力 f_{Ii} 、弹性恢复力 f_{Si} 和阻尼力 f_{Di} 四种力,其动平衡方程为

$$f_{Ii} + f_{Di} + f_{Si} = p_i(t) \qquad (i = 1,2,\cdots,n) \tag{6-1}$$

当力用向量形式表示时,可写成

$$\boldsymbol{f}_I + \boldsymbol{f}_D + \boldsymbol{f}_S = \boldsymbol{p}(t) \tag{6-2}$$

式中:$\boldsymbol{f}_I$ 为惯性力列向量;$\boldsymbol{f}_D$ 为阻尼力列向量;$\boldsymbol{f}_S$ 为弹性恢复力列向量;$\boldsymbol{p}(t)$ 为荷载列向量。

弹性恢复力 f_{Si} 是质点 m_i 与结构之间的相互作用力。图 6-1(b)中的 f_{Si} 是质点 m_i 所受的力,图 6-1(c)中的 f_{Si} 是结构所受的力,两者方向相反。结构所受的力 f_{Si} 方向假设与位移同向,它与结构的位移之间应满足刚度方程

$$f_{Si} = k_{i1}u_1(t) + k_{i2}u_2(t) + \cdots + k_{ij}u_j(t) + \cdots + k_{in}u_n(t) \tag{6-3}$$

在这个表达式中假定了结构是线性的,因此应用了叠加原理。式中的 k_{ij} 叫做结构的**刚度系数**,定义为 j 坐标产生单位位移(其他各坐标的位移保持为零)时在 i 坐标所需施加的力。当作用力的指向与对应的位移正向一致时,系数为正值;反之为负值。

全部弹性恢复力与位移的关系式用矩阵形式写成

$$
\begin{bmatrix} f_{S1} \\ f_{S2} \\ \vdots \\ f_{Si} \\ \vdots \\ f_{Sn} \end{bmatrix} = \begin{bmatrix} k_{11} & k_{12} & \cdots & k_{1j} & \cdots & k_{1n} \\ k_{21} & k_{22} & \cdots & k_{2j} & \cdots & k_{2n} \\ \vdots & \vdots & \vdots & \vdots & \vdots & \vdots \\ k_{i1} & k_{i2} & \cdots & k_{ij} & \cdots & k_{in} \\ \vdots & \vdots & \vdots & \vdots & \vdots & \vdots \\ k_{n1} & k_{n2} & \cdots & k_{ni} & \cdots & k_{nn} \end{bmatrix} \begin{bmatrix} u_1(t) \\ u_2(t) \\ \vdots \\ u_j(t) \\ \vdots \\ u_n(t) \end{bmatrix} \tag{6-4a}
$$

或者表示为

$$
\boldsymbol{f}_S = \boldsymbol{k}\boldsymbol{u}(t) \tag{6-4b}
$$

式中：$\boldsymbol{k} = [k_{ij}]$，由刚度系数组成的矩阵，称为结构的**刚度矩阵**，是一个对称矩阵，它是针对指定的一组位移坐标的；$\boldsymbol{u}(t)$ 是表示结构变形的位移向量。

假定结构体系的阻尼是黏滞阻尼或可以简化为等效黏滞阻尼，则阻尼力与速度成正比。因此，与所选择的自由度对应的阻尼力可以按同样的方式用阻尼系数来表示。类似于公式(6－4)，给出全部阻尼力为

$$
\begin{bmatrix} f_{D1} \\ f_{D2} \\ \vdots \\ f_{Di} \\ \vdots \\ f_{Dn} \end{bmatrix} = \begin{bmatrix} c_{11} & c_{12} & \cdots & c_{1j} & \cdots & c_{1n} \\ c_{21} & c_{22} & \cdots & c_{2j} & \cdots & c_{2n} \\ \vdots & \vdots & \vdots & \vdots & \vdots & \vdots \\ c_{i1} & c_{i2} & \cdots & c_{ij} & \cdots & c_{in} \\ \vdots & \vdots & \vdots & \vdots & \vdots & \vdots \\ c_{n1} & c_{n2} & \cdots & c_{nj} & \cdots & c_{nn} \end{bmatrix} \begin{bmatrix} \dot{u}_1(t) \\ \dot{u}_2(t) \\ \vdots \\ \dot{u}_j(t) \\ \vdots \\ \dot{u}_n(t) \end{bmatrix} \tag{6-5a}
$$

这里系数 c_{ij} 叫做**阻尼系数**。这些系数的定义完全类似于刚度系数，c_{ij} 表示由 j 坐标单位速度所引起的对应于 i 坐标的阻尼力。用矩阵形式，式(6－5a) 可写成

$$
\boldsymbol{f}_D = \boldsymbol{c}\dot{\boldsymbol{u}}(t) \tag{6-5b}
$$

式中：$\boldsymbol{c} = [c_{ij}]$，由阻尼系数组成的的矩阵，称为结构的**阻尼矩阵**；$\dot{\boldsymbol{u}}(t)$ 是速度向量。

质点 m_i 的惯性力 f_{Ii} 与加速度的方向相反，其大小为

$$
f_{Ii} = m_i \ddot{u}_i(t) \tag{6-6}
$$

与其他坐标的加速度无关。对于一般的问题，惯性力也可用一组影响系数表示，这组系数叫做**质量系数**，它们表示加速度与其产生的惯性力之间的关系，类似于式(6－4)，惯性力可统一表示成

$$\begin{bmatrix} f_{I1} \\ f_{I2} \\ \vdots \\ f_{Ii} \\ \vdots \\ f_{In} \end{bmatrix} = \begin{bmatrix} m_{11} & m_{12} & \cdots & m_{1j} & \cdots & m_{1n} \\ m_{21} & m_{22} & \cdots & m_{2j} & \cdots & m_{2n} \\ \vdots & \vdots & \vdots & \vdots & \vdots & \vdots \\ m_{i1} & m_{i2} & \cdots & m_{ij} & \cdots & m_{in} \\ \vdots & \vdots & \vdots & \vdots & \vdots & \vdots \\ m_{n1} & m_{n2} & \cdots & m_{nj} & \cdots & m_{nn} \end{bmatrix} \begin{bmatrix} \ddot{u}_1(t) \\ \ddot{u}_2(t) \\ \vdots \\ \ddot{u}_j(t) \\ \vdots \\ \ddot{u}_n(t) \end{bmatrix} \tag{6-7a}$$

这里系数 m_{ij} 是**质量系数**,定义为 j 坐标的单位加速度所引起的对应于 i 坐标的惯性力。用矩阵形式,式(6－7a)可写成

$$\boldsymbol{f}_I = \boldsymbol{m}\ddot{\boldsymbol{u}}(t) \tag{6-7b}$$

式中:$\boldsymbol{m} = [m_{ij}]$,由质量系数组成的矩阵, 称为结构的**质量矩阵**,相对式(6－7a)质量矩阵 $\boldsymbol{m}$ 是一个对角矩阵;$\ddot{\boldsymbol{u}}(t)$ 是结构的加速度向量,两者都是针对指定的位移坐标而言的。

把式(6－4)、(6－5)和(6－7)代入式(6－2),得到线性多自由度体系的动力平衡方程

$$\boldsymbol{m}\ddot{\boldsymbol{u}}(t) + \boldsymbol{c}\dot{\boldsymbol{u}}(t) + \boldsymbol{k}\boldsymbol{u}(t) = \boldsymbol{p}(t) \tag{6-8}$$

这是按**刚度法**建立的多自由度体系的运动方程,它是一个 n 元二阶常系数微分方程组,可以用来确定多自由度体系的动力反应。

6.3　用柔度法建立运动方程

柔度法建立线性多自由度体系运动方程的思路:结构体系在运动过程中的任一时刻 t,各自由度的位移应当等于结构体系在该时刻的荷载和惯性力(未考虑阻尼力)作用下产生的静位移。据此可列出方程如下:

$$\begin{bmatrix} u_1(t) \\ u_2(t) \\ \vdots \\ u_i(t) \\ \vdots \\ u_n(t) \end{bmatrix} = \begin{bmatrix} f_{11} & f_{12} & \cdots & f_{1j} & \cdots & f_{1n} \\ f_{21} & f_{22} & \cdots & f_{2j} & \cdots & f_{2n} \\ \vdots & \vdots & \vdots & \vdots & \vdots & \vdots \\ f_{i1} & f_{i2} & \cdots & f_{ij} & \cdots & f_{in} \\ \vdots & \vdots & \vdots & \vdots & \vdots & \vdots \\ f_{n1} & f_{n2} & \cdots & f_{nj} & \cdots & f_{nn} \end{bmatrix} \begin{bmatrix} p_1(t) - m_1\ddot{u}_1(t) \\ p_2(t) - m_2\ddot{u}_2(t) \\ \vdots \\ p_j(t) - m_j\ddot{u}_j(t) \\ \vdots \\ p_n(t) - m_n\ddot{u}_n(t) \end{bmatrix} \tag{6-9a}$$

写成矩阵形式

$$\boldsymbol{u}(t) = \boldsymbol{f}\boldsymbol{p}(t) - \boldsymbol{f}\boldsymbol{m}\ddot{\boldsymbol{u}}(t) \tag{6-9b}$$

式中:$\boldsymbol{f} = [f_{ij}]$,为结构的**柔度矩阵**,其元素 f_{ij} 称为**柔度系数**。f_{ij} 的物理意义是在 j 坐标施加单位荷载而引起的 i 坐标的位移。对于任何给定的结构,柔度系数用任

何可用的分析方法计算单位荷载作用下结构的位移即可。

6.4　拉格朗日方程

前面建立多自由度结构体系运动方程是基于力的矢量关系用直接平衡法，当结构体系比较复杂时这种方法建立运动方程可能很困难，而基于能量和功基础上的标量处理会很方便。拉格朗日导出了从动能、势能和功的变分法建立动力体系运动方程的一般方法——**拉格朗日方程。**

一个结构体系的运动方程可在多种不同的坐标系统中建立。可是，要描述一个 n 自由度体系的运动总是需要 n 个独立的坐标，这些独立的坐标称为**广义坐标。**

只要用一组广义坐标 q_1 ，q_2，…，q_n 表示 n 个自由度体系的动能 T 、势能 V 和虚功 δW_{nc} ，就可以从动力学的变分形式(1－8)，即哈密尔顿原理

$$\int_{t_1}^{t_2}\delta(T-V)\mathrm{d}t+\int_{t_1}^{t_2}\delta W_{nc}\mathrm{d}t=0 \tag{6-10}$$

直接推导出 n 个自由度体系的运动方程。

大多数体系的动能可以用广义坐标和它们的一次导数表示，势能仅用广义坐标表示。此外非保守力在广义坐标的一组任意变分引起的虚位移上所做的虚功可以表示为这些变分的线性函数。上述三点用数学形式可表示如下

$$T=T(q_1,q_2,\cdots,q_n,\dot{q}_1,\dot{q}_2,\cdots,\dot{q}_n) \tag{6-11a}$$

$$V=V(q_1,q_2,\cdots,q_n) \tag{6-11b}$$

$$\delta W_{nc}=Q_1\delta q_1+Q_2\delta q_2+\cdots+Q_n\delta q_n \tag{6-11c}$$

这里系数 Q_1，Q_2，…，Q_n 分别是对应于广义坐标 q_1，q_2，…，q_n 的广义力函数。

把式(6－11)代入式(6－10)中，并完成第一项的变分，有

$$\int_{t_1}^{t_2}\left(\sum_{i=1}^{n}\frac{\partial T}{\partial q_i}\delta q_i+\sum_{i=1}^{n}\frac{\partial T}{\partial \dot{q}_i}\delta \dot{q}_i-\sum_{i=1}^{n}\frac{\partial V}{\partial q_i}\delta q_i+\sum_{i=1}^{n}Q_i\delta q_i\right)\mathrm{d}t=0 \tag{6-12}$$

对式(6－12)中与速度 $\dot{q}_i$ 有关的项分部积分，得到

$$\int_{t_1}^{t_2}\frac{\partial T}{\partial \dot{q}_i}\delta\dot{q}_i\mathrm{d}t=\frac{\partial T}{\partial \dot{q}_i}\delta q_i\bigg|_{t_1}^{t_2}-\int_{t_1}^{t_2}\frac{\mathrm{d}}{\mathrm{d}t}\left(\frac{\partial T}{\partial \dot{q}_i}\right)\delta q_i\mathrm{d}t \tag{6-13}$$

因为 $\delta q_i(t_1)=\delta q_i(t_2)=0$ 是预加在变分上的基本条件，所以式(6－13)右边的第一项等于零。把式(6－13)代入式(6－12)，重新排列各项后，有

$$\int_{t_1}^{t_2}\left\{\sum_{i=1}^{n}\left[-\frac{\mathrm{d}}{\mathrm{d}t}\left(\frac{\partial T}{\partial \dot{q}_i}\right)+\frac{\partial T}{\partial q_i}-\frac{\partial V}{\partial q_i}+Q_i\right]\delta q_i\right\}\mathrm{d}t=0 \tag{6-14}$$

由于所有广义坐标的变分 $\delta q_i(i=1,2,\cdots,n)$ 都是任意的，只有当相应的各系数均为零时式(6－14)才能普遍满足，由此得到

$$\frac{\mathrm{d}}{\mathrm{d}t}\left(\frac{\partial T}{\partial \dot{q}_i}\right)-\frac{\partial T}{\partial q_i}+\frac{\partial V}{\partial q_i}=\boldsymbol{Q}_i \quad (i=1,2,\cdots,n) \tag{6-15}$$

这就是**拉格朗日方程**,它在科学和工程的各个领域中获得了广泛的应用。对于稳定约束体系,动能只与广义坐标的速度有关,式(6-15)简化为

$$\frac{\mathrm{d}}{\mathrm{d}t}\left(\frac{\partial T}{\partial \dot{q}_i}\right)+\frac{\partial V}{\partial q_i}=\boldsymbol{Q}_i \quad (i=1,2,\cdots,n) \tag{6-16}$$

称为**第二类拉格朗日方程**。

应该注意到拉格朗日方程是在特定条件下应用哈密尔顿变分原理的一个直接结果,这个条件就是能量和功能用广义坐标及它们对时间的导数和变分表示。因此拉格朗日方程适用于满足这些限制的所有体系,无论是线性的还是非线性的。

线性体系在稳定平衡位置作微幅振动,其运动方程的一般形式可由拉格朗日方程导出。设体系的约束是定常的,则体系各质点的矢径都可以表示为广义坐标的函数,即有

$$\boldsymbol{r}_k=\boldsymbol{r}_k(q_1,q_2,\cdots,q_n) \qquad (k=1,2,\cdots)$$

相应的体系的动能可表示为

$$\begin{aligned} T&=\frac{1}{2}\sum_k m_k\dot{\boldsymbol{r}}_k\cdot\dot{\boldsymbol{r}}_k \\ &=\frac{1}{2}\sum_k m_k\left(\sum_{i=1}^n\frac{\partial \boldsymbol{r}_k}{\partial q_i}\dot{q}_i\right)\cdot\left(\sum_{j=1}^n\frac{\partial \boldsymbol{r}_k}{\partial q_j}\dot{q}_j\right) \\ &=\frac{1}{2}\sum_{i=1}^n\sum_{j=1}^n\left(\sum_k m_k\frac{\partial \boldsymbol{r}_k}{\partial q_i}\cdot\frac{\partial \boldsymbol{r}_k}{\partial q_j}\right)\dot{q}_i\dot{q}_j \end{aligned}$$

我们考虑的是微幅振动,可近似认为 $\frac{\partial \boldsymbol{r}_k}{\partial q_i}$ 是常量,不随时间变化。记

$$m_{ij}=\sum_k m_k\frac{\partial \boldsymbol{r}_k}{\partial q_i}\cdot\frac{\partial \boldsymbol{r}_k}{\partial q_j} \tag{6-17}$$

于是,体系的动能可表示为如下的二次型

$$T=\frac{1}{2}\sum_{i=1}^n\sum_{j=1}^n m_{ij}\dot{q}_i\dot{q}_j=\frac{1}{2}\dot{\boldsymbol{q}}^{\mathrm{T}}\boldsymbol{m}\dot{\boldsymbol{q}} \tag{6-18}$$

式中:$\boldsymbol{m}=[m_{ij}]$ 为结构的**质量矩阵**,显然是对称矩阵;$\boldsymbol{q}$ 为广义坐标向量。

在定常约束情形下,体系的势能仅是广义坐标的函数,即有

$$V=V(q_1,q_2,\cdots,q_n)$$

在平衡位置泰勒展开式

$$V=V_0+\sum_{i=1}^n\left(\frac{\partial V}{\partial q_i}\right)_0 q_i+\frac{1}{2}\sum_{i=1}^n\sum_{j=1}^n\left(\frac{\partial^2 V}{\partial q_i\partial q_j}\right)_0 q_iq_j+\cdots$$

考虑到在体系平衡位置处,有

$$\left(\frac{\partial V}{\partial q_i}\right)_0 = 0 \qquad (i = 1,2,\cdots,n)$$

且不失一般性，可取 $V_0 = 0$，记

$$k_{ij} = \left(\frac{\partial^2 V}{\partial q_i \partial q_j}\right)_0 \tag{6-19}$$

得到势能的表达式

$$V = \frac{1}{2}\sum_{i=1}^{n}\sum_{j=1}^{n} k_{ij} q_i q_j = \frac{1}{2}\boldsymbol{q}^{\mathrm{T}}\boldsymbol{k}\boldsymbol{q} \tag{6-20}$$

式中：$\boldsymbol{k} = [k_{ij}]$ 为结构的**刚度矩阵**，也是对称矩阵。

为了得到广义力 Q_1，Q_2，…，Q_n，必须求出所有非保守力(包括阻尼力和荷载)的虚功 δW_{nc}。在线性模型下荷载和阻尼力的虚功可写成

$$\delta W_{\mathrm{nc}} = \sum_{i=1}^{n}\left[p_i(t) - \sum_{j=1}^{n} c_{ij}\dot{q}_j(t)\right]\delta q_i$$

由式(6-11c)的形式即可求得广义力

$$Q_i = p_i(t) - \sum_{j=1}^{n} c_{ij}\dot{q}_j(t) \quad (i = 1,2,\cdots,n) \tag{6-21}$$

最后把式(6-18)、(6-20)和(6-21)代入拉格朗日方程(6-15)内，得到用广义坐标表示的运动方程的矩阵形式

$$\boldsymbol{m}\ddot{\boldsymbol{q}}(t) + \boldsymbol{c}\dot{\boldsymbol{q}}(t) + \boldsymbol{k}\boldsymbol{q}(t) = \boldsymbol{p}(t) \tag{6-22}$$

式中：$\boldsymbol{c} = [c_{ij}]$ 为结构的**阻尼矩阵**，也是对称矩阵；$p(t)$为**荷载向量**。如果广义坐标是几何坐标时，式(6-22)就与式(6-8)完全相同。

习题

6-1　图示梁的 BC 段为刚性梁($EI_1=\infty$)，单位长度的质量为 $\bar{m}$，梁其他段的质量忽略不计，EI=常数，动荷载示于图中。试建立此结构体系的运动方程。

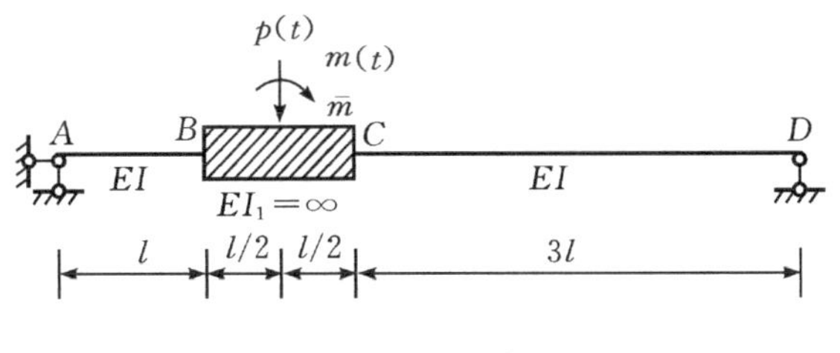

习题 6-1 图

6-2 试确定图示两层框架的刚度矩阵,并写出运动方程,假设梁是刚性的。

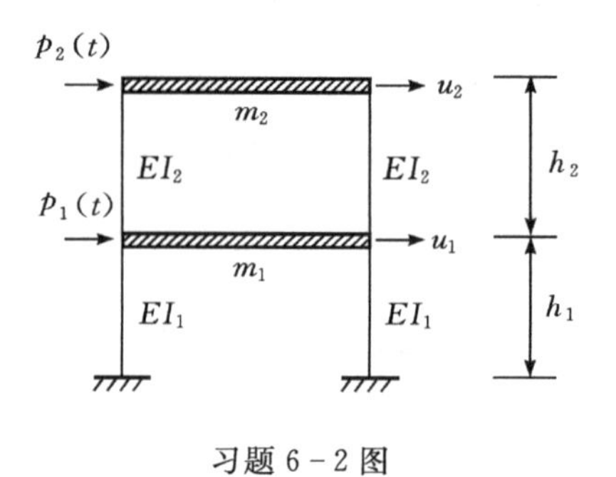

习题 6-2 图

第7章　结构的动力特性

7.1　频率与振型

首先我们讨论一下无阻尼多自由度结构体系的自由振动问题，令运动方程(6－8)中的阻尼项和荷载项为零，得到无阻尼多自由度结构体系的自由振动时的运动方程

$$\boldsymbol{m}\ddot{\boldsymbol{u}}(t)+\boldsymbol{k}\boldsymbol{u}(t)=\boldsymbol{0} \tag{7-1}$$

这是一个二阶常系数齐次微分方程组。

作为这组齐次方程组的试解，假定各个自由度与单自由度体系的自由振动一样以相同的频率和相位同时作简谐振动，称这种振动为**主振动**，可表示为

$$\boldsymbol{u}(t)=\hat{\boldsymbol{u}}\sin(\omega t+\theta) \tag{7-2}$$

式中：$\hat{\boldsymbol{u}}$ 表示自由振动时的位移幅值向量(它不随时间而变)；ω 为振动频率；θ 是相位角。将式(7－2)代入式(7－1)中，并注意到 $\sin(\omega t+\theta)$ 的值不恒等于零且为任意，消去这个公因子便得到

$$(\boldsymbol{k}-\omega^2\boldsymbol{m})\hat{\boldsymbol{u}}=\boldsymbol{0} \tag{7-3}$$

上式为 $\hat{\boldsymbol{u}}$ 的齐次线性代数方程组，显然 $\hat{\boldsymbol{u}}$ 的全部元素等于零时结构体系处于非振动状态。$\hat{\boldsymbol{u}}$ 存在非零解的条件是方程组的系数行列式必须等于零，即

$$|\boldsymbol{k}-\omega^2\boldsymbol{m}|=0 \tag{7-4}$$

换句话说，只有当式(7－4)成立时，才可能得到有限振幅的自由振动。方程(7－4)叫做结构体系的特征方程或**频率方程**。对于一个具有 n 个自由度的结构体系，将方程(7－4)展开得到一个关于 ω^2 的 n 次代数方程。数学上已经证明，对于稳定的结构体系，刚度矩阵 $\boldsymbol{k}$ 和质量矩阵 $\boldsymbol{m}$ 是对称的和正定的，频率方程所有的 n 个根都是正的实根，对应 n 个频率。由于这 n 个频率仅取决于结构的刚度矩阵 $\boldsymbol{k}$ 和质量矩阵 $\boldsymbol{m}$，而与荷载和初始条件无关，因此称为结构的**固有频率**(或**自振频率**)。在一般情况下 n 个固有频率是互不相等的，将它们从小到大依次排列，分别记为 ω_1，ω_2，…，ω_n。其中最小的第一振型频率也称为**基本频率**，ω_j 称为第 j 振型频率。

求出振动频率 ω_j 后，代入方程式(7－3)，与 ω_j 相应的位移幅值向量 $\hat{\boldsymbol{u}}_j$ 应该满

足下面的齐次方程

$$(\boldsymbol{k}-\omega_j^2\boldsymbol{m})\,\hat{\boldsymbol{u}}_j=\boldsymbol{0} \tag{7-5a}$$

这个方程的系数行列式等于零,若 ω_j 无重根其秩为 $n-1$,存在一组基础解系 $\boldsymbol{\varphi}_j$ 。于是 $\hat{\boldsymbol{u}}_j$ 可用 $\boldsymbol{\varphi}_j$ 表示为

$$\hat{\boldsymbol{u}}_j=q_j\,\boldsymbol{\varphi}_j$$

对于任意的 q_j 上式都是方程(7-5a)的解。也就是说,由式(7-5a)可以唯一地确定振动的形状 $\boldsymbol{\varphi}_j$,而不能唯一地确定振动的幅值 $\hat{\boldsymbol{u}}_j$ 。将上式代入式(7-5a)得到

$$(\boldsymbol{k}-\omega_j^2\boldsymbol{m})\,\boldsymbol{\varphi}_j=\boldsymbol{0} \tag{7-5b}$$

$\boldsymbol{\varphi}_j$ 称为第 j 振型的**主振型**(或振型)。

为了求得确定的 $\boldsymbol{\varphi}_j$,需要补充条件。补充的办法有多种,一种简单的做法是指定 $\boldsymbol{\varphi}_j$ 中某个元素为给定值,例如指定其中的某一个元素为1或者绝对值最大的元素等于1,然后利用 $n-1$ 个独立的方程式可以确定 $\boldsymbol{\varphi}_j$ 中的其他元素,即为 $\boldsymbol{\varphi}_j$ 。

用同样的过程能够求出 n 个振型向量,把各振型向量依序排成各列构成一个 $n\times n$ 阶方阵称为**振型矩阵**,用 $\boldsymbol{\Phi}$ 表示,即

$$\boldsymbol{\Phi}=[\boldsymbol{\varphi}_1\quad\boldsymbol{\varphi}_2\quad\boldsymbol{\varphi}_3\quad\cdots\quad\boldsymbol{\varphi}_n] \tag{7-6}$$

应该指出,一个结构体系的频率和振型分析是矩阵代数理论的特征值问题,频率的平方是特征值,振型向量就是特征向量。

可以看出,结构体系的频率和振型仅与结构体系的刚度和质量有关,而与初始条件无关。因此将频率和振型称为结构体系的固有频率和固有振型,统称为**固有动力特性**。而结构体系在初始干扰或荷载作用下的动力反应与它的固有动力特性密切相关。

例7-1　试求图5-2所示平面框架的固有频率和振型。

解　取一到三层的水平位移为坐标,框架的质量矩阵与刚度矩阵分别为

$$\boldsymbol{m}=\begin{bmatrix}2&0&0\\0&2&0\\0&0&1\end{bmatrix},\qquad \boldsymbol{k}=1000\times\begin{bmatrix}3&-1&0\\-1&2&-1\\0&-1&1\end{bmatrix}$$

因此

$$\boldsymbol{k}-\omega^2\boldsymbol{m}=1000\times\begin{bmatrix}3-2\eta&-1&0\\-1&2-2\eta&-1\\0&-1&1-\eta\end{bmatrix} \tag{a}$$

这里

$$\eta=\frac{1}{1000}\omega^2$$

令式(a)中矩阵的行列式等于零,将其展开、化简得到三次方程

$$\eta^3 - 3.5\eta^2 + 3.25\eta - 0.5 = 0 \tag{b}$$

解得这个方程的三个根是 $\eta_1 = 0.1910$ ，$\eta_2 = 1.3090$ ，$\eta_3 = 2.0000$ 。因此，频率为

$$\begin{bmatrix} \omega_1^2 \\ \omega_2^2 \\ \omega_3^2 \end{bmatrix} = \begin{bmatrix} 191.0 \\ 1309.0 \\ 2000.0 \end{bmatrix}, \qquad \begin{bmatrix} \omega_1 \\ \omega_2 \\ \omega_3 \end{bmatrix} = \begin{bmatrix} 13.82 \\ 36.18 \\ 44.72 \end{bmatrix} \text{rad/s}$$

将求得的各阶频率依次代入振型方程

$$(\boldsymbol{k} - \omega_j^2 \boldsymbol{m})\, \boldsymbol{\varphi}_j = \boldsymbol{0} \tag{c}$$

来求结构的振型，令 $\varphi_{1j} = 1$ ，在方程组中任意选两个方程求振型的另外两个元素。这里不妨选第一和第三个方程，得到以下方程组

$$\begin{cases} 3 - 2\eta_j - \varphi_{2j} = 0 \\ -\varphi_{2j} + (1 - \eta_j)\varphi_{3j} = 0 \end{cases}$$

解得

$$\begin{cases} \varphi_{2j} = 3 - 2\eta_j \\ \varphi_{3j} = \dfrac{3 - 2\eta_j}{1 - \eta_j} \end{cases}$$

将算得的 η_j 值代入就能求得振型向量，该体系的三个振型向量计算如下。

振型 1：$\eta_1 = 0.1910$

$$\begin{cases} \varphi_{21} = 3 - 2\eta_1 = 2.618 \\ \varphi_{31} = \dfrac{3 - 2\eta_1}{1 - \eta_1} = 3.236 \end{cases}$$

振型 2：$\eta_2 = 1.3090$

$$\begin{cases} \varphi_{22} = 3 - 2\eta_2 = 0.382 \\ \varphi_{32} = \dfrac{3 - 2\eta_2}{1 - \eta_2} = -1.236 \end{cases}$$

振型 3：$\eta_3 = 2.0000$

$$\begin{cases} \varphi_{23} = 3 - 2\eta_3 = -1.000 \\ \varphi_{33} = \dfrac{3 - 2\eta_3}{1 - \eta_3} = 1.000 \end{cases}$$

以上结果是在各振型都假定了第 1 层的元素为 1 的前提下得到的。如果取各振型的最大元素为 1，则得到规格振型向量为

$$\boldsymbol{\varphi}_1 = [0.309 \quad 0.809 \quad 1.000]^{\mathrm{T}}$$

$$\boldsymbol{\varphi}_2 = [-0.809 \quad -0.309 \quad 1.000]^{\mathrm{T}}$$

$$\boldsymbol{\varphi}_3 = [1.000 \quad -1.000 \quad 1.000]^{\mathrm{T}}$$

这个结构的三个振型如图 7 - 1 所示。

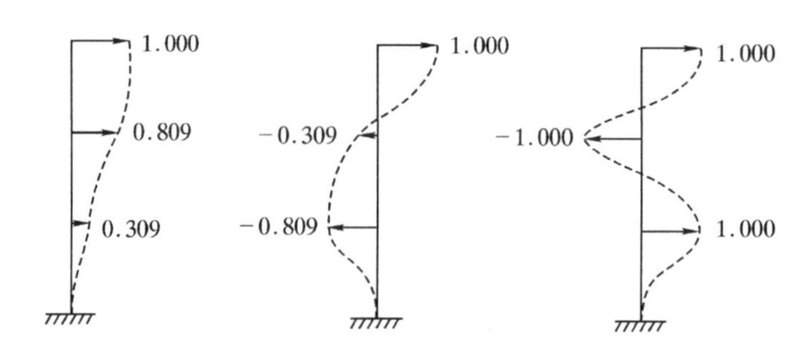

图 7 - 1 振型图

7.2 基于柔度法的动力特性分析

基于柔度法的无阻尼自由振动方程由式(6 - 9b)中令 $\boldsymbol{p}(t) = \boldsymbol{0}$ 而得到

$$\boldsymbol{u}(t) = -\boldsymbol{fm}\ddot{\boldsymbol{u}}(t) \tag{7-7}$$

设试解仍为式(7 - 2)所示的主振动,代入上式消去公因子 $\sin(\omega t + \theta)$ 后,即得

$$\hat{\boldsymbol{u}} = \omega^2 \boldsymbol{fm}\hat{\boldsymbol{u}} \tag{7-8}$$

表明主振动的位移幅值 $\hat{\boldsymbol{u}}$ 就是结构体系在此主振动惯性力幅值 $\omega^2 \boldsymbol{m}\hat{\boldsymbol{u}}$ 作用下的静位移。

式(7 - 8)还可写成标准特征值方程形式

$$\left(\frac{1}{\omega^2}\boldsymbol{I} - \boldsymbol{fm}\right)\hat{\boldsymbol{u}} = \boldsymbol{0} \tag{7-9}$$

式中:$\boldsymbol{I}$ 表示 n 阶单位矩阵。如前所述,为了使 $\hat{\boldsymbol{u}}$ 有非零解,要求齐次方程的系数行列式等于零,即得到用柔度矩阵表示的频率方程为

$$\left|\frac{1}{\omega^2}\boldsymbol{I} - \boldsymbol{fm}\right| = 0 \tag{7-10}$$

这是一个关于 $\dfrac{1}{\omega^2}$ 的 n 次代数方程,计算这个方程的根可求出结构体系的 n 个频率。

求出振动频率 ω_j 后,代入方程式(7 - 9)得到与 ω_j 相应的振动幅值向量 $\hat{\boldsymbol{u}}_j$ 应该满足下面的齐次方程

$$\left(\frac{1}{\omega_j^2}\boldsymbol{I} - \boldsymbol{fm}\right)\hat{\boldsymbol{u}}_j = \boldsymbol{0} \tag{7-11}$$

当 $j = 1, 2, \cdots, n$，按前述相似的方法可求出 n 个主振型。

7.3　正交条件

由以上分析知道：n 个自由度的结构体系具有 n 个固有频率和主振型。现在我们研究两组主振型之间的一些重要特征——**正交性**或正交关系，这些特性在结构动力分析中是非常有用的。

1. 基本正交条件

对于第 j 振型，方程式(7－5)可重写为

$$\boldsymbol{k}\boldsymbol{\varphi}_j = \omega_j^2 \boldsymbol{m}\boldsymbol{\varphi}_j \tag{7-12}$$

表明第 j 振型的恢复力等于惯性力，也可以理解为第 j 振型是第 j 振型惯性力产生的静位移。式(7－12) 两边左乘 $\boldsymbol{\varphi}_i^{\mathrm{T}}$，得到

$$\boldsymbol{\varphi}_i^{\mathrm{T}}\boldsymbol{k}\boldsymbol{\varphi}_j = \omega_j^2 \boldsymbol{\varphi}_i^{\mathrm{T}}\boldsymbol{m}\boldsymbol{\varphi}_j \tag{7-13}$$

同样，对于第 i 振型有

$$\boldsymbol{k}\boldsymbol{\varphi}_i = \omega_i^2 \boldsymbol{m}\boldsymbol{\varphi}_i \tag{7-14}$$

两边左乘 $\boldsymbol{\varphi}_j^{\mathrm{T}}$，得到

$$\boldsymbol{\varphi}_j^{\mathrm{T}}\boldsymbol{k}\boldsymbol{\varphi}_i = \omega_i^2 \boldsymbol{\varphi}_j^{\mathrm{T}}\boldsymbol{m}\boldsymbol{\varphi}_i \tag{7-15}$$

由于刚度矩阵 $\boldsymbol{k}$ 和质量矩阵 $\boldsymbol{m}$ 都是对称矩阵，式(7－15)两边转置得到

$$\boldsymbol{\varphi}_i^{\mathrm{T}}\boldsymbol{k}\boldsymbol{\varphi}_j = \omega_i^2 \boldsymbol{\varphi}_i^{\mathrm{T}}\boldsymbol{m}\boldsymbol{\varphi}_j \tag{7-16}$$

由式(7－16)减式(7－13)，可得

$$(\omega_i^2 - \omega_j^2)\boldsymbol{\varphi}_i^{\mathrm{T}}\boldsymbol{m}\boldsymbol{\varphi}_j = 0 \tag{7-17}$$

在两个振型的频率不相同的条件下，由式(7－17)给出第一个正交条件

$$\boldsymbol{\varphi}_i^{\mathrm{T}}\boldsymbol{m}\boldsymbol{\varphi}_j = 0 \qquad (i \neq j) \tag{7-18}$$

表明第 j 振型的惯性力在第 i 振型上所做的虚功为零。把式(7－18)代入式(7－16)，直接得到第二个正交条件

$$\boldsymbol{\varphi}_i^{\mathrm{T}}\boldsymbol{k}\boldsymbol{\varphi}_j = 0 \qquad (i \neq j) \tag{7-19}$$

表明第 j 振型的恢复力在第 i 振型上所做的虚功为零。

这说明两个主振型之间既存在对质量矩阵 $\boldsymbol{m}$ 的正交性，又存在对刚度矩阵 $\boldsymbol{k}$ 的正交性，统称为**主振型的正交性**。如果两个主振型的频率相同，则正交条件不适用。

2. 主质量与主刚度

两个正交关系是针对 $i \neq j$ 的情况得出的。对于 $i = j$ 的情况，式(7－13)变成

$$\boldsymbol{\varphi}_j^{\mathrm{T}}\boldsymbol{k}\boldsymbol{\varphi}_j = \omega_j^2 \boldsymbol{\varphi}_j^{\mathrm{T}}\boldsymbol{m}\boldsymbol{\varphi}_j \tag{7-20}$$

对稳定结构体系而言,刚度矩阵 $\boldsymbol{k}$ 是正定的,式(7-20)左边构成的二次型恒为正实数,令

$$K_j = \boldsymbol{\varphi}_j^{\mathrm{T}} \boldsymbol{k}\, \boldsymbol{\varphi}_j \tag{7-21}$$

称为**第 j 振型的主刚度**。当 ω_j^2 有界时,式(7-20)右边构成的二次型也为正实数,令

$$M_j = \boldsymbol{\varphi}_j^{\mathrm{T}} \boldsymbol{m}\, \boldsymbol{\varphi}_j \tag{7-22}$$

称为**第 j 振型的主质量**。

由式(7-20)可得到

$$\omega_j^2 = \frac{K_j}{M_j} \tag{7-23}$$

即第 j 振型的固有频率的平方等于第 j 振型的主刚度与第 j 振型的主质量之比。

引入式(7-6)定义的振型矩阵 $\boldsymbol{\Phi}$,可以把式(7-18)和式(7-22)合并成一个式子,即

$$\boldsymbol{\Phi}^{\mathrm{T}} \boldsymbol{m} \boldsymbol{\Phi} = \boldsymbol{M} \tag{7-24}$$

式中

$$\boldsymbol{M} = \begin{bmatrix} M_1 & 0 & \cdots & 0 \\ 0 & M_2 & \cdots & 0 \\ \vdots & \vdots & \vdots & \vdots \\ 0 & 0 & \cdots & M_n \end{bmatrix} = \mathrm{diag}(M_j) \tag{7-25}$$

是一个对角矩阵,称为**主质量矩阵**。类似地,可将式(7-19)和式(7-21)合并为

$$\boldsymbol{\Phi}^{\mathrm{T}} \boldsymbol{k} \boldsymbol{\Phi} = \boldsymbol{K} \tag{7-26}$$

式中

$$\boldsymbol{K} = \begin{bmatrix} K_1 & 0 & \cdots & 0 \\ 0 & K_2 & \cdots & 0 \\ \vdots & \vdots & \vdots & \vdots \\ 0 & 0 & \cdots & K_n \end{bmatrix} = \mathrm{diag}(K_j) = \mathrm{diag}(\omega_j^2 M_j) \tag{7-27}$$

也是一个对角矩阵,称为**主刚度矩阵**。

3. 附加关系式

在式(7-12)中用连乘法能直接推导出整个一簇附加的正交关系式。该式两边左乘 $\boldsymbol{\varphi}_i^{\mathrm{T}} \boldsymbol{m} \boldsymbol{k}^{-1}$ 能推导出

$$\boldsymbol{\varphi}_i^{\mathrm{T}} \boldsymbol{m}\, \boldsymbol{\varphi}_j = \omega_j^2\, \boldsymbol{\varphi}_i^{\mathrm{T}} \boldsymbol{m}\, \boldsymbol{k}^{-1} \boldsymbol{m}\, \boldsymbol{\varphi}_j$$

由式(7-18)得到

$$\boldsymbol{\varphi}_i^{\mathrm{T}} \boldsymbol{m}\, \boldsymbol{k}^{-1} \boldsymbol{m}\, \boldsymbol{\varphi}_j = \boldsymbol{\varphi}_i^{\mathrm{T}} \boldsymbol{m}\, [\boldsymbol{m}^{-1} \boldsymbol{k}]^{-1}\, \boldsymbol{\varphi}_j = \begin{cases} 0 & (i \neq j) \\ \omega_j^{-2} M_j & (i = j) \end{cases} \tag{7-28}$$

表明第 i 振型的惯性力在第 j 振型惯性力产生的位移上所做的虚功为零。再在式(7-12)两边左乘 $\boldsymbol{\varphi}_i^{\mathrm{T}}\boldsymbol{m}\,\boldsymbol{k}^{-1}\boldsymbol{m}\,\boldsymbol{k}^{-1}$ 得出

$$\boldsymbol{\varphi}_i^{\mathrm{T}}\boldsymbol{m}\boldsymbol{k}^{-1}\boldsymbol{m}\boldsymbol{\varphi}_j = \omega_j^2\,\boldsymbol{\varphi}_i^{\mathrm{T}}\boldsymbol{m}\boldsymbol{k}^{-1}\boldsymbol{m}\boldsymbol{k}^{-1}\boldsymbol{m}\boldsymbol{\varphi}_j$$

由式(7-20)得到

$$\boldsymbol{\varphi}_i^{\mathrm{T}}\boldsymbol{m}\,\boldsymbol{k}^{-1}\boldsymbol{m}\,\boldsymbol{k}^{-1}\boldsymbol{m}\,\boldsymbol{\varphi}_j = \boldsymbol{\varphi}_i^{\mathrm{T}}\boldsymbol{m}\,[\boldsymbol{m}^{-1}\boldsymbol{k}]^{-2}\,\boldsymbol{\varphi}_j = \begin{cases}0 & (i\neq j)\\ \omega_j^{-4}M_j & (i=j)\end{cases} \tag{7-29}$$

同理，分别在式(7-12)两边左乘 $\boldsymbol{\varphi}_i^{\mathrm{T}}\boldsymbol{k}\,\boldsymbol{m}^{-1}$ 和 $\boldsymbol{\varphi}_i^{\mathrm{T}}\boldsymbol{k}\,\boldsymbol{m}^{-1}\boldsymbol{k}\,\boldsymbol{m}^{-1}$ 可以得到另一簇附加的正交关系

$$\boldsymbol{\varphi}_i^{\mathrm{T}}\boldsymbol{k}\,\boldsymbol{m}^{-1}\boldsymbol{k}\,\boldsymbol{\varphi}_j = \boldsymbol{\varphi}_i^{\mathrm{T}}\boldsymbol{m}\,[\boldsymbol{m}^{-1}\boldsymbol{k}]^{2}\,\boldsymbol{\varphi}_j = \begin{cases}0 & (i\neq j)\\ \omega_j^{4}M_j & (i=j)\end{cases} \tag{7-30}$$

$$\boldsymbol{\varphi}_i^{\mathrm{T}}\boldsymbol{k}\,\boldsymbol{m}^{-1}\boldsymbol{k}\,\boldsymbol{m}^{-1}\boldsymbol{k}\,\boldsymbol{\varphi}_j = \boldsymbol{\varphi}_i^{\mathrm{T}}\boldsymbol{m}\,[\boldsymbol{m}^{-1}\boldsymbol{k}]^{3}\,\boldsymbol{\varphi}_j = \begin{cases}0 & (i\neq j)\\ \omega_j^{6}M_j & (i=j)\end{cases} \tag{7-31}$$

用类似的运算还可以无限地继续推导这组关系式。

通过归纳得到包括两个基本关系在内的完整的二族正交关系式，能简洁地表示为

$$\boldsymbol{\varphi}_i^{\mathrm{T}}\boldsymbol{m}\,[\boldsymbol{m}^{-1}\boldsymbol{k}]^{s}\,\boldsymbol{\varphi}_j = \begin{cases}0 & (i\neq j)\\ \omega_j^{2s}M_j & (i=j)\end{cases} \qquad (-\infty < s < \infty) \tag{7-32}$$

在式(7-32)中，当指数 $s=0$ 、$s=1$ 时分别给出式(7-18)和式(7-22)、式(7-19)和式(7-21)的两个基本正交关系。

4. 振型向量的正则化

前面已经指出，从特征问题解得的振型的幅值是任意的，只有振型的形状是唯一的。在上面所阐述的分析过程中，取某个自由度的幅值为 1，并以这个指定的值为基准确定其他值，这叫做关于特定坐标的振型的规格化。然而，在进行结构振动分析的计算机程序中，最常用的规格化方法是将各个振型的元素同时除以某一因子 c_j，使它规格化为

$$\hat{\boldsymbol{\varphi}}_j = \frac{1}{c_j}\boldsymbol{\varphi}_j \tag{7-33}$$

满足如下条件

$$\hat{\boldsymbol{\varphi}}_j^{\mathrm{T}}\boldsymbol{m}\,\hat{\boldsymbol{\varphi}}_j = 1 \tag{7-34}$$

因子 c_j 称为正则化因子，将式(7-33)代入式(7-34)，得到

$$c_j = \sqrt{\boldsymbol{\varphi}_j^{\mathrm{T}}\boldsymbol{m}\,\boldsymbol{\varphi}_j} = \sqrt{M_j} \tag{7-35}$$

这种类型的规格化称为**正则化**。正则化的主振型 $\hat{\boldsymbol{\varphi}}_j$ 对应的主质量为 1，而主刚度

$$\hat{\boldsymbol{\varphi}}_j^{\mathrm{T}}\boldsymbol{k}\,\hat{\boldsymbol{\varphi}}_j = \omega_j^2 \tag{7-36}$$

虽然采用正则化振型在用计算机程序进行动力分析时是方便的,但在手算时并没有太特殊的好处。因此,在以后的讨论中不专门假定采用哪一种规格化方法。

例 **7-2** 以例 7-1 中算得的振型来说明振型正交特性和振型的正则化方法。

解 取归一化振型计算各振型的主质量 $M_j = \sum_{i=1}^{3} \varphi_{ij}^2 m_i$,结果分别为

$$M_1 = 2.500\,,\quad M_2 = 2.500\,,\quad M_3 = 5.000$$

用这些主质量的平方根作为对应振型的正则化因子分别除原归一化振型,得到正则化的振型矩阵

$$\hat{\boldsymbol{\Phi}} = \begin{bmatrix} 0.195 & -0.512 & 0.447 \\ 0.512 & -0.195 & -0.447 \\ 0.632 & 0.632 & 0.447 \end{bmatrix}$$

最后求正则化振型的主质量矩阵

$$\hat{\boldsymbol{\Phi}}^{\mathrm{T}} \boldsymbol{m} \hat{\boldsymbol{\Phi}} = \begin{bmatrix} 1.000 & 0.000 & -0.001 \\ 0.000 & 1.000 & -0.001 \\ -0.001 & -0.001 & 0.999 \end{bmatrix}$$

该结果非常接近于期望的单位矩阵,表明了各个振型之间的正交性。

习题

7-1 试求图示三层平面刚架的固有频率和主振型,用求得的振型来验证振型的正交性。已知横梁的变形忽略不计,质量都集中在横梁上。$m=10$ t, $k=1000$ kN/m。

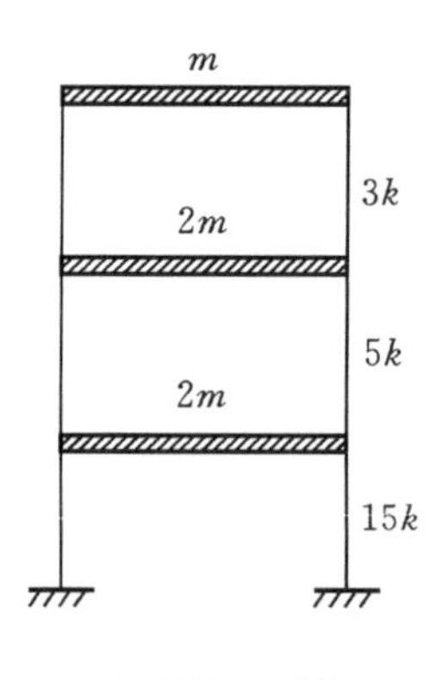

习题 7-1 图

7-2 试求图示三跨梁的固有频率和主振型,梁的抗弯刚度 EI=常数。

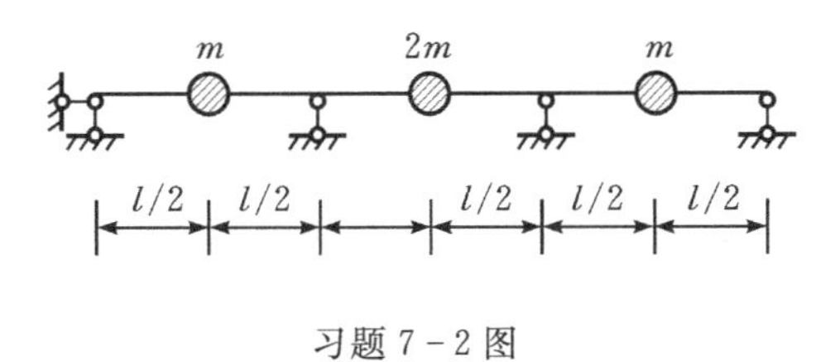

习题 7-2 图

7-3　如图所示弹性悬臂梁，其上有三个集中质量，梁的抗弯刚度 EI＝常数，试计算该体系的固有频率和主振型。

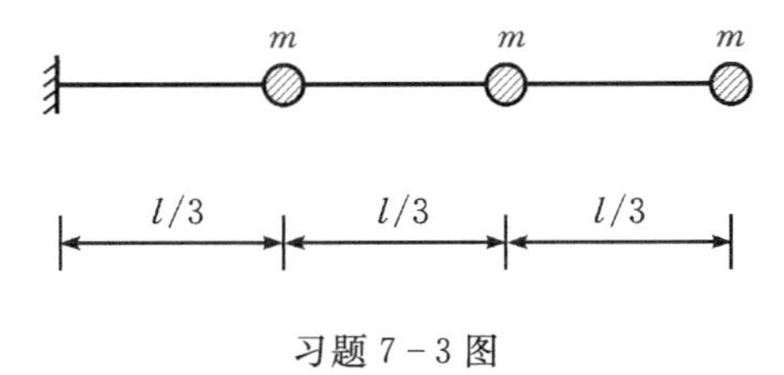

习题 7-3 图

第8章　动力反应分析

8.1　主坐标

结构的动力反应分析一般有两种方法,直接解法和振型叠加法。直接解法指不需要先求结构的固有动力特性和进行坐标变换,而是直接求解运动方程得到动力反应的方法。直接解法主要有解析法和数值积分法,解析法适用于自由度较少的结构且荷载为同频率简谐形式;数值积分法在以后章节介绍。振型叠加法需要首先求出结构的固有动力特性,然后通过坐标变换求出结构的动力反应。振型叠加法用途较广,可用于大型结构体系的动力反应的计算,包括自由振动反应和强迫振动反应,本章着重介绍这一方法。

对 n 个自由度的结构体系,位移状态是用位移向量 $\boldsymbol{u}(t)$ 的 n 个分量来确定的。而在线性体系的动力反应分析中,具有正交性的主振型是表示位移的一种非常有用的工具,这些振型构成了 n 个独立的位移模式,其大小可以作为广义坐标来表示任意形式的位移,即

$$\boldsymbol{u}(t)=\boldsymbol{\varphi}_1 q_1(t)+\boldsymbol{\varphi}_2 q_2(t)+\cdots+\boldsymbol{\varphi}_n q_n(t)=\sum_{j=1}^{n}\boldsymbol{\varphi}_j q_j(t) \tag{8-1}$$

可以看出:结构体系的任意一组位移都可以看成是由各主振型按一定比例组合而成的,这组比例因子

$$\boldsymbol{q}(t)=[q_1(t) \quad q_2(t) \quad \cdots \quad q_n(t)]^{\mathrm{T}} \tag{8-2}$$

就称为**主坐标**。式(8-1)用矩阵表示为

$$\boldsymbol{u}(t)=\boldsymbol{\Phi}\,\boldsymbol{q}(t) \tag{8-3}$$

显然振型矩阵 $\boldsymbol{\Phi}$ 作为转换矩阵起着将主坐标 $\boldsymbol{q}(t)$ 转换成几何坐标 $\boldsymbol{u}(t)$ 的作用。

为了使主坐标 $\boldsymbol{q}(t)$ 与几何坐标 $\boldsymbol{u}(t)$ 之间存在唯一对应关系,必须存在逆变换

$$\boldsymbol{q}(t)=\boldsymbol{\Phi}^{-1}\boldsymbol{u}(t) \tag{8-4}$$

即 $\boldsymbol{\Phi}^{-1}$ 存在。因为 n 个自由度体系的振型矩阵由 n 个独立的振型向量组成,所以 $\boldsymbol{\Phi}$ 是非奇异的,并能求逆。事实上求主坐标 $\boldsymbol{q}(t)$ 并不用直接求 $\boldsymbol{\Phi}^{-1}$,而是应用振型的正交关系,将式(8-3)左乘 $\boldsymbol{\Phi}^{\mathrm{T}}\boldsymbol{m}$,得到

$$\boldsymbol{\Phi}^{\mathrm{T}}\boldsymbol{m}\boldsymbol{u}(t)=\boldsymbol{\Phi}^{\mathrm{T}}\boldsymbol{m}\boldsymbol{\Phi}\boldsymbol{q}(t)$$

由式(7 - 24),可得

$$\boldsymbol{\Phi}^{\mathrm{T}}\boldsymbol{m}\boldsymbol{u}(t)=\boldsymbol{M}\boldsymbol{q}(t)$$

由于主质量矩阵 $\boldsymbol{M}$ 为正定对角矩阵,故它的逆矩阵 $\boldsymbol{M}^{-1}$ 总是存在而且为对角矩阵,$\boldsymbol{M}^{-1}$的对角线元素就是 $\boldsymbol{M}$ 中对角线上对应元素 M_j 的倒数 M_j^{-1} 。于是

$$\boldsymbol{q}(t)=\boldsymbol{M}^{-1}\boldsymbol{\Phi}^{\mathrm{T}}\boldsymbol{m}\boldsymbol{u}(t) \tag{8 - 5}$$

由此得到振型矩阵的逆

$$\boldsymbol{\Phi}^{-1}=\boldsymbol{M}^{-1}\boldsymbol{\Phi}^{\mathrm{T}}\boldsymbol{m} \tag{8 - 6}$$

由 $\boldsymbol{M}^{-1}$ 对角矩阵的特性,很容易将式(8 - 5)展开得到第 j 个主坐标

$$q_j(t)=\frac{\boldsymbol{\varphi}_j^{\mathrm{T}}\boldsymbol{m}\boldsymbol{u}(t)}{M_j}=\frac{\boldsymbol{\varphi}_j^{\mathrm{T}}\boldsymbol{m}\boldsymbol{u}(t)}{\boldsymbol{\varphi}_j^{\mathrm{T}}\boldsymbol{m}\,\boldsymbol{\varphi}_j}\qquad(j=1,2\cdots,n) \tag{8 - 7}$$

当然这种表达式可给出每一个主坐标。

8.2　非耦合的运动方程

现在就可以用主坐标的正交特性来研究多自由度结构体系的动力反应。多自由度结构体系运动方程的一般形式由式(6 - 8)给出

$$\boldsymbol{m}\ddot{\boldsymbol{u}}(t)+\boldsymbol{c}\dot{\boldsymbol{u}}(t)+\boldsymbol{k}\boldsymbol{u}(t)=\boldsymbol{p}(t) \tag{8 - 8}$$

现在考察一下在什么条件下,这种正规坐标变换也能适用于有阻尼运动方程是很有用处的。将式(8 - 3)的坐标转换表达式代入式(8 - 8)并左乘振型矩阵的转置 $\boldsymbol{\Phi}^{\mathrm{T}}$ 得到

$$\boldsymbol{\Phi}^{\mathrm{T}}\boldsymbol{m}\boldsymbol{\Phi}\ddot{\boldsymbol{q}}(t)+\boldsymbol{\Phi}^{\mathrm{T}}\boldsymbol{c}\boldsymbol{\Phi}\dot{\boldsymbol{q}}(t)+\boldsymbol{\Phi}^{\mathrm{T}}\boldsymbol{k}\boldsymbol{\Phi}\,\boldsymbol{q}=\boldsymbol{\Phi}^{\mathrm{T}}\boldsymbol{p}(t)$$

根据式(7 - 24)和式(7 - 26),上式可记为

$$\boldsymbol{M}\ddot{\boldsymbol{q}}(t)+\boldsymbol{C}\dot{\boldsymbol{q}}(t)+\boldsymbol{K}\boldsymbol{q}(t)=\boldsymbol{P}(t) \tag{8 - 9}$$

式中

$$\boldsymbol{C}=\boldsymbol{\Phi}^{\mathrm{T}}\boldsymbol{c}\boldsymbol{\Phi} \tag{8 - 10}$$

$$\boldsymbol{P}(t)=\boldsymbol{\Phi}^{\mathrm{T}}\boldsymbol{p}(t) \tag{8 - 11}$$

分别称为广义阻尼矩阵和广义荷载向量。

如果假定振型的正交条件也适用于阻尼矩阵 $\boldsymbol{c}$,则转换后的广义阻尼矩阵 $\boldsymbol{C}$ 类似于主质量矩阵或主刚度矩阵是一个对角矩阵,则式(8 - 9)所表示的微分方程组是一组 n 个相互独立的二阶常系数线性微分方程组,彼此可以单独求解。在此情形中,式(8 - 9)可以写成

$$M_j\ddot{q}_j(t)+C_j\dot{q}_j(t)+K_jq_j(t)=P_j(t)\qquad(j=1,2,\cdots,n) \tag{8 - 12a}$$

或者

$$\ddot{q}_j(t)+2\xi_j\omega_j\dot{q}_j(t)+\omega_j^2q_j(t)=\frac{P_j(t)}{M_j}\qquad(j=1,2,\cdots,n)\tag{8-12b}$$

式中

$$C_j=\boldsymbol{\varphi}_j^{\mathrm{T}}\boldsymbol{c}\,\boldsymbol{\varphi}_j=2\xi_j\omega_jM_j\tag{8-13}$$

$$P_j(t)=\boldsymbol{\varphi}_j^{\mathrm{T}}\boldsymbol{p}(t)\tag{8-14}$$

分别叫做第 j 振型的**广义阻尼系数**和**广义荷载**。因为表达式(8-13)中其他因素都是已知的,所以式中右端项就构成了第 j 振型阻尼比 ξ_j 的定义。

这样我们就把 n 个自由度结构体系的动力学问题转换为 n 个主坐标的单自由度结构体系的动力学问题。首先按照单自由度结构体系分别求解每一个主坐标的反应,然后按式(8-1)叠加即可得出用原几何坐标表示的反应,这种求解多自由度结构体系动力反应的方法叫做**振型叠加法**。

8.3 阻尼正交性条件

对于多自由度的工程结构来说,在振动时总要受到各种阻尼的作用。由于阻尼的机理比较复杂,计算时常常等效为黏滞阻尼,阻尼系数需由工程上各种理论与经验公式计算,或直接根据实验数据确定。阻尼总使结构体系能量耗散,因此阻尼矩阵 $\boldsymbol{c}$ 一般是正定或半正定对称矩阵。在主坐标运动方程的推导中,假定主坐标变换按惯性力和弹性力不耦合的同样方法用于阻尼力不耦合的情形中。现在来考虑产生非耦合的条件,即找出符合正交条件的阻尼矩阵的形式。

1. 由阻尼矩阵确定振型阻尼比

对于工程结构大多数实际阻尼来讲,一般情况下由式(8-10)确定的广义阻尼矩阵 $\boldsymbol{c}$ 不一定是对角矩阵。然而,工程上大多数结构体系的阻尼都比较小,且各种阻尼的机理尚未完全搞清楚,精确测定阻尼的大小也还有很多困难。如果仅仅由于阻尼矩阵 $\boldsymbol{c}$ 转换而得到的广义阻尼矩阵 $\boldsymbol{C}$ 不是对角矩阵而导致必须求解耦合的微分方程组,即使我们可以设法克服计算上的困难,采取耦合的分析方法是否必要也值得商榷。

使广义阻尼矩阵 $\boldsymbol{C}$ 对角化的方案中最简单的是根据转换结果将 $\boldsymbol{C}$ 中的所有非对角线元素的值改为零,保留对角线元素 C_j 的数值,由式(8-13)可求得第 j 振型阻尼比 ξ_j。

可以论证,只要结构体系的阻尼比较小,且各固有频率彼此不非常接近时,这种略去非对角线元素的处理方法并不会引起很大误差,通常都能求得反映结构体系运动规律的满意的近似解。这样,我们就能把振型叠加法有效地推广到有阻尼多自由度结构体系的动力分析中。

2. 由阻尼比确定阻尼矩阵 $\boldsymbol{c}$

很早以前瑞利就已指出如下形式的阻尼矩阵

$$\boldsymbol{c} = \alpha_0 \boldsymbol{m} + \alpha_1 \boldsymbol{k} \tag{8-15}$$

式中：α_0 和 α_1 是任意常数，称这种阻尼为**瑞利阻尼或比例阻尼**，很容易证明它满足正交化条件。

式(7-32)表明由质量和刚度矩阵形成的无数个矩阵也满足正交条件，所以阻尼矩阵也能够由这些矩阵的线性组合而构成，因此满足正交条件的阻尼矩阵可具有如下形式

$$\boldsymbol{c} = \sum_s \alpha_s \boldsymbol{m} \left[\boldsymbol{m}^{-1}\boldsymbol{k}\right]^s = \sum_s \boldsymbol{c}_s \tag{8-16}$$

其中包含的项数根据需要而取。

在式(8-16)中显然包括了式(8-15)的瑞利阻尼，用这种形式构成的阻尼矩阵就可计算广义阻尼系数，这对于确定在任意指定的振型个数中具有任意给定振型阻尼比的一个解耦体系是必要的。由式(8-13)给出第 j 振型的广义阻尼系数

$$C_j = \boldsymbol{\varphi}_j^{\mathrm{T}} \boldsymbol{c}\, \boldsymbol{\varphi}_j = 2\xi_j \omega_j M_j \tag{8-17}$$

要使 $\boldsymbol{c}$ 由式(8-16)给出，这个级数第 s 项对广义阻尼系数的贡献是

$$\boldsymbol{\varphi}_j^{\mathrm{T}} \boldsymbol{c}_s \boldsymbol{\varphi}_j = \alpha_s \boldsymbol{\varphi}_j^{\mathrm{T}} \boldsymbol{m} \left[\boldsymbol{m}^{-1}\boldsymbol{k}\right]^s \boldsymbol{\varphi}_j \tag{8-18}$$

由式(7-32)有 $\boldsymbol{\varphi}_j^{\mathrm{T}} \boldsymbol{m} \left[\boldsymbol{m}^{-1}\boldsymbol{k}\right]^s \boldsymbol{\varphi}_j = \omega_j^{2s} M_j$，从而得到

$$\boldsymbol{\varphi}_j^{\mathrm{T}} \boldsymbol{c}_s \boldsymbol{\varphi}_j = \alpha_s \omega_j^{2s} M_j \tag{8-19}$$

在此基础上，与任一个振型 j 对应的广义阻尼系数是

$$C_j = \sum_s \boldsymbol{\varphi}_j^{\mathrm{T}} \boldsymbol{c}_s \boldsymbol{\varphi}_j = \sum_s \alpha_s \omega_j^{2s} M_j = 2\xi_j \omega_j M_j \tag{8-20}$$

由此得

$$\xi_j = \frac{1}{2} \sum_s \alpha_s \omega_j^{2s-1} \tag{8-21}$$

式(8-21)提供了给定若干个振型的阻尼比来计算组合系数 α_s 的方法。所选项数必须与指定的振型阻尼比的个数相等，然后用得到的一组联立方程来求解。原则上 s 值可任意选取，实际上要求选择尽可能接近零的值。例如，给出三个指定的阻尼比求系数值，由式(8-21)得到的方程组

$$\begin{bmatrix} \xi_1 \\ \xi_2 \\ \xi_3 \end{bmatrix} = \frac{1}{2} \begin{bmatrix} \dfrac{1}{\omega_1^3} & \dfrac{1}{\omega_1} & \omega_1 \\ \dfrac{1}{\omega_2^3} & \dfrac{1}{\omega_2} & \omega_2 \\ \dfrac{1}{\omega_3^3} & \dfrac{1}{\omega_3} & \omega_3 \end{bmatrix} \begin{bmatrix} \alpha_{-1} \\ \alpha_0 \\ \alpha_1 \end{bmatrix} \tag{8-22}$$

求解方程(8-22)就可以求出三个系数 α_s ,阻尼矩阵可由式(8-16)得到。

在式(8-21)或式(8-22)中,我们注意到有趣的是当阻尼矩阵正比于质量矩阵($c=\alpha_0 m$)时,阻尼比与振动频率成反比,因此结构高振型的阻尼非常小。同样当阻尼矩阵正比于刚度矩阵($c=\alpha_1 k$)时,阻尼比正比于振动频率,结构高振型的阻尼非常大。

例8-1 对于图5-2所示的三层框架结构,取第一和第二振型的阻尼比为0.05,试求显式的阻尼矩阵。

解 假设为瑞利阻尼,即在式(8-21)中取 s 为0和1,由式(8-21)的通式求出比例因子 α_0 和 α_1 的值。计算如下

$$\begin{bmatrix}\xi_1\\ \xi_2\end{bmatrix}=\begin{bmatrix}0.05\\ 0.05\end{bmatrix}=\frac{1}{2}\begin{bmatrix}\dfrac{1}{\omega_1} & \omega_1\\ \dfrac{1}{\omega_2} & \omega_2\end{bmatrix}\begin{bmatrix}\alpha_0\\ \alpha_1\end{bmatrix}=\frac{1}{2}\begin{bmatrix}\dfrac{1}{13.82} & 13.82\\ \dfrac{1}{36.18} & 36.18\end{bmatrix}\begin{bmatrix}\alpha_0\\ \alpha_1\end{bmatrix}$$

解得

$$\begin{bmatrix}\alpha_0\\ \alpha_1\end{bmatrix}=\begin{bmatrix}1\\ 0.002\end{bmatrix}$$

因此,瑞利阻尼

$$\begin{aligned}c&=\alpha_0 m+\alpha_1 k\\ &=1\times\begin{bmatrix}2&0&0\\0&2&0\\0&0&1\end{bmatrix}+0.002\times 1000\times\begin{bmatrix}3&-1&0\\-1&2&-1\\0&-1&1\end{bmatrix}\\ &=\begin{bmatrix}8&-2&0\\-2&6&-2\\0&-2&3\end{bmatrix}\ \mathrm{kN\cdot s/m}\end{aligned}$$

现在来计算此阻尼矩阵对第三振型产生的阻尼比

$$\xi_3=\frac{1}{2}\begin{bmatrix}\dfrac{1}{\omega_3} & \omega_3\end{bmatrix}\begin{bmatrix}\alpha_0\\ \alpha_1\end{bmatrix}=\frac{1}{2}\begin{bmatrix}\dfrac{1}{44.72} & 44.72\end{bmatrix}\begin{bmatrix}1\\ 0.002\end{bmatrix}=0.0559$$

可以看出,即使只指定第一和第二振型阻尼比,所求得的第三振型阻尼比也是一个合理的数值。

还可以应用第二种方法求与任意一组已知振型阻尼比相应的阻尼矩阵。广义阻尼矩阵 $\boldsymbol{C}$ 是对角矩阵,对角线元素 $C_j=2\xi_j\omega_j M_j$,因此只要给定了振型阻尼比 ξ_j ,就确定了广义阻尼矩阵 $\boldsymbol{C}$,现在讨论如何由广义阻尼矩阵 $\boldsymbol{C}$ 计算阻尼矩阵 $\boldsymbol{c}$。

广义阻尼对角矩阵

$$\boldsymbol{C}=\boldsymbol{\Phi}^{\mathrm{T}}\boldsymbol{c}\boldsymbol{\Phi} \tag{8-23}$$

反过来显然可见，用振型矩阵的逆及其转置的逆分别右乘、左乘$\boldsymbol{C}$就得到阻尼矩阵

$$\boldsymbol{c} = [\boldsymbol{\Phi}^{\mathrm{T}}]^{-1}\boldsymbol{C}\boldsymbol{\Phi}^{-1} \tag{8-24}$$

利用式(8-6) $\boldsymbol{\Phi}^{-1} = \boldsymbol{M}^{-1}\boldsymbol{\Phi}^{\mathrm{T}}\boldsymbol{m}$，代入式(8-24)，得到阻尼矩阵

$$\boldsymbol{c} = [\boldsymbol{m}\boldsymbol{\Phi}\boldsymbol{M}^{-1}]\boldsymbol{C}[\boldsymbol{M}^{-1}\boldsymbol{\Phi}^{\mathrm{T}}\boldsymbol{m}] \tag{8-25}$$

因为式(8-25)中的三个对角矩阵的乘积$\boldsymbol{\zeta} = \boldsymbol{M}^{-1}\boldsymbol{C}\boldsymbol{M}^{-1}$为对角矩阵，它的元素是

$$\zeta_j = \frac{2\xi_j\omega_j}{M_j} \tag{8-26}$$

则式(8-25)可以写成

$$\boldsymbol{c} = \boldsymbol{m}\boldsymbol{\Phi}\boldsymbol{\zeta}\boldsymbol{\Phi}^{\mathrm{T}}\boldsymbol{m} \tag{8-27}$$

比较方便的作法是按振型展开，即

$$\boldsymbol{c} = \sum_{j=1}^{n}\boldsymbol{c}_j = \sum_{j=1}^{n}\boldsymbol{m}\boldsymbol{\varphi}_j\zeta_j\boldsymbol{\varphi}_j^{\mathrm{T}}\boldsymbol{m} = \boldsymbol{m}\left[\sum_{j=1}^{n}\frac{2\xi_j\omega_j}{M_j}\boldsymbol{\varphi}_j\boldsymbol{\varphi}_j^{\mathrm{T}}\right]\boldsymbol{m} \tag{8-28}$$

可以看出，每一振型对阻尼矩阵起的作用与振型阻尼比成比例，任何无阻尼的振型对阻尼矩阵不起作用。换句话说只有在形成阻尼矩阵时指定包含在内的那些振型才有阻尼，其他的一切振型都无阻尼。

前面已指出，用振型叠加的方法进行分析时，结构体系的振型阻尼比是度量阻尼最有效的方法。显式阻尼矩阵主要用在其他的一些计算动力反应的方法中，例如逐步积分计算结构反应，此时有必要按照式(8-16)或式(8-28)来计算阻尼矩阵$\boldsymbol{c}$的元素。

8.4　振型叠加法概要

前面详细介绍了振型叠加法的原理，这个方法能用于求解任何线性结构的动力反应。现简要概括该方法的计算步骤。

1)运动方程　由选取的几何坐标$\boldsymbol{u}$建立结构体系的运动方程(8-8)。

2)频率和振型　由质量矩阵$\boldsymbol{m}$和刚度矩阵$\boldsymbol{k}$求解特征问题

$$(\boldsymbol{k} - \omega^2\boldsymbol{m})\hat{\boldsymbol{u}} = \boldsymbol{0}$$

确定各振型的固有频率ω_j和振型向量$\boldsymbol{\varphi}_j$。

3)非耦合的运动方程　对每一个振型向量$\boldsymbol{\varphi}_j$计算主质量$M_j = \boldsymbol{\varphi}_j^{\mathrm{T}}\boldsymbol{m}\boldsymbol{\varphi}_j$和广义荷载$\boldsymbol{P}_j(t) = \boldsymbol{\varphi}_j^{\mathrm{T}}\boldsymbol{p}(t)$，确定振型阻尼比$\xi_j$，就能写出主坐标的运动方程

$$\ddot{q}_j(t) + 2\xi_j\omega_j\dot{q}_j(t) + \omega_j^2 q_j(t) = \frac{P_j(t)}{M_j}$$

4)自由振动　已知结构体系的初位移$\boldsymbol{u}(0) = \boldsymbol{u}_0$和初速度$\dot{\boldsymbol{u}}(0) = \dot{\boldsymbol{u}}_0$，由式(8-7)求得各振型主坐标的初位移和初速度分别为

$$q_j(0)=\frac{\boldsymbol{\varphi}_j^{\mathrm{T}}\boldsymbol{m}\,\boldsymbol{u}_0}{M_j} \tag{8-29}$$

$$\dot{q}_j(0)=\frac{\boldsymbol{\varphi}_j^{\mathrm{T}}\boldsymbol{m}\,\dot{\boldsymbol{u}}_0}{M_j} \tag{8-30}$$

以及主坐标有阻尼自由振动反应的表达式

$$q_j(t)=\mathrm{e}^{-\xi_j\omega_j t}\left[q_j(0)\cos\omega_{\mathrm{D}j}t+\frac{\dot{q}_j(0)+q_j(0)\xi_j\omega_j}{\omega_{\mathrm{D}j}}\sin\omega_{\mathrm{D}j}t\right] \tag{8-31}$$

5)强迫振动　根据荷载的类型,用任何适当的方法求解这些单自由度方程。每个振型主坐标的一般动力反应表达式用杜哈梅尔积分给出

$$q_j(t)=\frac{1}{M_j\omega_{\mathrm{D}j}}\int_0^t P_j(\tau)\mathrm{e}^{-\xi_j\omega_j(t-\tau)}\sin\omega_{\mathrm{D}j}(t-\tau)\mathrm{d}\tau \tag{8-32}$$

假如初始速度和初始位移不是零,必须将主坐标的自由振动反应加到上式杜哈梅尔积分表达式中。

6)几何坐标中的位移反应　求出每一振型主坐标的反应 $q_j(t)$ 后,通过坐标变换给出用几何坐标表示的位移

$$\boldsymbol{u}(t)=\boldsymbol{\Phi}\boldsymbol{q}(t)=\sum_{j=1}^{n}\boldsymbol{\varphi}_j q_j(t)=\boldsymbol{\varphi}_1 q_1(t)+\boldsymbol{\varphi}_2 q_2(t)+\cdots+\boldsymbol{\varphi}_n q_n(t) \tag{8-33}$$

应该指出,对于大多数类型的荷载,各个振型所起的作用一般是频率最低的振型最大,高阶振型则趋向减小。因而在叠加过程中通常不需要包含所有的高阶振型,当得到的反应达到某种精度要求时,即可舍弃其余各项。况且,应该考虑到对任意复杂结构的数学理想化也使得在计算高阶振型时的可靠性减小。由于这个原因,在动力反应分析时限定要考虑的振型数是很有必要的。

例 8-2　用振型叠加法计算图 5-2 所示的三层框架结构在以下初始条件下的反应(不计阻尼)。

$$\boldsymbol{u}(0)=\begin{bmatrix}0.010\\0.008\\0.006\end{bmatrix}\mathrm{m},\qquad \dot{\boldsymbol{u}}(0)=\begin{bmatrix}0\\0.100\\0\end{bmatrix}\mathrm{m/s}$$

解　为了便于使用,首先归纳例 7-1 中得到的结构的物理参数和动力特性

$$\boldsymbol{m}=\begin{bmatrix}2&0&0\\0&2&0\\0&0&1\end{bmatrix},\qquad \boldsymbol{k}=1000\times\begin{bmatrix}3&-1&0\\-1&2&-1\\0&-1&1\end{bmatrix}$$

$$\begin{bmatrix}\omega_1\\\omega_2\\\omega_3\end{bmatrix}=\begin{bmatrix}13.82\\36.18\\44.72\end{bmatrix}\mathrm{rad/s},\qquad \boldsymbol{\Phi}=\begin{bmatrix}0.309&-0.809&1.000\\0.809&-0.309&-1.000\\1.000&1.000&1.000\end{bmatrix}$$

例 7-2 给出了与该振型矩阵相应的主质量矩阵

$$\boldsymbol{M}=\begin{bmatrix}2.500 & 0 & 0\\ 0 & 2.500 & 0\\ 0 & 0 & 5.000\end{bmatrix}$$

由式(8－5)的矩阵形式给出对应于初始位移的主坐标的值

$$\boldsymbol{q}(0)=\boldsymbol{M}^{-1}\boldsymbol{\Phi}^{\mathrm{T}}\boldsymbol{m}\boldsymbol{u}(0)$$

其中的

$$\boldsymbol{M}^{-1}\boldsymbol{\Phi}^{\mathrm{T}}\boldsymbol{m}=\begin{bmatrix}0.247 & 0.647 & 0.400\\ -0.647 & -0.247 & 0.400\\ 0.400 & -0.400 & 0.200\end{bmatrix}$$

因此,主坐标的初始位移和初始速度分别为

$$\begin{aligned}\boldsymbol{q}(0)&=\boldsymbol{M}^{-1}\boldsymbol{\Phi}^{\mathrm{T}}\boldsymbol{m}\boldsymbol{u}(0)\\ &=\begin{bmatrix}0.247 & 0.647 & 0.400\\ -0.647 & -0.247 & 0.400\\ 0.400 & -0.400 & 0.200\end{bmatrix}\begin{bmatrix}0.010\\ 0.008\\ 0.006\end{bmatrix}\\ &=\begin{bmatrix}0.010046\\ -0.006046\\ 0.002000\end{bmatrix}\mathrm{m}\end{aligned}$$

$$\begin{aligned}\dot{\boldsymbol{q}}(0)&=\boldsymbol{M}^{-1}\boldsymbol{\Phi}^{\mathrm{T}}\boldsymbol{m}\dot{\boldsymbol{u}}(0)\\ &=\begin{bmatrix}0.247 & 0.647 & 0.400\\ -0.647 & -0.247 & 0.400\\ 0.400 & -0.400 & 0.200\end{bmatrix}\begin{bmatrix}0\\ 0.100\\ 0\end{bmatrix}\\ &=\begin{bmatrix}0.064700\\ -0.024700\\ -0.040000\end{bmatrix}\mathrm{m/s}\end{aligned}$$

这个无阻尼结构的每一个主坐标的自由振动反应的形式是

$$q_j(t)=q_j(0)\cos\omega_j t+\frac{\dot{q}_j(0)}{\omega_j}\sin\omega_j t$$

由此,用上面求得的主坐标的初始条件以及振型频率得到

$$\begin{bmatrix}q_1(t)\\ q_2(t)\\ q_3(t)\end{bmatrix}=\begin{bmatrix}0.010046\cos 13.82t\\ -0.006046\cos 36.18t\\ 0.002000\cos 44.72t\end{bmatrix}+\begin{bmatrix}0.004682\sin 13.82t\\ -0.000683\sin 36.18t\\ -0.000894\sin 44.72t\end{bmatrix}$$

由叠加关系式 $\boldsymbol{u}(t)=\boldsymbol{\Phi}\boldsymbol{q}(t)$ 最后可得各层的自由振动反应,显然每一层的运动都包含结构各个固有频率的贡献。

例 8－3　用振型叠加法计算图 5－2 所示三层框架在正弦波作用下的稳态动

力反应,各振型阻尼比均取 0.05。荷载可以表示成

$$\begin{bmatrix} p_1(t) \\ p_2(t) \\ p_3(t) \end{bmatrix} = 2\ \text{kN} \times \begin{bmatrix} 1 \\ 2 \\ 3 \end{bmatrix} \sin 15t$$

解　该结构的动力特性见例 8 - 2。

各振型的广义荷载幅值

$$\begin{bmatrix} \hat{P}_1 \\ \hat{P}_2 \\ \hat{P}_3 \end{bmatrix} = \boldsymbol{\Phi}^{\mathrm{T}}\ \hat{\boldsymbol{p}} = \begin{bmatrix} 0.309 & 0.809 & 1.000 \\ -0.809 & -0.309 & 1.000 \\ 1.000 & -1.000 & 1.000 \end{bmatrix} \begin{bmatrix} 2 \\ 4 \\ 6 \end{bmatrix} = \begin{bmatrix} 9.854 \\ 3.146 \\ 4.000 \end{bmatrix}$$

各振型的主刚度

$$\begin{bmatrix} K_1 \\ K_2 \\ K_3 \end{bmatrix} = [\omega_j^2 M_j] = \begin{bmatrix} 13.82^2 \times 2.5 \\ 36.18^2 \times 2.5 \\ 44.72^2 \times 5.0 \end{bmatrix} = \begin{bmatrix} 477.5 \\ 3272 \\ 10000 \end{bmatrix}$$

各振型的频率比、动力放大系数和相位差分别为

$$\begin{bmatrix} \lambda_1 \\ \lambda_2 \\ \lambda_3 \end{bmatrix} = \left[\frac{\overline{\omega}}{\omega_j}\right] = \begin{bmatrix} \dfrac{15}{13.82} \\ \dfrac{15}{36.18} \\ \dfrac{15}{44.72} \end{bmatrix} = \begin{bmatrix} 1.085 \\ 0.4146 \\ 0.3354 \end{bmatrix}$$

$$\begin{bmatrix} \beta_1 \\ \beta_2 \\ \beta_3 \end{bmatrix} = \left[\frac{1}{\sqrt{(1-\lambda_j^2)^2 + (2\xi_j\lambda_j)^2}}\right] = \begin{bmatrix} 4.813 \\ 1.206 \\ 1.126 \end{bmatrix}$$

$$\begin{bmatrix} \theta_1 \\ \theta_2 \\ \theta_3 \end{bmatrix} = \left[\arctan\frac{2\xi_j\lambda_j}{1-\lambda_j^2}\right] = \begin{bmatrix} 148.521^\circ \\ 2.866^\circ \\ 2.164^\circ \end{bmatrix}$$

主坐标反应如下式

$$\begin{bmatrix} q_1(t) \\ q_2(t) \\ q_3(t) \end{bmatrix} = \left[\frac{\hat{P}_j}{K_j}\beta_j \sin(\overline{\omega}t - \theta_j)\right] = \begin{bmatrix} 0.09932\sin(15t - 148.521^\circ) \\ 0.00116\sin(15t - 2.866^\circ) \\ 0.00045\sin(15t - 2.164^\circ) \end{bmatrix}$$

各楼层的动力稳态反应由振型叠加法得到

$$\boldsymbol{u}(t) = \boldsymbol{\Phi}\boldsymbol{q}(t) = \begin{bmatrix} 0.309 & -0.809 & 1.000 \\ 0.809 & -0.309 & -1.000 \\ 1.000 & 1.000 & 1.000 \end{bmatrix} \begin{bmatrix} 0.09932\sin(15t - 148.521^\circ) \\ 0.00116\sin(15t - 2.866^\circ) \\ 0.00045\sin(15t - 2.164^\circ) \end{bmatrix}$$

$$
= \begin{bmatrix} -0.0266\sin 15t - 0.0160\cos 15t \\ -0.0693\sin 15t - 0.0419\cos 15t \\ -0.0832\sin 15t - 0.0519\cos 15t \end{bmatrix}
$$

$$
= \begin{bmatrix} -0.0310\sin(15t + 31.05^\circ) \\ -0.0810\sin(15t + 31.17^\circ) \\ -0.0981\sin(15t + 31.97^\circ) \end{bmatrix}
$$

显然，高阶振型对于反应所起的作用要比低阶振型小得多。

习题

8-1　对于第 7 章习题 1 所示的三层刚架，取第一和第二振型的阻尼比分别为 0.05、0.04，试求阻尼矩阵。

8-2　用振型叠加法计算上题三层框架结构在以下初始条件下的反应（不计阻尼）。

$$
u_0 = \begin{bmatrix} 0.008 \\ 0.006 \\ 0.005 \end{bmatrix} \text{ m}, \quad \dot{u}_0 = \begin{bmatrix} 0.100 \\ 0 \\ 0 \end{bmatrix} \text{ m/s。}
$$

第9章　动力特性的实用计算方法

9.1　引　言

在应用振型叠加法求解多自由度体系的动力反应时，首先需要求得结构体系的动力特性，即频率和振型。这在数学上归结为求结构特性矩阵的特征值和特征向量的问题，即矩阵特征对问题。

我们注意到对结构的物理特性和荷载情况一般只能大致上了解，因此只需要提出与上述精度水平相当的计算简图和求解方法即可。结构动力学的实际问题涉及的范围很广，计算模型从只有几个自由度的高度简化了的数学模型到包含几百甚至几千个自由度的高度复杂的有限元模型。而在大多数实际结构分析中，只需要考虑很少几个振型就能得到相当的精度。为了有效地求出我们期望的频率和振型，现在介绍一些在实践中行之有效的特征对计算方法和基本思路。

对于只有二、三个自由度的体系可用行列式方程求解频率和振型，自由度再多时效果就很差，所以在实用分析中很少应用。本章首先介绍以斯托多拉法为基础的矩阵迭代法，在斯托多拉法中，先假定一个初始振型并调整直到位移获得一个实际振型的适当近似形式为止，再从运动方程确定振动频率；其次讨论大型结构体系的振动分析时自由度数目的缩减方法，这种缩减在处理大型体系时是一种非常有效的步骤；然后介绍最常用的适合大型结构体系动力分析的子空间迭代法以及求全部特征对的雅可比法；最后介绍适用于链状结构体系动力分析的以霍尔茨法为基础的传递矩阵法，先假定一个初始振动频率并迭代调整直到满足边界条件为止，振型就在满足边界条件的过程中确定了。

9.2　矩阵迭代法

1. 矩阵迭代法的基本思路

斯托多拉创造的求解结构动力特征问题的迭代分析方法惯用矩阵符号来阐述计算过程，因此被称为**矩阵迭代法**。矩阵迭代法所要考虑的基本关系是

$$\boldsymbol{k}\hat{\boldsymbol{u}} = \lambda \boldsymbol{m}\hat{\boldsymbol{u}} \tag{9-1}$$

其中特征值 $\lambda = \omega^2$ 。

假设 $\hat{\boldsymbol{u}}$ 的某一试探向量 $\hat{\boldsymbol{u}}^{(0)}$ 并代入式(9－1)的一端求另一端的 $\hat{\boldsymbol{u}}^{(1)}$ ，一般不会有 $\hat{\boldsymbol{u}}^{(1)} = \hat{\boldsymbol{u}}^{(0)}$ ；只有当向量 $\hat{\boldsymbol{u}}^{(0)}$ 是一个真实的振型时方程(9－1)才能成立。因此，需要对式(9－1)进行迭代，迭代计算的基本格式有两种。

一种迭代格式是将假设的试探向量 $\hat{\boldsymbol{u}}^{(0)}$ 代入式(9－1)的右端，解方程

$$\boldsymbol{k}\,\overline{\boldsymbol{u}}^{(1)} = \boldsymbol{m}\,\hat{\boldsymbol{u}}^{(0)} \tag{9-2}$$

其中 $\overline{\boldsymbol{u}}^{(1)}$ 与待求的形状 $\hat{\boldsymbol{u}}^{(1)}$ 成正比，因为 $\dfrac{1}{\lambda}$ 是未知的，不能直接求 $\hat{\boldsymbol{u}}^{(1)}$ ，所以取

$$\frac{1}{\lambda}\hat{\boldsymbol{u}}^{(1)} = \overline{\boldsymbol{u}}^{(1)} \tag{9-3}$$

通过比较可得到比例因子 $\dfrac{1}{\lambda}$ 和新的向量 $\hat{\boldsymbol{u}}^{(1)}$ 。

另一种迭代格式是将假设的试探向量 $\hat{\boldsymbol{u}}^{(0)}$ 代入式(9－1)的左端，解方程

$$\boldsymbol{k}\,\hat{\boldsymbol{u}}^{(0)} = \boldsymbol{m}\,\overline{\boldsymbol{u}}^{(1)} \tag{9-4}$$

这时

$$\lambda\,\hat{\boldsymbol{u}}^{(1)} = \overline{\boldsymbol{u}}^{(1)} \tag{9-5}$$

两种迭代格式的区别在于试探向量代入的方向不同，前者要用刚度矩阵 $\boldsymbol{k}$ 的逆求 $\overline{\boldsymbol{u}}^{(1)}$ ，因此称为对刚度矩阵 $\boldsymbol{k}$ 的逆迭代，而后者则称为对刚度矩阵 $\boldsymbol{k}$ 的正迭代。

2. 第一阶振型分析

用逆迭代法计算动力特征值问题是非常有效的，在计算振型向量的同时求出频率，它收敛于第一阶振型。在各种重要的迭代法中，包括子空间迭代法，都使用了逆迭代法，下面将重点讨论这种方法。

迭代过程开始时，先假定一个初始形状 $\hat{\boldsymbol{u}}^{(0)}$ ，尽可能接近第一振型的形状，而振幅是任意的，一般采用归一化(即绝对值最大的元素为 1)向量形式便于计算。然后按式(9－2)的扩展方式进行每一步迭代计算

$$\boldsymbol{k}\,\overline{\boldsymbol{u}}^{(s)} = \boldsymbol{m}\,\hat{\boldsymbol{u}}^{(s-1)} \qquad (s = 1,2,\cdots) \tag{9-6a}$$

$$\hat{\boldsymbol{u}}^{(s)} = \overline{\boldsymbol{u}}^{(s)} \Big/ \left(\frac{1}{\lambda}\right) = \lambda\,\overline{\boldsymbol{u}}^{(s)} \tag{9-6b}$$

可以证明，当 $s \to \infty$ 时 $\hat{\boldsymbol{u}}^{(s)} \to \boldsymbol{\varphi}_1$ ，此时任何位置上的位移比都能够得出真正的第一振型的特征值

$$\lambda_1 = \lim_{s\to\infty} \frac{\hat{u}_i^{(s-1)}}{\overline{u}_i^{(s)}} \tag{9-7}$$

一般来说，对于每一个位移坐标按式(9－7)会求得不同的 λ_1 ，真实的第一振型的

特征值介于由式(9－7)求得的最大和最小值之间。

迭代法的基本步骤就是解方程式(9－6a),由该方程可求得一个比前一个迭代向量 $\hat{\boldsymbol{u}}^{(s-1)}$ 更接近于第一振型的向量 $\overline{\boldsymbol{u}}^{(s)}$ 。如果在迭代过程中没有包括对式(9－6b)确定比例因子 $\frac{1}{\lambda}$,则迭代向量中的元素在每一步都会增大(或减小),因而迭代向量将收敛于 $\boldsymbol{\varphi}_1$ 的某个倍数。确定比例因子$\frac{1}{\lambda}$的最简单方法就是使 $\overline{\boldsymbol{u}}^{(s)}$ 归一化。

对于大型结构,在解方程式(9－6a)时可充分利用 $\boldsymbol{k}$ 和 $\boldsymbol{m}$ 的带状特性和对称性,不对 $\boldsymbol{k}$ 直接求逆,而是用乔列斯基分解把刚度矩阵 $\boldsymbol{k}$ 分解成

$$\boldsymbol{k} = \boldsymbol{L}_k \boldsymbol{L}_k^{\mathrm{T}} \tag{9-8}$$

其中 $\boldsymbol{L}_k$ 是一个下三角矩阵。式(9－6a)中的逆迭代分解为以下两步

$$\left.\begin{aligned} \boldsymbol{L}_k \overline{\boldsymbol{y}}^{(s)} &= \boldsymbol{m} \hat{\boldsymbol{u}}^{(s-1)} \\ \boldsymbol{L}_k^{\mathrm{T}} \overline{\boldsymbol{u}}^{(s)} &= \overline{\boldsymbol{y}}^{(s)} \end{aligned}\right\} \tag{9-9}$$

先由消去法求出 $\overline{\boldsymbol{y}}^{(s)}$,然后由回代法求出 $\overline{\boldsymbol{u}}^{(s)}$ 。因为 $\boldsymbol{L}_k$ 是一个下三角矩阵,每一个方程都很容易求解。

例 9－1 试用矩阵迭代法重新计算图 5－2 中三层平面框架结构的第一阶频率和振型。

解 在例 7－1 中已经导得结构的质量矩阵和刚度矩阵如下:

$$\boldsymbol{m} = \begin{bmatrix} 2 & 0 & 0 \\ 0 & 2 & 0 \\ 0 & 0 & 1 \end{bmatrix}, \qquad \boldsymbol{k} = 1000 \times \begin{bmatrix} 3 & -1 & 0 \\ -1 & 2 & -1 \\ 0 & -1 & 1 \end{bmatrix}$$

为了便于手算,把迭代式(9－6a)改写为对动力矩阵 $\boldsymbol{D} = \boldsymbol{k}^{-1}\boldsymbol{m}$ 的迭代

$$\overline{\boldsymbol{u}}^{(s)} = \boldsymbol{D} \hat{\boldsymbol{u}}^{(s-1)} \qquad (s = 1,2,\cdots)$$

通过对刚度矩阵 $\boldsymbol{k}$ 求逆,很容易得到该结构的柔度矩阵 $\boldsymbol{k}^{-1}$ 和动力矩阵 $\boldsymbol{D}$

$$\boldsymbol{k}^{-1} = \frac{1}{2000} \times \begin{bmatrix} 1 & 1 & 1 \\ 1 & 3 & 3 \\ 1 & 3 & 5 \end{bmatrix}$$

$$\boldsymbol{D} = \frac{1}{2000} \times \begin{bmatrix} 1 & 1 & 1 \\ 1 & 3 & 3 \\ 1 & 3 & 5 \end{bmatrix} \begin{bmatrix} 2 & 0 & 0 \\ 0 & 2 & 0 \\ 0 & 0 & 1 \end{bmatrix} = \frac{1}{2000} \times \begin{bmatrix} 2 & 2 & 1 \\ 2 & 6 & 3 \\ 2 & 6 & 5 \end{bmatrix}$$

可见,动力矩阵已失去了对称性和带状性。

假设试探向量 $\hat{\boldsymbol{u}}^{(0)} = [1.000 \quad 1.000 \quad 1.000]^{\mathrm{T}}$,列表迭代计算如下

$$\begin{matrix} & \boldsymbol{D} & \hat{\boldsymbol{u}}^{(0)} & 2000\,\overline{\boldsymbol{u}}^{(1)} & \hat{\boldsymbol{u}}^{(1)} & 2000\,\overline{\boldsymbol{u}}^{(2)} & \hat{\boldsymbol{u}}^{(2)} & 2000\,\overline{\boldsymbol{u}}^{(3)} & \hat{\boldsymbol{u}}^{(3)} \\ \dfrac{1}{2000}\times & \begin{bmatrix} 2 & 2 & 1 \\ 2 & 6 & 3 \\ 2 & 6 & 5 \end{bmatrix} & \begin{bmatrix} 1.000 \\ 1.000 \\ 1.000 \end{bmatrix} & \begin{bmatrix} 5.000 \\ 11.000 \\ 13.000 \end{bmatrix} & \begin{bmatrix} 0.385 \\ 0.846 \\ 1.000 \end{bmatrix} & \begin{bmatrix} 3.462 \\ 8.846 \\ 10.846 \end{bmatrix} & \begin{bmatrix} 0.319 \\ 0.816 \\ 1.000 \end{bmatrix} & \begin{bmatrix} 3.270 \\ 8.534 \\ 10.534 \end{bmatrix} & \begin{bmatrix} 0.310 \\ 0.810 \\ 1.000 \end{bmatrix} \end{matrix}$$

迭代 3 次后用最大位移分量由式(9－7)得到结构第一频率近似值为

$$\lambda_1 \approx \frac{\hat{u}_3^{(2)}}{\overline{u}_3^{(3)}} = \frac{1}{\dfrac{10.534}{2000}} = 189.86\ ,\ \omega_1 = \sqrt{\lambda_1} = 13.78\ \text{rad/s}$$

第一振型向量

$$\boldsymbol{\varphi}_1 \approx \hat{\boldsymbol{u}}^{(3)} = \begin{bmatrix} 0.310 \\ 0.810 \\ 1.000 \end{bmatrix}$$

3. 收敛性的证明

为了叙述方便，将式(9－1)改写为动力矩阵形式

$$\frac{1}{\lambda}\hat{\boldsymbol{u}} = \boldsymbol{D}\hat{\boldsymbol{u}} \tag{9-10}$$

其中动力矩阵 $\boldsymbol{D} = \boldsymbol{k}^{-1}\boldsymbol{m}$ 。对于各个振型有

$$\frac{1}{\lambda_j}\boldsymbol{\varphi}_j = \boldsymbol{D}\boldsymbol{\varphi}_j \tag{9-11}$$

相应地逆迭代式(9－6a)改写为

$$\overline{\boldsymbol{u}}^{(s)} = \boldsymbol{D}\hat{\boldsymbol{u}}^{(s-1)} \tag{9-12}$$

设初始形状为 $\hat{\boldsymbol{u}}^{(0)}$ 并参照式(8－1)用主坐标表示为

$$\hat{\boldsymbol{u}}^{(0)} = \sum_{j=1}^{n}\boldsymbol{\varphi}_j\hat{q}_j^{(0)} \tag{9-13}$$

代入式(9－12)的右边，有

$$\overline{\boldsymbol{u}}^{(1)} = \boldsymbol{D}\hat{\boldsymbol{u}}^{(0)} = \boldsymbol{D}\sum_{j=1}^{n}\boldsymbol{\varphi}_j\hat{q}_j^{(0)} = \sum_{j=1}^{n}\frac{1}{\lambda_j}\boldsymbol{\varphi}_j\hat{q}_j^{(0)} = \frac{1}{\lambda_1}\left[\boldsymbol{\varphi}_1\hat{q}_1^{(0)} + \sum_{j=2}^{n}\frac{\lambda_1}{\lambda_j}\boldsymbol{\varphi}_j\hat{q}_j^{(0)}\right]$$

归一化处理后，得到

$$\hat{\boldsymbol{u}}^{(1)} = \boldsymbol{\varphi}_1\hat{q}_1^{(0)} + \sum_{j=2}^{n}\frac{\lambda_1}{\lambda_j}\boldsymbol{\varphi}_j\hat{q}_j^{(0)}$$

用同样方式进行第二次迭代

$$\begin{aligned} \overline{\boldsymbol{u}}^{(2)} = \boldsymbol{D}\hat{\boldsymbol{u}}^{(1)} &= \boldsymbol{D}\left[\boldsymbol{\varphi}_1\hat{q}_1^{(0)} + \sum_{j=2}^{n}\frac{\lambda_1}{\lambda_j}\boldsymbol{\varphi}_j\hat{q}_j^{(0)}\right] \\ &= \frac{1}{\lambda_1}\boldsymbol{\varphi}_1\hat{q}_1^{(0)} + \sum_{j=2}^{n}\frac{\lambda_1}{\lambda_j}\frac{1}{\lambda_j}\boldsymbol{\varphi}_j\hat{q}_j^{(0)} \end{aligned}$$

$$= \frac{1}{\lambda_1}\left[\boldsymbol{\varphi}_1 \hat{q}_1^{(0)} + \sum_{j=2}^{n} \left(\frac{\lambda_1}{\lambda_j}\right)^2 \boldsymbol{\varphi}_j \hat{q}_j^{(0)}\right]$$

归一化处理后,得到

$$\hat{\boldsymbol{u}}^{(2)} = \boldsymbol{\varphi}_1 \hat{q}_1^{(0)} + \sum_{j=2}^{n} \left(\frac{\lambda_1}{\lambda_j}\right)^2 \boldsymbol{\varphi}_j \hat{q}_j^{(0)}$$

同理,第 s 次迭代得到

$$\hat{\boldsymbol{u}}^{(s)} = \boldsymbol{\varphi}_1 \hat{q}_1^{(0)} + \sum_{j=2}^{n} \left(\frac{\lambda_1}{\lambda_j}\right)^s \boldsymbol{\varphi}_j \hat{q}_j^{(0)} \tag{9-14}$$

由于 $\lambda_1 < \lambda_2 < \lambda_3 < \cdots$,所以当 $s \to \infty$ 时,有

$$\lim_{s\to\infty} \hat{\boldsymbol{u}}^{(s)} = \boldsymbol{\varphi}_1 \hat{q}_1^{(0)} \tag{9-15}$$

迭代过程必定收敛于第一振型 $\boldsymbol{\varphi}_1$ 。

4. 更高阶振型分析

斯托多拉迭代过程对第一振型收敛性的证明也表明了我们可以按照同样的步骤计算较高振型。展开式(9-14),有

$$\hat{\boldsymbol{u}}^{(s)} = \left(\frac{\lambda_1}{\lambda_1}\right)^s \boldsymbol{\varphi}_1 \hat{q}_1^{(0)} + \left(\frac{\lambda_1}{\lambda_2}\right)^s \boldsymbol{\varphi}_2 \hat{q}_2^{(0)} + \left(\frac{\lambda_1}{\lambda_3}\right)^s \boldsymbol{\varphi}_3 \hat{q}_3^{(0)} + \cdots \tag{9-16}$$

显然,在此式中若 $\hat{q}_1^{(0)} = 0$,迭代过程一定收敛于第二振型 $\boldsymbol{\varphi}_2$;假如 $\hat{q}_1^{(0)} = \hat{q}_2^{(0)} = 0$,迭代过程将收敛于第三振型;以此类推,收敛于更高阶振型。

为了用矩阵迭代法计算第二振型,只需要给定一个不包含第一振型分量的初始形状 $\hat{\boldsymbol{u}}_2^{(0)}$ 。振型的正交条件提供了从任意假定的试探形状 $\hat{\boldsymbol{u}}^{(0)}$ 中消除第一振型分量的方法,$\hat{\boldsymbol{u}}^{(0)}$ 用振型分量表示同样见式(9-13)。用 $\boldsymbol{\varphi}_1^{\mathrm{T}}\boldsymbol{m}$ 左乘式(9-13)两边,根据振型的正交条件该式的右边只有第一振型项,可以求得 $\hat{\boldsymbol{u}}^{(0)}$ 中第一振型分量的广义坐标幅值

$$\hat{q}_1^{(0)} = \frac{\boldsymbol{\varphi}_1^{\mathrm{T}} \boldsymbol{m}\, \hat{\boldsymbol{u}}^{(0)}}{M_1} \tag{9-17}$$

这样可以从假定的形状 $\hat{\boldsymbol{u}}^{(0)}$ 中消去第一振型分量,剩下的向量就是一个不包含第一振型分量的试探形状

$$\hat{\boldsymbol{u}}_2^{(0)} = \hat{\boldsymbol{u}}^{(0)} - \boldsymbol{\varphi}_1 \hat{q}_1^{(0)} \tag{9-18}$$

现在,这个净化了的试探向量 $\hat{\boldsymbol{u}}_2^{(0)}$ 在斯托多拉过程中向第二振型收敛。然而,由于在数值运算中产生的舍入误差会引起第一振型在试探向量中再出现,因此必须在迭代求解的每一循环中重复净化运算以保证收敛到第二振型。

在试探向量中消除第一振型分量的一种方便的手段是应用所谓的淘汰矩阵,将式(9-17)代入式(9-18)中得到

$$\hat{\boldsymbol{u}}_2^{(0)} = \hat{\boldsymbol{u}}^{(0)} - \boldsymbol{\varphi}_1 \hat{q}_1^{(0)} = \left(\boldsymbol{I} - \frac{1}{M_1} \boldsymbol{\varphi}_1 \boldsymbol{\varphi}_1^{\mathrm{T}} \boldsymbol{m}\right)\hat{\boldsymbol{u}}^{(0)} = \boldsymbol{S}_1 \hat{\boldsymbol{u}}^{(0)} \tag{9-19}$$

式中

$$\boldsymbol{S}_1 = \boldsymbol{I} - \frac{1}{M_1}\boldsymbol{\varphi}_1\boldsymbol{\varphi}_1^{\mathrm{T}}\boldsymbol{m} \tag{9-20}$$

称为**第一振型的淘汰矩阵**，这个矩阵左乘任意试探向量都具有从该试探向量中消除第一振型分量的特性。

现在可以用这个淘汰矩阵列出斯托多拉方法的公式，使得它向第二振型收敛。在这种情形中，将净化了的试探向量 $\hat{\boldsymbol{u}}_2^{(0)}$ 代入式(9－12)的右边迭代，得到

$$\overline{\boldsymbol{u}}^{(1)} = \boldsymbol{D}\hat{\boldsymbol{u}}_2^{(0)} = \boldsymbol{D}\boldsymbol{S}_1\hat{\boldsymbol{u}}^{(0)} = \boldsymbol{D}_2\hat{\boldsymbol{u}}^{(0)} \tag{9-21}$$

这里

$$\boldsymbol{D}_2 = \boldsymbol{D}\boldsymbol{S}_1 \tag{9-22}$$

是一个新的动力矩阵，它从任何试探形状中消除第一振型分量，用 $\boldsymbol{D}_2$ 迭代时将自动向第二振型收敛，迭代过程与求第一振型的过程完全一样。用这个方法确定第二振型以前，显然必须先求得第一振型。

例 9－2　试用矩阵迭代法计算例 9－1 的三层框架结构的第二振型和频率。

解　在例 9－1 中已经导得结构的质量矩阵 $\boldsymbol{m}$、动力矩阵 $\boldsymbol{D}$ 和第一振型向量如下

$$\boldsymbol{m} = \begin{bmatrix} 2 & 0 & 0 \\ 0 & 2 & 0 \\ 0 & 0 & 1 \end{bmatrix},\ \boldsymbol{D} = \frac{1}{2000}\times\begin{bmatrix} 2 & 2 & 1 \\ 2 & 6 & 3 \\ 2 & 6 & 5 \end{bmatrix},\ \boldsymbol{\varphi}_1 = \begin{bmatrix} 0.310 \\ 0.810 \\ 1.000 \end{bmatrix}$$

第一振型的主质量

$$M_1 = \boldsymbol{\varphi}_1^{\mathrm{T}}\boldsymbol{m}\boldsymbol{\varphi}_1 = \begin{bmatrix} 0.310 & 0.810 & 1.000 \end{bmatrix}\begin{bmatrix} 2 & 0 & 0 \\ 0 & 2 & 0 \\ 0 & 0 & 1 \end{bmatrix}\begin{bmatrix} 0.310 \\ 0.810 \\ 1.000 \end{bmatrix} = 2.504$$

由式(9－20)计算第一振型的淘汰矩阵

$$\boldsymbol{S}_1 = \boldsymbol{I} - \frac{1}{M_1}\boldsymbol{\varphi}_1\boldsymbol{\varphi}_1^{\mathrm{T}}\boldsymbol{m} = \begin{bmatrix} 0.9232 & -0.2006 & -0.1238 \\ -0.2006 & 0.4760 & -0.3235 \\ -0.2476 & -0.6470 & 0.6006 \end{bmatrix}$$

以及第二振型的动力矩阵

$$\boldsymbol{D}_2 = \boldsymbol{D}\boldsymbol{S}_1 = \frac{1}{2000}\times\begin{bmatrix} 1.1978 & -0.0962 & -0.2939 \\ -0.0997 & 0.5137 & -0.3866 \\ -0.5949 & -0.7802 & 0.8147 \end{bmatrix}$$

下面按例 9－1 中相同的格式，用这个动力矩阵迭代求解第二振型和频率。假设试探向量 $\hat{\boldsymbol{u}}^{(0)} = [-1.000 \quad -1.000 \quad 1.000]^{\mathrm{T}}$，按式(9－21)指出的迭代过程列表计算如下

$$\hat{\boldsymbol{u}}^{(0)} \quad 2000\,\overline{\boldsymbol{u}}^{(1)} \quad \hat{\boldsymbol{u}}^{(1)} \quad 2000\,\overline{\boldsymbol{u}}^{(2)} \quad \hat{\boldsymbol{u}}^{(2)} \quad 2000\,\overline{\boldsymbol{u}}^{(3)} \quad \hat{\boldsymbol{u}}^{(3)}$$

$$\begin{bmatrix}-1.000\\-1.000\\1.000\end{bmatrix} \begin{bmatrix}-1.395\\-0.801\\2.190\end{bmatrix} \begin{bmatrix}-0.637\\-0.366\\1.000\end{bmatrix} \begin{bmatrix}-1.022\\-0.511\\1.479\end{bmatrix} \begin{bmatrix}-0.691\\-0.345\\1.000\end{bmatrix} \begin{bmatrix}-1.088\\-0.495\\1.495\end{bmatrix} \begin{bmatrix}-0.728\\-0.331\\1.000\end{bmatrix}$$

$$\hat{\boldsymbol{u}}^{(3)} \quad 2000\,\overline{\boldsymbol{u}}^{(4)} \quad \hat{\boldsymbol{u}}^{(4)} \quad 2000\,\overline{\boldsymbol{u}}^{(5)} \quad \hat{\boldsymbol{u}}^{(5)} \quad 2000\,\overline{\boldsymbol{u}}^{(6)} \quad \hat{\boldsymbol{u}}^{(6)}$$

$$\begin{bmatrix}-0.728\\-0.331\\1.000\end{bmatrix} \begin{bmatrix}-1.134\\-0.484\\1.506\end{bmatrix} \begin{bmatrix}-0.753\\-0.321\\1.000\end{bmatrix} \begin{bmatrix}-1.165\\-0.477\\1.513\end{bmatrix} \begin{bmatrix}-0.770\\-0.315\\1.000\end{bmatrix} \begin{bmatrix}-1.186\\-0.472\\1.518\end{bmatrix} \begin{bmatrix}-0.781\\-0.311\\1.000\end{bmatrix}$$

迭代 6 次后用最大位移分量得到结构第二频率近似值为

$$\lambda_2 \approx \frac{\hat{u}_3^{(5)}}{\overline{u}_3^{(6)}} = \frac{1}{\dfrac{1.518}{2000}} = 1317.5\,, \quad \omega_2 = \sqrt{\lambda_2} = 36.30\ \mathrm{rad/s}$$

与例 7 - 1 的计算结果 $\omega_2 = 36.18\ \mathrm{rad/s}$ 十分接近。规格化的第二振型向量

$$\boldsymbol{\varphi}_2 \approx \hat{\boldsymbol{u}}^{(6)} = \begin{bmatrix}-0.781\\-0.311\\1.000\end{bmatrix}$$

与例 7 - 1 的结果也很接近。可以看到第二振型没有第一振型收敛得快。

显然,同样的淘汰过程能够推广到从试探向量中清除前 $j-1$ 个振型分量,由此斯托多拉迭代过程将向第 j 振型收敛。净化了的第 j 振型试探形状为

$$\hat{\boldsymbol{u}}_j^{(0)} = \hat{\boldsymbol{u}}^{(0)} - \sum_{i=1}^{j-1} \boldsymbol{\varphi}_i \hat{q}_i^{(0)} \tag{9-23}$$

同样得到从 $\hat{\boldsymbol{u}}^{(0)}$ 中同时消除前 $j-1$ 个振型分量的淘汰矩阵 $\boldsymbol{S}_{j-1}$,即

$$\boldsymbol{S}_{j-1} = \boldsymbol{I} - \sum_{i=1}^{j-1} \frac{1}{M_i} \boldsymbol{\varphi}_i\, \boldsymbol{\varphi}_i^{\mathrm{T}} \boldsymbol{m} = \boldsymbol{S}_{j-2} - \frac{1}{M_{j-1}} \boldsymbol{\varphi}_{j-1}\, \boldsymbol{\varphi}_{j-1}^{\mathrm{T}} \boldsymbol{m} \tag{9-24}$$

这样修正的动力矩阵

$$\boldsymbol{D}_j = \boldsymbol{D} \boldsymbol{S}_{j-1} \tag{9-25}$$

类似于式(9 - 21),现在能写出求第 j 振型的斯托多拉迭代式

$$\overline{\boldsymbol{u}}^{(1)} = \boldsymbol{D}_j\, \hat{\boldsymbol{u}}^{(0)} \tag{9-26}$$

因此,这个修正的动力矩阵 $\boldsymbol{D}_j$ 起到了从试探向量 $\hat{\boldsymbol{u}}^{(0)}$ 中消除前 $j-1$ 个振型分量的作用,并向第 j 振型收敛。

这个方法最重要的限制条件显然是在求任意指定的高振型以前,必须先计算所有较低阶的振型。一般这种方法直接用于计算不超过四、五个振型的情形。

5. 最高阶振型的分析

式(9 - 4)的关于刚度矩阵的正迭代式

$$\boldsymbol{k}\,\hat{\boldsymbol{u}}^{(0)}=\boldsymbol{m}\,\overline{\boldsymbol{u}}^{(1)}$$

可改写为以下形式

$$\overline{\boldsymbol{u}}^{(s)}=\boldsymbol{E}\,\hat{\boldsymbol{u}}^{(s-1)}\quad(s=1,2,\cdots)\tag{9-27a}$$

$$\hat{\boldsymbol{u}}^{(s)}=\frac{1}{\lambda}\overline{\boldsymbol{u}}^{(s)}\tag{9-27b}$$

式中：$\boldsymbol{E}=\boldsymbol{m}^{-1}\boldsymbol{k}$。与逆迭代相比，迭代过程的比例因子互为倒数。从收敛性的证明过程可以看出，当 $s\to\infty$ 时逆迭代收敛于 $\frac{1}{\lambda}$ 最大的振型，即向第一振型收敛。因此正迭代必然收敛于 λ 最大的振型，即向第 n 振型收敛。此时由式(9-7)的倒数能够得出第 n 振型的频率

$$\lambda_n=\lim_{s\to\infty}\frac{\overline{u}_i^{(s)}}{\hat{u}_i^{(s-1)}}\tag{9-28}$$

同样，从正交条件导得的最高振型的淘汰矩阵可用以分析第 $n-1$ 阶振型，依次从高到低求出其他振型。

6. 带有特征值移位的迭代

一种基于特征值移位的方法在迭代实践中被证明是有效的。虽然移位的方法在刚度矩阵的正迭代或逆迭代中都能采用，但它在逆迭代中更为有效。

特征值移位的基本概念是把每一个特征值 λ 表示成移位 μ 和余量 δ 之和，即

$$\lambda=\mu+\delta\tag{9-29}$$

要注意对每一个特征值施加同样的移位 μ，它的作用是将特征问题从实际特征值的分析转变为余量的分析。把式(9-29)代入振型方程(9-1)时这一点就看得很清楚

$$\boldsymbol{k}\,\hat{\boldsymbol{u}}=(\mu+\delta)\boldsymbol{m}\,\hat{\boldsymbol{u}}\tag{9-30}$$

可以写成

$$(\boldsymbol{k}-\mu\boldsymbol{m})\,\hat{\boldsymbol{u}}=\delta\boldsymbol{m}\,\hat{\boldsymbol{u}}$$

或

$$\tilde{\boldsymbol{k}}\,\hat{\boldsymbol{u}}=\delta\boldsymbol{m}\,\hat{\boldsymbol{u}}\tag{9-31}$$

这里 $\tilde{\boldsymbol{k}}$ 代表采用余量特征值时刚度矩阵的修正矩阵，即

$$\tilde{\boldsymbol{k}}=\boldsymbol{k}-\mu\boldsymbol{m}\tag{9-32}$$

显然移位了的特征问题与原问题具有同样的特征向量。

这个新的特征问题可用逆迭代法求解。对于设定的初始形状 $\hat{\boldsymbol{u}}^{(0)}$，通过若干次迭代循环后收敛于绝对值最小的余量特征值 δ_j 和相应的特征向量(振型) $\boldsymbol{\varphi}_j$。因此实际的特征值由它加上移位值而得到

$$\lambda_j=\mu+\delta_j\tag{9-33}$$

适当地选择移位点可以使得逆迭代过程收敛于结构体系的任何一个或所有的振型，移位点越接近于要寻求的特征值 λ_j 就越能加快迭代的收敛速度。

7. 约束不足体系的分析

在前面的讨论中我们认为结构体系都具有足够的约束以阻止结构作刚体运动，即刚度矩阵 $\boldsymbol{k}$ 是正定的，其逆矩阵是存在的。对于约束不足的半正定体系刚度矩阵 $\boldsymbol{k}$ 的逆是不存在的，因此不能用矩阵迭代法直接求这类体系的低阶频率和振型，除非设法进行一些特殊的处理。

方法之一是先消去体系作刚体运动的自由度，在这些自由度上加上一些小的弹簧约束，即在刚度矩阵中增加对应于这些自由度的对角线元素。另一种方法就是特征值移位法，从前面的讨论可以看出，式(9-29)的特征值移位相当于降低结构体系的约束刚度，因此采用

$$\lambda + \mu = \delta \tag{9-34}$$

的反向移位就相当于增加体系的约束刚度，代入振动方程(9-1)得到

$$(\boldsymbol{k} + \mu\boldsymbol{m})\hat{\boldsymbol{u}} = \delta\boldsymbol{m}\hat{\boldsymbol{u}} \tag{9-35}$$

由于 $\boldsymbol{m}$ 是正定的，故 $\boldsymbol{k}+\mu\boldsymbol{m}$ 也是正定的。求解式(9-35)这个正定体系的特征值 δ_j 和特征向量 $\boldsymbol{\varphi}_j(j=1,2,\cdots)$，$\delta_j$ 减去 μ 值即可求得原半正定体系的特征值 λ_j，而振型就是 $\boldsymbol{\varphi}_j$。这两种方法非常适应于用计算机分析大型复杂结构。

9.3　自由度的缩减

1. 引言

虽然现代的计算技术有能力去求解大量自由度的动力问题，但是对于复杂结构按静力分析时有成千上万个自由度的计算模型进行动力分析也还是相当困难的。实际上，振型叠加法一般适用于荷载主要只激起几个较低阶振型的结构，因此即使是在最复杂的结构体系中计算确定几十个以上的振型也没有太大意义。

另外，要确切地表示结构的刚度特性比表示惯性特性需要更精确的计算模型，这是因为惯性特性直接依赖于结构的位移，而刚度特性是位移导数的函数，众所周知对导数精度的保证比位移要困难。况且，在许多情形中结构分析的主要目的是求结构中的应力，它比起动力分析和位移分析需要对结构体系进行更为准确的描述。这就启发我们在对大型复杂结构体系分析时，首先按静力分析的要求建立结构的计算模型，然后在进行动力分析之前有意识地减少自由度数目，这样就能够更有效地进行动力分析。

一般采用两种有效的方法来减少动力自由度。最简单的方法是根据惯性力只

与原始模型上所选定的某些自由度有关，其他的自由度不明显地包含在动力分析中，可以在建立动力方程时压缩掉，称为**静力缩聚法**。第二种方法假定结构的位移由选定的一组模式组成，这组模式的大小作为动力分析的广义坐标，从而减少动力自由度数目，称为**能量法**或**假设模态法**，如瑞利法和瑞利-里兹法等。

2. 静力缩聚法

在分析工程中最常见的框架结构时常常假设质量分别集中在结构的结点上，忽略集中质量的转动惯量，这样在一般平面框架中自由度可减少 1/3，在空间框架中自由度减少一半。假如同时忽略构件的轴向变形，使得结构只含有很少量的平移自由度，则略去转动自由度的意义就更大了。一般情况下在建筑物框架结构分析中，动力自由度的数目通常比静力分析用的自由度数的 10%还少。在某些类型的结构体系中，假定质量只集中在结构的某一些选定的结点上来进一步缩减自由度。

通常通过静力缩聚来消去非动力自由度，达到减少动力分析时自由度的目的。多自由度体系按静力分析时要求的自由度建立的自由振动运动方程

$$\boldsymbol{k}\hat{\boldsymbol{u}} = \omega^2 \boldsymbol{m}\hat{\boldsymbol{u}} \tag{9-36}$$

其中位移向量 $\hat{\boldsymbol{u}}$ 表示全部静力自由度。若把这些位移按照非动力自由度和动力自由度分成两个子向量 $\hat{\boldsymbol{u}}_0$ 和 $\hat{\boldsymbol{u}}_t$，假定 $\hat{\boldsymbol{u}}_0$ 不产生惯性力，$\hat{\boldsymbol{u}}_t$ 对应于非零的质量系数，并对质量矩阵和刚度矩阵作相应的分块，这时式(9－36)可以写成

$$\begin{bmatrix} \boldsymbol{k}_{00} & \boldsymbol{k}_{0t} \\ \boldsymbol{k}_{t0} & \boldsymbol{k}_{tt} \end{bmatrix} \begin{bmatrix} \hat{\boldsymbol{u}}_0 \\ \hat{\boldsymbol{u}}_t \end{bmatrix} = \omega^2 \begin{bmatrix} \boldsymbol{0} & \boldsymbol{0} \\ \boldsymbol{0} & \boldsymbol{m}_t \end{bmatrix} \begin{bmatrix} \hat{\boldsymbol{u}}_0 \\ \hat{\boldsymbol{u}}_t \end{bmatrix} \tag{9-37}$$

展开后得到

$$\boldsymbol{k}_{00}\hat{\boldsymbol{u}}_0 + \boldsymbol{k}_{0t}\hat{\boldsymbol{u}}_t = \boldsymbol{0} \tag{9-38a}$$

$$\boldsymbol{k}_{t0}\hat{\boldsymbol{u}}_0 + \boldsymbol{k}_{tt}\hat{\boldsymbol{u}}_t = \omega^2 \boldsymbol{m}_t \hat{\boldsymbol{u}}_t \tag{9-38b}$$

由式(9－38a)，得到用动力自由度的位移 $\hat{\boldsymbol{u}}_t$ 表示的非动力自由度的位移

$$\hat{\boldsymbol{u}}_0 = -\boldsymbol{k}_{00}^{-1}\boldsymbol{k}_{0t}\hat{\boldsymbol{u}}_t \tag{9-39}$$

然后代入式(9－38b)，得到缩聚后的振动方程

$$\boldsymbol{k}_t \hat{\boldsymbol{u}}_t = \omega^2 \boldsymbol{m}_t \hat{\boldsymbol{u}}_t \tag{9-40}$$

式中

$$\boldsymbol{k}_t = \boldsymbol{k}_{tt} - \boldsymbol{k}_{t0}\boldsymbol{k}_{00}^{-1}\boldsymbol{k}_{0t} \tag{9-41}$$

是缩聚后与动力自由度相对应的结构刚度矩阵。在有些情形中，按所要求的动力自由度建立结构的柔度矩阵 $\boldsymbol{f}$ 可能更为有效，这样的柔度矩阵 $\boldsymbol{f}$ 是刚度矩阵 $\boldsymbol{k}_t$ 的逆矩阵。

3. 瑞利法

用静力缩聚法缩减自由度对某些结构类型可能是非常有效的,但是这种方法的适应性和能够缩减的程度都有局限性。而假定结构的位移由选定的一组模式组成,应用广义坐标的能量法对任何结构体系都能适用,并能达到任意要求的缩减程度。尽管根据这一概念建立了一些自由度缩减技术,但所有这些技术归根结底是瑞利法或者概括地称之为瑞利-里兹法。

瑞利法的出发点是能量守恒原理:一个无阻尼的结构体系自由振动时,它在任意时刻的总能量(包括应变能和动能)应当保持不变。它的基本原理已在第 5 章中作了详细论述,这里仅针对多自由度体系进一步列出。

假定结构自由振动时的位移形状为 $\boldsymbol{\psi}$,则振动位移由假设的位移形状 $\boldsymbol{\psi}$ 和广义坐标 $q(t)$ 来表示,即有

$$\boldsymbol{u}(t)=\boldsymbol{\psi}q(t)=\boldsymbol{\psi}\hat{q}\sin(\omega t+\theta)=\hat{\boldsymbol{u}}\sin(\omega t+\theta) \tag{9-42}$$

式中:ω 是固有频率。对时间 t 求导,得到自由振动中的速度向量

$$\dot{\boldsymbol{u}}(t)=\boldsymbol{\psi}\omega\hat{q}\cos(\omega t+\theta)=\hat{\boldsymbol{u}}\omega\cos(\omega t+\theta)=\hat{\dot{\boldsymbol{u}}}\cos(\omega t+\theta) \tag{9-43}$$

则结构的最大动能为

$$T_{\max}=\frac{1}{2}\hat{\dot{\boldsymbol{u}}}^{\mathrm{T}}\boldsymbol{m}\hat{\dot{\boldsymbol{u}}}=\frac{1}{2}\hat{q}^2\omega^2\boldsymbol{\psi}^{\mathrm{T}}\boldsymbol{m}\boldsymbol{\psi} \tag{9-44}$$

最大应变能为

$$V_{\max}=\frac{1}{2}\hat{\boldsymbol{u}}^{\mathrm{T}}\boldsymbol{k}\hat{\boldsymbol{u}}=\frac{1}{2}\hat{q}^2\boldsymbol{\psi}^{\mathrm{T}}\boldsymbol{k}\boldsymbol{\psi} \tag{9-45}$$

可以看出应变能为零时,动能为最大,总能量为 $T_{\max}$;动能为零时,应变能为最大,总能量为 $V_{\max}$。根据能量守恒原理,可知

$$T_{\max}=V_{\max} \tag{9-46}$$

由此求得固有频率

$$\omega^2=\frac{\boldsymbol{\psi}^{\mathrm{T}}\boldsymbol{k}\boldsymbol{\psi}}{\boldsymbol{\psi}^{\mathrm{T}}\boldsymbol{m}\boldsymbol{\psi}}=\frac{k^*}{m^*} \tag{9-47}$$

上式称为**瑞利商**,当位移形状 $\boldsymbol{\psi}$ 取某一主振型时,求出的 ω 就是相应振型的固有频率。所假设的形状越接近主振型,则瑞利商给出的固有频率越接近于真值。实际上难以对高阶主振型作出合理的假设,因此往往仅限于用来估算结构体系的基频。

也可对瑞利法进行改进,选取假设的初始位移为

$$\boldsymbol{u}^{(0)}(t)=\boldsymbol{\psi}q(t)=\boldsymbol{\psi}\hat{q}\sin(\omega t+\theta) \tag{9-48}$$

那么,自由振动所产生的惯性力将是

$$\boldsymbol{f}_{\mathrm{I}}^{(0)}=-\boldsymbol{m}\ddot{\boldsymbol{u}}^{(0)}=\omega^2\boldsymbol{m}\boldsymbol{u}^{(0)}(t)=\omega^2\boldsymbol{m}\boldsymbol{\psi}q(t)$$

由这些惯性力引起的位移

$$\boldsymbol{u}^{(1)}(t)=\boldsymbol{f}\boldsymbol{f}_1^{(0)}=\omega^2\boldsymbol{f}\boldsymbol{m}\boldsymbol{\psi}q(t) \tag{9-49}$$

在瑞利法中采用改进后的形状向量 $\boldsymbol{\psi}^{(1)}=\boldsymbol{f}\boldsymbol{m}\boldsymbol{\psi}$，代替式(9-47)中的 $\boldsymbol{\psi}$ 得到

$$\omega^2=\frac{\boldsymbol{\psi}^{\mathrm{T}}\boldsymbol{m}\boldsymbol{f}\boldsymbol{m}\boldsymbol{\psi}}{\boldsymbol{\psi}^{\mathrm{T}}\boldsymbol{m}\boldsymbol{f}\boldsymbol{m}\boldsymbol{f}\boldsymbol{m}\boldsymbol{\psi}} \tag{9-50}$$

这就是**改进的瑞利法**。如 R_{11} 法讨论中已指出的，由此得到的结果将比原始假设所得结果好。

4. 瑞利-里兹法

虽然用瑞利法能够给出令人满意的结构第一振型频率的近似解，如果要得到足够精确的基频或者得出前几阶频率的近似解，瑞利-里兹法是最方便的方法之一。

里兹法是假设一组位移形状 $\boldsymbol{\Psi}=[\boldsymbol{\psi}_1\quad\boldsymbol{\psi}_2\quad\cdots\quad\boldsymbol{\psi}_s]$，并用它们的线性组合来表示位移向量

$$\boldsymbol{u}(t)=\boldsymbol{\psi}_1q_1(t)+\boldsymbol{\psi}_2q_2(t)+\cdots+\boldsymbol{\psi}_sq_s(t)=\boldsymbol{\Psi}\boldsymbol{q}(t) \tag{9-51a}$$

其中广义坐标 $\boldsymbol{q}(t)$ 仍作为未知的，这样就把结构的自由度折减为 s 个。试探向量可根据需要任意选取，为了从尽可能少的坐标得到最佳的结果，每一个向量 $\boldsymbol{\psi}_j$ 应该取成对应的真实振型 $\boldsymbol{\varphi}_j$ 的近似解；而 s 的取值一般来说为需要得到满意精度的振型个数的两倍较为恰当。

可以把静力缩聚法看作为确定一组里兹形状的手段。式(9-39) 构成了这样一种约束使得对应的位移 $\hat{\boldsymbol{u}}_0$ 可以用其他位移 $\hat{\boldsymbol{u}}_t$ 来表示，则有关系式

$$\hat{\boldsymbol{u}}=\begin{bmatrix}\hat{\boldsymbol{u}}_0\\ \hat{\boldsymbol{u}}_t\end{bmatrix}=\begin{bmatrix}-\boldsymbol{k}_{00}^{-1}\ \boldsymbol{k}_{0t}\\ \boldsymbol{I}\end{bmatrix}\hat{\boldsymbol{u}}_t$$

显然，方括号内的矩阵相当于式(9-51a)中假定的形状矩阵 $\boldsymbol{\Psi}$，向量 $\hat{\boldsymbol{u}}_t$ 代表广义坐标 $\boldsymbol{q}(t)$。

假定结构体系的自由振动是主振动，式(9-51a)的位移可以表示成

$$\boldsymbol{u}(t)=\boldsymbol{\Psi}\boldsymbol{q}(t)=\boldsymbol{\Psi}\hat{\boldsymbol{q}}\sin(\omega t+\theta) \tag{9-51b}$$

把式(9-51b)代入式(9-44)和式(9-45)中，得到结构体系的最大动能和最大位能的表达式

$$T_{\max}=\frac{1}{2}\omega^2\,\hat{\boldsymbol{q}}^{\mathrm{T}}\,\boldsymbol{\Psi}^{\mathrm{T}}\boldsymbol{m}\boldsymbol{\Psi}\hat{\boldsymbol{q}} \tag{9-52a}$$

$$V_{\max}=\frac{1}{2}\,\hat{\boldsymbol{q}}^{\mathrm{T}}\,\boldsymbol{\Psi}^{\mathrm{T}}\boldsymbol{k}\boldsymbol{\Psi}\hat{\boldsymbol{q}} \tag{9-52b}$$

根据能量守恒原理，令 $T_{\max}=V_{\max}$ 得到频率表达式

$$\omega^2 = \frac{\hat{\boldsymbol{q}}^{\mathrm{T}}\ \boldsymbol{\Psi}^{\mathrm{T}}\boldsymbol{k}\boldsymbol{\Psi}\hat{\boldsymbol{q}}}{\hat{\boldsymbol{q}}^{\mathrm{T}}\ \boldsymbol{\Psi}^{\mathrm{T}}\boldsymbol{m}\boldsymbol{\Psi}\ \hat{\boldsymbol{q}}} = \frac{k^*(\hat{\boldsymbol{q}})}{m^*(\hat{\boldsymbol{q}})} \tag{9-53}$$

显然，ω^2 是未知的广义坐标幅值 $\hat{\boldsymbol{q}}$ 的函数。计算 ω^2 的值还要利用瑞利分析法，由假设的形状求得的频率要比真实的频率高，所以对位移形状的最佳逼近，就是说对 $\hat{\boldsymbol{q}}$ 的最好选择应使得频率为最小。这样，把 ω^2 表达式对广义坐标幅值 $\hat{\boldsymbol{q}}$ 求导并令其为零，得到

$$\frac{\partial\omega^2}{\partial\hat{\boldsymbol{q}}} = \frac{\dfrac{\partial k^*}{\partial\hat{\boldsymbol{q}}}m^* - \dfrac{\partial m^*}{\partial\hat{\boldsymbol{q}}}k^*}{m^{*2}} = \boldsymbol{0}$$

注意到式(9-53)有 $k^* = \omega^2 m^*$ ，从上式得到

$$\frac{\partial k^*}{\partial\hat{\boldsymbol{q}}} - \omega^2\frac{\partial m^*}{\partial\hat{\boldsymbol{q}}} = \boldsymbol{0} \tag{9-54}$$

根据式(9-53)给的定义得到方程

$$(\boldsymbol{\Psi}^{\mathrm{T}}\boldsymbol{k}\boldsymbol{\Psi} - \omega^2\ \boldsymbol{\Psi}^{\mathrm{T}}\boldsymbol{m}\boldsymbol{\Psi})\hat{\boldsymbol{q}} = \boldsymbol{0}$$

或写成

$$(\tilde{\boldsymbol{k}} - \omega^2\tilde{\boldsymbol{m}})\hat{\boldsymbol{q}} = \boldsymbol{0} \tag{9-55}$$

式中

$$\tilde{\boldsymbol{k}} = \boldsymbol{\Psi}^{\mathrm{T}}\boldsymbol{k}\boldsymbol{\Psi} \tag{9-56a}$$

$$\tilde{\boldsymbol{m}} = \boldsymbol{\Psi}^{\mathrm{T}}\boldsymbol{m}\boldsymbol{\Psi} \tag{9-56b}$$

分别称为**广义刚度矩阵**和**广义质量矩阵**。于是，问题又归结为新的动力特征值问题，所不同的是现在为 s 个自由度体系的特征值问题，而不是原来的 n 个自由度体系的特征值问题。一般 s 远小于 n ，所以里兹法起着减少体系自由度的作用。

式(9-55)可以用任意的标准特征方程解法来求解，这样得到的 s 个频率即为原结构体系前 s 阶频率的近似值。将广义坐标的各振型向量 $\hat{\boldsymbol{q}}_j$ 规格化为 $\boldsymbol{\varphi}_{qj}$ ，于是广义坐标的振型矩阵就可以用一个 $s\times s$ 阶方阵 $\boldsymbol{\Phi}_q$ 表示。注意到这些振型对于广义质量矩阵 $\tilde{\boldsymbol{m}}$ 和广义刚度矩阵 $\tilde{\boldsymbol{k}}$ 是正交的。

由振型叠加原理，广义坐标 $\boldsymbol{q}(t)$ 可表示为

$$\boldsymbol{q}(t) = \boldsymbol{\Phi}_q\boldsymbol{Y}(t) \tag{9-57}$$

将式(9-57)代入式(9-51)，位移向量就能用规格化振型坐标表示为

$$\boldsymbol{u}(t) = \boldsymbol{\Psi}\boldsymbol{q}(t) = \boldsymbol{\Psi}\boldsymbol{\Phi}_q\boldsymbol{Y}(t) = \boldsymbol{\Phi}\boldsymbol{Y}(t) \tag{9-58}$$

由此可见，结构几何坐标中的振型矩阵为假定的形状矩阵与广义坐标振型矩阵的乘积

$$\boldsymbol{\Phi} = \boldsymbol{\Psi}\boldsymbol{\Phi}_q \tag{9-59a}$$

它是 $n \times s$ 阶的。展开后得到几何坐标中的前 s 阶近似振型向量

$$\boldsymbol{\varphi}_j = \boldsymbol{\Psi} \boldsymbol{\varphi}_{qj} \qquad (j = 1,2,\cdots,s) \tag{9-59b}$$

不难证明这些近似的振型 $\boldsymbol{\Phi}$ 关于质量矩阵 $\boldsymbol{m}$ 和刚度矩阵 $\boldsymbol{k}$ 是正交的。

注意到瑞利法的改进方式，同样适用于瑞利-里兹法。类似于式(9-50)，用改进了的广义坐标对应的广义刚度矩阵和广义质量矩阵

$$\left.\begin{aligned} \tilde{\boldsymbol{k}} &= \boldsymbol{\Psi}^{\mathrm{T}} \boldsymbol{m} \boldsymbol{f} \boldsymbol{m} \boldsymbol{\Psi} \\ \tilde{\boldsymbol{m}} &= \boldsymbol{\Psi}^{\mathrm{T}} \boldsymbol{m} \boldsymbol{f} \boldsymbol{m} \boldsymbol{f} \boldsymbol{m} \boldsymbol{\Psi} \end{aligned}\right\} \tag{9-60}$$

来代替式(9-56)。在大型、复杂的结构中准确地假定振型是非常困难的，而这些方程的主要优点是它们所依据的惯性力位移比初始假定的具有更合理的形状；另一个主要优点是在分析中可以避免使用刚度矩阵。

9.4 子空间迭代法

子空间迭代法是在瑞利-里兹法和矩阵迭代法基础上发展起来的用于求解大型结构体系的前若干个低阶频率和振型的有效方法。与里兹法相比，子空间迭代法要对设定的一组形状向量预先进行逆迭代，压缩高阶分量改善形状向量的构成。与矩阵迭代法相比，可以对多个形状向量同时进行迭代。这种方式可以认为是改进的瑞利-里兹法的一种发展，因此可以很方便地在讨论中使用里兹法的符号。

首先设定 s 个初始形状向量 $\boldsymbol{\psi}_j^{(0)}$ ($j = 1,2,\cdots,s$)作为前 s 阶振型向量的初始近似值，将它们排列起来构成一个 $n \times s$ 阶的初始形状矩阵

$$\boldsymbol{\Psi}^{(0)} = \begin{bmatrix} \boldsymbol{\psi}_1^{(0)} & \boldsymbol{\psi}_2^{(0)} & \cdots & \boldsymbol{\psi}_s^{(0)} \end{bmatrix}$$

对这 s 个初始形状向量同时做一次逆迭代，以减少所含高阶振型的分量，参照式(9-2)，有

$$\boldsymbol{k} \bar{\boldsymbol{\psi}}_j^{(1)} = \boldsymbol{m} \boldsymbol{\psi}_j^{(0)} \qquad (j = 1,2,\cdots,s) \tag{9-61a}$$

或

$$\boldsymbol{k} \overline{\boldsymbol{\Psi}}^{(1)} = \boldsymbol{m} \boldsymbol{\Psi}^{(0)} \tag{9-61b}$$

求解上式可得到未规格化的改进的形状矩阵 $\overline{\boldsymbol{\Psi}}^{(1)}$ 。求解时不用对 $\boldsymbol{k}$ 直接求逆，而用乔列斯基分解比求逆更为方便，参照式(9-8)和式(9-9)，把刚度矩阵 $\boldsymbol{k}$ 分解成 $\boldsymbol{k} = \boldsymbol{L}_k \boldsymbol{L}_k^{\mathrm{T}}$ ，然后按照消去和回代两步求出 $\overline{\boldsymbol{\Psi}}^{(1)}$ 。$\overline{\boldsymbol{\Psi}}^{(1)}$ 是 $\boldsymbol{\Psi}^{(0)}$ 的改进，未规格化不会影响里兹法的计算结果。

采用 $\overline{\boldsymbol{\Psi}}^{(1)}$ 作为里兹法的一组改进了的形状矩阵，在用于新的一轮迭代之前还要对它们进行正交化和规格化修正，正交化使得每一个向量收敛于不同的振型而不是全部都收敛于最低振型，规格化使其在计算中数值大小保持合理。这些运算

能按多种不同的方式来实现,但是最方便而且两者同时可以完成的方法是进行一次里兹特征问题的分析。因此,根据式(9-56)第一次循环的广义刚度矩阵和广义质量矩阵分别为

$$\begin{aligned}\tilde{\boldsymbol{k}}^{(1)} &= \overline{\boldsymbol{\Psi}}^{(1)\mathrm{T}}\boldsymbol{k}\,\overline{\boldsymbol{\Psi}}^{(1)} = \overline{\boldsymbol{\Psi}}^{(1)\mathrm{T}}\boldsymbol{m}\,\boldsymbol{\Psi}^{(0)} \\ \tilde{\boldsymbol{m}}^{(1)} &= \overline{\boldsymbol{\Psi}}^{(1)\mathrm{T}}\boldsymbol{m}\,\overline{\boldsymbol{\Psi}}^{(1)}\end{aligned} \tag{9-62}$$

然后求解对应的特征问题

$$[\tilde{\boldsymbol{k}}^{(1)} - (\omega^{(1)})^2\,\tilde{\boldsymbol{m}}^{(1)}]\hat{\boldsymbol{q}}^{(1)} = \boldsymbol{0} \tag{9-63}$$

这个方程的个数比原来的特征问题小得多,求解时可以选用任何一个标准的特征问题分析方法来完成,得到广义坐标的各阶振型向量 $\boldsymbol{\varphi}_{qj}^{(1)}$ 和相应的频率 $\omega_j^{(1)}$ $(j=1,2,\cdots,s)$。根据式(9-59)可得到前 s 个振型向量的第一次近似

$$\boldsymbol{\psi}_j^{(1)} = \overline{\boldsymbol{\Psi}}^{(1)}\,\boldsymbol{\varphi}_{qj}^{(1)} \qquad (j=1,2,\cdots,s) \tag{9-64a}$$

或

$$\boldsymbol{\Psi}^{(1)} = \overline{\boldsymbol{\Psi}}^{(1)}\,\boldsymbol{\Phi}_q^{(1)} \tag{9-64b}$$

为了保持数据计算的有效性,需对 $\boldsymbol{\Psi}^{(1)}$ 的各振型向量进行规格化处理,比较方便的做法是分别归一化。进而将规格化的 $\boldsymbol{\Psi}^{(1)}$ 作为下一步迭代的初始形状矩阵重复整个迭代过程,如此反复进行迭代运算直至满足需要的精度要求为止,这个过程最后将收敛于前 s 阶振型和频率。

一般说来低阶振型收敛最快,最后几个振型收敛较慢。当需要的振型数是 p 个时,为了加速收敛过程,在初始形状向量中增加 $s-p$ 个向量。这样做显然在每一次循环中都需要增加计算工作量,为此必须全面考虑使用的向量数目与收敛所需的循环次数之间的均衡关系,根据经验取 $s=2p$ 和 $s=p+8$ 两者中较小的数是合适的。

已经证明这种子空间迭代法是解决大型结构振动问题的最有成效的方法之一,这类结构体系具有好几百个甚至上千、上万个自由度,而实际需要的振型数一般不超过几十个。虽然子空间迭代法可以被认为是一种瑞利-里兹自由度缩减方法,但它具有很大的优点,可以按照任意要求的精度求得振型向量。由于其他的自由度缩减方法内包含的近似性,使得最终结果的精度无法估计,因而在实践中对子空间迭代法甚为推荐。

例 9-3 用子空间迭代法计算例 9-1 的三层框架结构(图 5-2 所示)的前两阶振型和频率。

解 在例 9-1 中已经给出了结构的质量矩阵和动力矩阵

$$\boldsymbol{m} = \begin{bmatrix} 2 & 0 & 0 \\ 0 & 2 & 0 \\ 0 & 0 & 1 \end{bmatrix}, \quad \boldsymbol{D} = \boldsymbol{k}^{-1}\boldsymbol{m} = \frac{1}{2000}\times\begin{bmatrix} 2 & 2 & 1 \\ 2 & 6 & 3 \\ 2 & 6 & 5 \end{bmatrix}$$

假设初始形状矩阵最简单的方法是把刚度矩阵和质量矩阵对角化，用这个简化了的体系的前几阶振型向量作为原结构振型的近似，所以本问题的初始形状矩阵取为

$$\boldsymbol{\Psi}^{(0)} = \begin{bmatrix} 0 & 0 \\ 0 & 1 \\ 1 & 0 \end{bmatrix}$$

按式(9－61b) $\boldsymbol{k}\,\overline{\boldsymbol{\Psi}}^{(1)} = \boldsymbol{m}\,\boldsymbol{\Psi}^{(0)}$ 做逆迭代

$$\overline{\boldsymbol{\Psi}}^{(1)} = \boldsymbol{k}^{-1}\boldsymbol{m}\,\boldsymbol{\Psi}^{(0)} = \boldsymbol{D}\,\boldsymbol{\Psi}^{(0)} = \frac{1}{2000}\begin{bmatrix} 1 & 2 \\ 3 & 6 \\ 5 & 6 \end{bmatrix}$$

相应的广义刚度矩阵和广义质量矩阵分别为

$$\tilde{\boldsymbol{k}}^{(1)} = \overline{\boldsymbol{\Psi}}^{(1)\,\mathrm{T}}\boldsymbol{m}\,\boldsymbol{\Psi}^{(0)} = \frac{1}{2000}\begin{bmatrix} 5 & 6 \\ 6 & 12 \end{bmatrix}$$

$$\tilde{\boldsymbol{m}}^{(1)} = \overline{\boldsymbol{\Psi}}^{(1)\,\mathrm{T}}\boldsymbol{m}\,\overline{\boldsymbol{\Psi}}^{(1)} = \frac{1}{2000^2}\begin{bmatrix} 45 & 70 \\ 70 & 116 \end{bmatrix}$$

求得广义坐标的频率和振型分别为

$$\begin{bmatrix} \omega_1{}^{(1)} \\ \omega_2{}^{(1)} \end{bmatrix} = \begin{bmatrix} 13.88 \\ 39.46 \end{bmatrix}\ \mathrm{rad/s}\,, \quad \boldsymbol{\Phi}_q^{(1)} = \begin{bmatrix} 1.000 & 1.000 \\ 0.898 & -0.619 \end{bmatrix}$$

由式(9－64b)得到结构的前两个振型

$$\boldsymbol{\Psi}^{(1)} = \overline{\boldsymbol{\Psi}}^{(1)}\,\boldsymbol{\Phi}_q^{(1)} = \frac{1}{2000}\begin{bmatrix} 2.80 & -0.239 \\ 8.39 & -0.716 \\ 10.39 & 1.284 \end{bmatrix}$$

归一化处理后为

$$\boldsymbol{\Psi}^{(1)} = \begin{bmatrix} 0.269 & -0.186 \\ 0.808 & -0.557 \\ 1.000 & 1.000 \end{bmatrix}$$

$\boldsymbol{\Psi}^{(1)}$ 比 $\boldsymbol{\Psi}^{(0)}$ 已有很大的改进，现在我们进行第二次迭代，主要结果如下

$$\overline{\boldsymbol{\Psi}}^{(2)} = \boldsymbol{D}\,\boldsymbol{\Psi}^{(1)} = \frac{1}{2000}\begin{bmatrix} 3.153 & -0.4868 \\ 8.383 & -0.7164 \\ 10.383 & 1.2836 \end{bmatrix}$$

$$\tilde{\boldsymbol{k}}^{(2)} = \overline{\boldsymbol{\Psi}}^{(2)\,\mathrm{T}}\boldsymbol{m}\,\boldsymbol{\Psi}^{(1)} = \frac{1}{2000}\begin{bmatrix} 25.62 & -0.1355 \\ -0.1355 & 2.263 \end{bmatrix}$$

$$\tilde{\boldsymbol{m}}^{(2)} = \overline{\boldsymbol{\Psi}}^{(2)\,\mathrm{T}}\boldsymbol{m}\,\overline{\boldsymbol{\Psi}}^{(2)} = \frac{1}{2000^2}\begin{bmatrix} 268.3 & -1.754 \\ -1.754 & 3.148 \end{bmatrix}$$

$$\begin{bmatrix} \omega_1{}^{(2)} \\ \omega_2{}^{(2)} \end{bmatrix} = \begin{bmatrix} 13.82 \\ 37.98 \end{bmatrix} \text{rad/s}, \quad \boldsymbol{\Phi}_q^{(2)} = \begin{bmatrix} 1.000 & 0.006 \\ -0.001 & 1.000 \end{bmatrix}$$

归一化处理后的形状向量

$$\boldsymbol{\Psi}^{(2)} = \begin{bmatrix} 0.304 & -0.348 \\ 0.808 & -0.495 \\ 1.000 & 1.000 \end{bmatrix}$$

可以看出,经过两次迭代后的结果已经很接近例 7-1 中的解析值。

9.5 雅可比法

1. 引言

矩阵迭代法的特点是每次迭代只能求得一个频率和相应的振型。子空间迭代法尽管能对多个振型的频率和振型向量同时进行迭代计算,但迭代过程中还要求方程(9-63)所示的广义特征问题的全部特征值和特征向量。对于一般自由度不太多的结构动力特性问题也需要求出全部特征值和特征向量。动力学特征问题的基本关系式(9-1)为

$$\boldsymbol{k}\hat{\boldsymbol{u}} = \lambda \boldsymbol{m}\hat{\boldsymbol{u}} \tag{9-65}$$

利用振型矩阵 $\boldsymbol{\Phi}$ 的一些基本性质见式(7-26)和(7-24),即

$$\begin{aligned} \boldsymbol{\Phi}^{\mathrm{T}}\boldsymbol{k}\boldsymbol{\Phi} &= \boldsymbol{K} = \mathrm{diag}(\lambda_j M_j) \\ \boldsymbol{\Phi}^{\mathrm{T}}\boldsymbol{m}\boldsymbol{\Phi} &= \boldsymbol{M} = \mathrm{diag}(M_j) \end{aligned} \tag{9-66}$$

由于按上式把刚度矩阵 $\boldsymbol{k}$ 和质量矩阵 $\boldsymbol{m}$ 对角化的规格化振型矩阵 $\boldsymbol{\Phi}$ 是确定的,因此可以设法通过迭代来构造。基本想法是对刚度矩阵 $\boldsymbol{k}$ 和质量矩阵 $\boldsymbol{m}$ 通过逐次同时左乘 $\boldsymbol{P}^{(k)\mathrm{T}}$ 和右乘 $\boldsymbol{P}^{(k)}$ ($k=1,2,\cdots$)将它们化为对角形式。记 $\boldsymbol{k}^{(0)}=\boldsymbol{k}$ 和 $\boldsymbol{m}^{(0)}=\boldsymbol{m}$,构造迭代式

$$\boldsymbol{k}^{(k)} = \boldsymbol{P}^{(k)\mathrm{T}}\boldsymbol{k}^{(k-1)}\boldsymbol{P}^{(k)}, \quad \boldsymbol{m}^{(k)} = \boldsymbol{P}^{(k)\mathrm{T}}\boldsymbol{m}^{(k-1)}\boldsymbol{P}^{(k)} \tag{9-67}$$

其中要求选取 $\boldsymbol{P}^{(k)}$ 时能使 $\boldsymbol{k}^{(k)}$ 和 $\boldsymbol{m}^{(k)}$ 接近于对角形式。对于一个适当的方法,当 $k\to\infty$ 时, $\boldsymbol{k}^{(k)}\to\mathrm{diag}(K_j)$ 且 $\boldsymbol{m}^{(k)}\to\mathrm{diag}(M_j)$,即有

$$\mathrm{diag}(\lambda_j) = \mathrm{diag}\left(\frac{K_j}{M_j}\right) \tag{9-68}$$

和

$$\boldsymbol{\Phi} = \boldsymbol{P}^{(1)}\boldsymbol{P}^{(2)}\cdots\boldsymbol{P}^{(k)} \tag{9-69}$$

按照上述思想,已经提出了许多不同的变换法,我们只讨论简单而常用的雅可比法。

2. 雅可比法

对于动力学特征问题，若 $\boldsymbol{m}=\boldsymbol{I}$ 时即为关于实对称矩阵 $\boldsymbol{k}$ 的标准特征问题

$$\boldsymbol{k}\hat{\boldsymbol{u}}=\lambda\hat{\boldsymbol{u}} \tag{9-70}$$

由式(9－67)定义的第 k 步迭代式可简化为

$$\boldsymbol{k}^{(k)}=\boldsymbol{P}^{(k)\mathrm{T}}\boldsymbol{k}^{(k-1)}\boldsymbol{P}^{(k)} \tag{9-71}$$

雅可比于 1846 年提出了对一个实对称矩阵用一系列平面旋转矩阵的乘积所构成的正交相似变换将其转化为对角矩阵的方法，称为**雅可比法**，也称**旋转法**。其对角线元素就是原矩阵的特征值，从正交相似变换可求得其相应特征向量。如果第 k 步迭代是在 n 维空间中将相互正交的两个坐标轴 i 和 j 在其所决定的平面上旋转一个角度 θ，并保证其他坐标轴不动，则变换矩阵为

$$\boldsymbol{P}^{(k)}=\begin{array}{c}\begin{array}{cccccccc} & & & i & & j & & \end{array}\\ \left[\begin{array}{cccccccc} 1 & 0 & \cdots & 0 & \cdots & 0 & \cdots & 0\\ 0 & 1 & \cdots & 0 & \cdots & 0 & \cdots & 0\\ \vdots & \vdots & \vdots & \vdots & \vdots & \vdots & \vdots & \vdots\\ 0 & 0 & \cdots & \cos\theta & \cdots & -\sin\theta & \cdots & 0\\ \vdots & \vdots & \vdots & \vdots & \vdots & \vdots & \vdots & \vdots\\ 0 & 0 & \cdots & \sin\theta & \cdots & \cos\theta & \cdots & 0\\ \vdots & \vdots & \vdots & \vdots & \vdots & \vdots & \vdots & \vdots\\ 0 & 0 & \cdots & 0 & \cdots & 0 & \cdots & 1 \end{array}\right]\begin{array}{c} \\ \\ \\ i\\ \\ j\\ \\ \\ \end{array}\end{array} \tag{9-72}$$

矩阵 $\boldsymbol{P}^{(k)}$ 为平面旋转矩阵，显然是正交矩阵。代入式(9－71)得到

$$k_{ij}^{(k)}=k_{ji}^{(k)}=(k_{jj}^{(k-1)}-k_{ii}^{(k-1)})\sin\theta\cos\theta+k_{ij}^{(k-1)}(\cos^2\theta-\sin^2\theta)$$

显然变换前是对称的，变换后仍然是对称的。变换使得 $k_{ij}^{(k)}=0$，便可确定

$$\theta=\begin{cases}\dfrac{1}{2}\arctan\dfrac{2k_{ij}^{(k-1)}}{k_{ii}^{(k-1)}-k_{jj}^{(k-1)}} & k_{ii}^{(k-1)}\neq k_{jj}^{(k-1)}\\[2ex] \dfrac{\pi}{4} & k_{ii}^{(k-1)}=k_{jj}^{(k-1)}\end{cases} \tag{9-73}$$

应该指出，式(9－71)中 $\boldsymbol{k}^{(k)}$ 的数值计算只需用两行和两列的线性组合。$\boldsymbol{k}^{(k)}$ 又是对称的，只需要计算上(或下)三角部分的元素。

需要指出的是，式(9－71)的变换已让 $k_{ij}^{(k)}=0$，但在以后的变换中又会变为非零。现在需要确定在每次迭代中让哪个元素变换为零，一种方法是始终把 $\boldsymbol{k}^{(k-1)}$ 中绝对值最大的非对角元素变换为零，但寻找该元素需要一定时间；另一种方法就是对非对角元素逐行逐列进行旋转变换运算，即使有的元素已接近于零，仍进行旋转变换，这样会影响效率。一个有效的方法是**过关雅可比法**，先对非对角元素逐行逐列进行检查，只有当元

素 $k_{ij}^{(k-1)}$ 的偶合因子

$$\rho_{k,ij}=\frac{k_{ij}^{(k-1)}}{\sqrt{k_{ii}^{(k-1)}k_{jj}^{(k-1)}}} \tag{9-74}$$

绝对值超过“关值”时才进行变换。一般地说,第 k 次扫描的“关值”可取为 10^{-2k} 。

基本的雅可比法也可用于求解式(9-65)的广义特征问题,但需要先转换为实对称矩阵的标准特征问题。对正定的质量矩阵 $\boldsymbol{m}$ 进行乔列斯基分解,即有

$$\boldsymbol{m}=\boldsymbol{L}_m\boldsymbol{L}_m^{\mathrm{T}} \tag{9-75}$$

其中 L_m 为非奇异的下三角实矩阵。引入变换

$$\hat{\boldsymbol{u}}=\boldsymbol{L}_m^{-\mathrm{T}}\hat{\boldsymbol{q}} \tag{9-76}$$

式(9-65)的广义特征问题可变为实对称矩阵的特征问题

$$\widetilde{\boldsymbol{k}}\hat{\boldsymbol{q}}=\lambda\hat{\boldsymbol{q}} \tag{9-77}$$

式中

$$\widetilde{\boldsymbol{k}}=\boldsymbol{L}_m^{-1}\boldsymbol{k}\,\boldsymbol{L}_m^{-\mathrm{T}}$$

用雅可比法求出实对称矩阵 $\widetilde{\boldsymbol{k}}$ 的特征值和特征向量矩阵 $\boldsymbol{\Phi}_q$,其特征值就是原问题的特征值,而原问题的特征向量矩阵

$$\boldsymbol{\Phi}=\boldsymbol{L}_m^{-\mathrm{T}}\boldsymbol{\Phi}_q \tag{9-78}$$

3. 广义雅可比法

前面为了用基本雅可比法求解式(9-65)的广义特征问题,先要进行变换。然而,若能将基本雅可比法推广,按式(9-67)直接对 $\boldsymbol{k}$ 和 $\boldsymbol{m}$ 进行运算,使它们同时对角化,这就是**广义雅可比法**的思路。

在广义雅可比迭代中,定义变换矩阵

$$\boldsymbol{P}^{(k)}=\begin{array}{c} \begin{array}{cccccccc} & & & i & & j & & \end{array} \\ \left[\begin{array}{cccccccc} 1 & 0 & \cdots & 0 & \cdots & 0 & \cdots & 0 \\ 0 & 1 & \cdots & 0 & \cdots & 0 & \cdots & 0 \\ \vdots & \vdots & \vdots & \vdots & \vdots & \vdots & \vdots & \vdots \\ 0 & 0 & \cdots & 1 & \cdots & \alpha & \cdots & 0 \\ \vdots & \vdots & \vdots & \vdots & \vdots & \vdots & \vdots & \vdots \\ 0 & 0 & \cdots & \gamma & \cdots & 1 & \cdots & 0 \\ \vdots & \vdots & \vdots & \vdots & \vdots & \vdots & \vdots & \vdots \\ 0 & 0 & \cdots & 0 & \cdots & 0 & \cdots & 1 \end{array}\right] \end{array} \begin{array}{l} \\ \\ \\ \\ i \\ \\ j \\ \\ \\ \end{array} \tag{9-79}$$

其中常数 α 和 γ 按 $\boldsymbol{k}^{(k)}$ 和 $\boldsymbol{m}^{(k)}$ 中的元素 (i,j) 同时变换为零的条件选取,因此它们的值是 $k_{ii}^{(k-1)}$, $k_{jj}^{(k-1)}$, $k_{ij}^{(k-1)}$ 和 $m_{ii}^{(k-1)}$, $m_{jj}^{(k-1)}$, $m_{ij}^{(k-1)}$ 的函数。利用 $k_{ij}^{(k)}=0$ 和 $m_{ij}^{(k)}=0$ 的条件,得到关于 α 和 γ 的方程组

$$\alpha k_{ii}^{(k-1)} + (1+\alpha\gamma) k_{ij}^{(k-1)} + \gamma k_{jj}^{(k-1)} = 0$$

$$\alpha m_{ii}^{(k-1)} + (1+\alpha\gamma) m_{ij}^{(k-1)} + \gamma m_{jj}^{(k-1)} = 0$$

为了求出 α 和 γ，我们约定

$$\bar{k}_{ii}^{(k-1)} = k_{ii}^{(k-1)} m_{ij}^{(k-1)} - k_{ij}^{(k-1)} m_{ii}^{(k-1)}$$

$$\bar{k}_{jj}^{(k-1)} = k_{jj}^{(k-1)} m_{ij}^{(k-1)} - k_{ij}^{(k-1)} m_{jj}^{(k-1)}$$

$$\bar{k}^{(k-1)} = k_{ii}^{(k-1)} m_{jj}^{(k-1)} - k_{jj}^{(k-1)} m_{ii}^{(k-1)}$$

得到

$$\alpha = \frac{\bar{k}_{jj}^{(k-1)}}{b}, \quad \gamma = -\frac{\bar{k}_{ii}^{(k-1)}}{b} \tag{9-80}$$

式中

$$b = \frac{\bar{k}^{(k-1)}}{2} + \mathrm{sign}(\bar{k}^{(k-1)}) \sqrt{\left(\frac{\bar{k}^{(k-1)}}{2}\right)^2 + \bar{k}_{ii}^{(k-1)} \bar{k}_{jj}^{(k-1)}} \tag{9-81}$$

广义雅可比法在子空间迭代法中和采用一致质量矩阵时被大量采用。整个求解过程与基本雅可比法相类似，差别在于还要计算一个质量耦合因子(除非 $\boldsymbol{m}$ 是对角阵)

$$\rho_{m,ij} = \frac{m_{ij}^{(k-1)}}{\sqrt{m_{ii}^{(k-1)} m_{jj}^{(k-1)}}} \tag{9-82}$$

判别它的绝对值是否超过“关值”，而且要对 $\boldsymbol{k}_k$ 和 $\boldsymbol{m}_k$ 同时进行变换。

9.6 传递矩阵法

1. 霍尔茨法

霍尔茨法的基本思路是不断调整假定的固有频率，直到得出的位移形式满足边界条件时，该频率就是真实的固有频率，位移形式同时就是相应的振型。霍尔茨法最适用于分析工程中广泛应用的链状结构体系，这种结构体系被简化为由一系列弹性元件与惯性元件组成的计算模型。虽然该方法也能推广应用于其他比较复杂的结构，这里只阐述这种方法的基本概念和最基本的应用。

可以用试算法不断调整假定的频率，直到满足所需的边界条件，就可求得真正的固有频率。在实践中，若将算得的边界值作为假设的频率函数，采用内插和外推法，则确定真实频率就大为简化。这个方法能用来计算任意阶振型的频率和对应的振型向量，而与其他所有振型无关。

例 9-4 用霍尔茨法计算例 9-1 中三层框架结构的第一阶振型和频率。

解 霍尔茨法的第一步就是假定一个试探的振动频率 ω，并取顶层位移幅值

$\hat{u}_3=1$,从顶层开始按下列表达式

$$f_{\mathrm{I}i}=\omega^2 m_i\hat{u}_i\ ,\quad V_i=V_{i+1}+f_{\mathrm{I}i}\ ,\quad \Delta\hat{u}_i=\frac{V_i}{k_i}\ ,\quad \hat{u}_{i-1}=\hat{u}_i-\Delta\hat{u}_i\quad (i=1,2,3)$$

依次计算(试算过程如表 9-1 所示),直到求出基础的位移幅值 $\hat{u}_0$,然后根据边界条件判断假设的振动频率是否正确。

试算 1 假设频率 $\omega=10$ rad/s(即 $\omega^2=100$)进行列表运算,在顶层产生振动幅值 $\hat{u}_3=1$ 时求得的基础位移幅值 $\hat{u}_0=0.418$,远不满足零位移边界条件。另外这个位移形状没有零位移的结点,显然频率 $\omega=10$ rad/s 低于第一振型的固有频率。

试算 2 取 $\omega^2=200$,列表计算的基础位移幅值只有 -0.036,已经比较接近真实的固有频率。且试算 2 的基础位移幅值与试算 1 的结果反号,说明真实频率应在两次假设值之间。

表 9-1 试算过程

楼层	特性	试算 1 $\omega^2=100$				试算 2 $\omega^2=200$				试算 3 $\omega^2=192$			
		$\hat{u}_i$	$f_{\mathrm{I}i}$	V_i	$\Delta\hat{u}_i$	$\hat{u}_i$	$f_{\mathrm{I}i}$	V_i	$\Delta\hat{u}_i$	$\hat{u}_i$	$f_{\mathrm{I}i}$	V_i	$\Delta\hat{u}_i$
		—	—	0	—	—	—	0	—	—	—	0	—
3	$m_3=1$	1.000	100	—	—	1.000	200	—	—	1.000	192	—	—
	$k_3=1000$	—	—	100	0.100	—	—	200	0.200	—	—	192	0.192
2	$m_2=2$	0.900	180	—	—	0.800	320	—	—	0.808	310	—	—
	$k_2=1000$	—	—	280	0.280	—	—	520	0.520	—	—	502	0.502
1	$m_1=2$	0.620	124	—	—	0.280	112	—	—	0.306	118	—	—
	$k_1=2000$	—	—	404	0.202	—	—	632	0.316	—	—	620	0.310
0	—	0.418	—	—	—	−0.036	—	—	—	−0.004	—	—	—

试算 3 由两次试算结果进行线性内插可得到一个更好的真实频率的估计值

$$\omega^2=100+\frac{200-100}{0.418+0.036}\times 0.418=192$$

我们就取这个值进行第三次试算,算出的基础位移幅值为 -0.004,已非常接近所要求的零边界值。试算过程中同时得到了与这个频率相应的归一化振型 $\boldsymbol{\varphi}_1=[0.306\quad 0.808\quad 1.000]^{\mathrm{T}}$,与例 7-1 的解析值非常接近。可以看出霍尔茨法无论是计算过程还是概念都非常简单明了。

2. 传递矩阵法

用霍尔茨法分析链状结构体系的振动问题也可以简便地利用传递矩阵的概念

来列式求解。通常先将结构体系分解为若干个具有简单力学特性的二端单元，并且用传递矩阵建立单元一端的广义力和广义位移与另一端的广义力和广义位移之间的关系；然后再将各个单元逐个地联系起来建立结构体系的传递矩阵；最后引入边界条件进行振动分析。

以图 9－1 所示的剪切型建筑结构为例来说明传递矩阵法有关的概念和方法。首先把它简化为 n 个质量块并由 n 个弹性楼层连接而成。质量块 i 的质量为 m_i，第 i 弹性楼层的抗侧刚度为 k_i，不考虑分布质量。推导时把层传递矩阵分成两部分比较方便：场矩阵和点矩阵。场矩阵用以传递质量间的弹性楼层段，点矩阵用以传递跨越集中质量块。

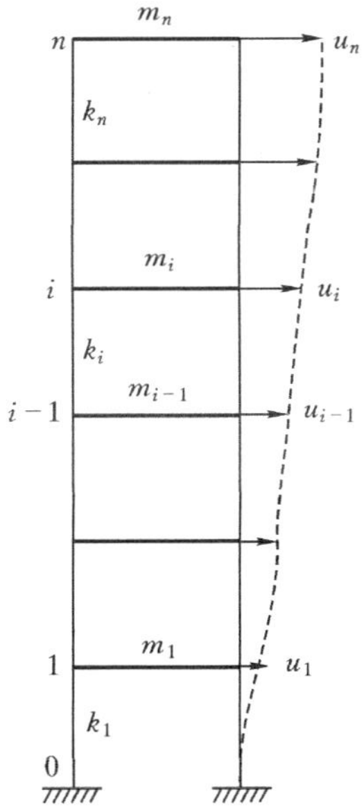

图 9－1　剪切型建筑结构计算简图

取图 9－2 所示的第 i 层的弹性楼层为隔离体。$i-1$ 标高处的力 V_{i-1} 和位移 u_{i-1} 组成的状态向量 $\boldsymbol{\eta}_{i-1}$ 可以通过场矩阵用 i 标高处的力 V'_i 和位移 u'_i 组成的状态向量 $\boldsymbol{\eta}'_i$ 表示如下

$$\begin{bmatrix} V_{i-1} \\ u_{i-1} \end{bmatrix} = \begin{bmatrix} 1 & 0 \\ -\dfrac{1}{k_i} & 1 \end{bmatrix} \begin{bmatrix} V'_i \\ u'_i \end{bmatrix} \tag{9-83a}$$

或用矩阵符号表示

$$\boldsymbol{\eta}_{i-1} = \boldsymbol{T}_{fi}\,\boldsymbol{\eta}'_i \tag{9-83b}$$

式中：$\boldsymbol{T}_{fi}$ 体现了从第 i 层上端（i 标高）的状态到下端（$i-1$ 标高）状态的传递关系，因此称为**场传递矩阵**，简称场矩阵。

再取图 9－2 中所示的 i 标高处的质量块为隔离体。质量块下侧的状态向量 $\boldsymbol{\eta}'_i$ 与质量块上侧的状态向量 $\boldsymbol{\eta}_i$ 之间有以下关系

$$\begin{bmatrix} V'_i \\ u'_i \end{bmatrix} = \begin{bmatrix} 1 & \omega^2 m_i \\ 0 & 1 \end{bmatrix} \begin{bmatrix} V_i \\ u_i \end{bmatrix} \tag{9-84a}$$

或用矩阵符号表示为

$$\boldsymbol{\eta}'_i = \boldsymbol{T}_{pi}\,\boldsymbol{\eta}_i \tag{9-84b}$$

这里 $\boldsymbol{T}_{pi}$ 体现了从 i 标高处的质量块上侧的状态到下侧状态的传递关系，因此称为**点传递矩阵**，简称点矩阵。

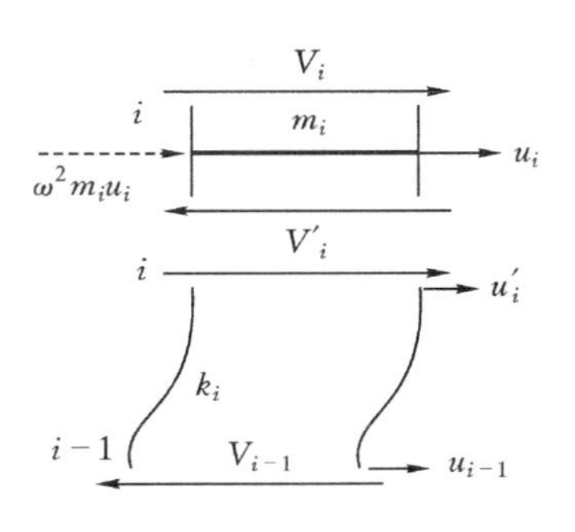

图 9－2　隔离体的状态图

现在合并式(9-83)和式(9-84),形成有整段的传递关系

$$\boldsymbol{\eta}_{i-1} = \boldsymbol{T}_{fi}\,\boldsymbol{\eta}'_i = \boldsymbol{T}_{fi}\,\boldsymbol{T}_{pi}\,\boldsymbol{\eta}_i = \boldsymbol{T}_i\,\boldsymbol{\eta}_i \tag{9-85}$$

由此得到第 i 层的传递矩阵为

$$\boldsymbol{T}_i = \boldsymbol{T}_{fi}\,\boldsymbol{T}_{pi} = \begin{bmatrix} 1 & 0 \\ -\dfrac{1}{k_i} & 1 \end{bmatrix}\begin{bmatrix} 1 & \omega^2 m_i \\ 0 & 1 \end{bmatrix} = \begin{bmatrix} 1 & \omega^2 m_i \\ -\dfrac{1}{k_i} & 1-\omega^2\dfrac{m_i}{k_i} \end{bmatrix} \tag{9-86}$$

依次连续使用传递矩阵,结构基础的状态向量 $\boldsymbol{\eta}_0$ 与顶层的状态向量 $\boldsymbol{\eta}_n$ 之间有以下关系

$$\boldsymbol{\eta}_0 = \boldsymbol{T}_1\,\boldsymbol{\eta}_1 = \boldsymbol{T}_1\,\boldsymbol{T}_2\,\boldsymbol{\eta}_2 = \cdots = \boldsymbol{T}_1\,\boldsymbol{T}_2\cdots\boldsymbol{T}_{n-1}\,\boldsymbol{T}_n\,\boldsymbol{\eta}_n \tag{9-87a}$$

或

$$\boldsymbol{\eta}_0 = \boldsymbol{T}\,\boldsymbol{\eta}_n \tag{9-87b}$$

式中

$$\boldsymbol{T} = \boldsymbol{T}_1\,\boldsymbol{T}_2\cdots\boldsymbol{T}_{n-1}\,\boldsymbol{T}_n \tag{9-88}$$

称为**结构的传递矩阵**,它是一个 2×2 阶矩阵,用它联系结构两端的状态向量。

写出式(9-87)中矩阵的元素,则可表示为

$$\begin{bmatrix} V_0 \\ u_0 \end{bmatrix} = \begin{bmatrix} t_{VV} & t_{Vu} \\ t_{uV} & t_{uu} \end{bmatrix}\begin{bmatrix} V_n \\ u_n \end{bmatrix} \tag{9-89}$$

至于结构基础的状态向量 $\boldsymbol{\eta}_0$ 与顶层的状态向量 $\boldsymbol{\eta}_n$ 尚有赖于支承方式和外荷载,即所谓边界条件。代入已知的边界条件,得到用 ω^2 表示的 n 次方程,求解该方程就能得到体系的固有频率。

图 9-1 所示结构的边界条件是 $u_0=0$ 和 $V_n=0$,因此如果假定 $u_n=1$ 表示振动幅值,由式(9-89)中第二个方程得到

$$t_{uu}(\omega^2) = 0 \tag{9-90}$$

这就是自由振动的频率方程。求出频率 ω_j 后,各层传递矩阵均为已知,从一端开始逐层计算各状态向量,由此确定相应的主振型 $\boldsymbol{\varphi}_j$ 。

例 9-5 用传递矩阵法列式重新计算例 9-4 的三层框架结构的动力特性。

解 根据式(9-86)计算各层的传递矩阵,并令 $\eta=\dfrac{\omega^2}{1000}$,则

$$\boldsymbol{T}_1 = \begin{bmatrix} 1 & 2\omega^2 \\ -\dfrac{1}{2000} & 1-\omega^2\dfrac{2}{2000} \end{bmatrix} = \begin{bmatrix} 1 & 2000\eta \\ -\dfrac{1}{2000} & 1-\eta \end{bmatrix}$$

$$\boldsymbol{T}_2 = \begin{bmatrix} 1 & 2\omega^2 \\ -\dfrac{1}{1000} & 1-\omega^2\dfrac{2}{1000} \end{bmatrix} = \begin{bmatrix} 1 & 2000\eta \\ -\dfrac{1}{1000} & 1-2\eta \end{bmatrix}$$

$$\boldsymbol{T}_3=\begin{bmatrix}1 & \omega^2\\ -\dfrac{1}{1000} & 1-\omega^2\dfrac{1}{1000}\end{bmatrix}=\begin{bmatrix}1 & 1000\eta\\ -\dfrac{1}{1000} & 1-\eta\end{bmatrix}$$

由式(9－88)得到结构的传递矩阵

$$\boldsymbol{T}=\boldsymbol{T}_1\boldsymbol{T}_2\boldsymbol{T}_3=\begin{bmatrix}1 & 2000\eta\\ -\dfrac{1}{2000} & 1-\eta\end{bmatrix}\begin{bmatrix}1 & 2000\eta\\ -\dfrac{1}{1000} & 1-2\eta\end{bmatrix}\begin{bmatrix}1 & 1000\eta\\ -\dfrac{1}{1000} & 1-\eta\end{bmatrix}$$

$$=\begin{bmatrix}1-6\eta+4\eta^2 & 1000(5\eta-10\eta^2+4\eta^3)\\ \dfrac{1}{2000}(-5+10\eta-4\eta^2) & 1-6.5\eta+7\eta^2-2\eta^3\end{bmatrix}$$

结构两端的状态传递关系可写成式(9－89)的形式

$$\begin{bmatrix}V_0\\ u_0\end{bmatrix}=\begin{bmatrix}t_{VV} & t_{Vu}\\ t_{uV} & t_{uu}\end{bmatrix}\begin{bmatrix}V_3\\ u_3\end{bmatrix}$$

该结构的边界条件是 $u_0=0$ 和 $V_3=0$，如果假定 $u_3=1$ 表示振动幅值，上式中的第二个方程变为 $t_{uu}(\omega^2)=0$，即

$$1-6.5\eta+7\eta^2-2\eta^3=0$$

这就是例 7－1 中得到的频率方程，其他工作留给读者自己练习。

3. 霍尔茨-米克里斯达法

用霍尔茨(或传递矩阵)法分析每个连接点只有一个自由度的剪切型建筑结构体系特别简单。米克里斯达将该方法推广到分析每个连接点有两个自由度的梁的弯曲振动，这种推广了的方法通常称为**霍尔茨-米克里斯达法**。将梁简化为带多个集中质量的弹性梁，梁自身的分布质量不再考虑，并且假定每一段中弯曲刚度 EI 是常量，如图 9－3 所示。其解法与剪切型建筑结构的振动问题基本一样，不同的是梁的状态向量 $\boldsymbol{\eta}$ 包括两个广义力(剪力 V 与弯矩 M)和两个广义位移(转角 θ 与挠度 u)。

对于有 n 个质量的弹性梁有 n 个动力自由度，从左到右依次编码为 $1,2,\cdots,n$。我们约定第 i 梁段位于质量 m_i 的左侧，如图 9－3 所示。质量 m_i 两侧的状态向量编码取质量的编码，左侧和右侧的状态向量分别标记为 $\boldsymbol{\eta}'_i$ 和 $\boldsymbol{\eta}_i$，由此得到第 i 梁段的左端状态向量为 $\boldsymbol{\eta}_{i-1}$(即质量 m_{i-1} 的右侧状态向量)，而右端状态向量为 $\boldsymbol{\eta}'_i$(即质量 m_i 的左侧状态向量)。

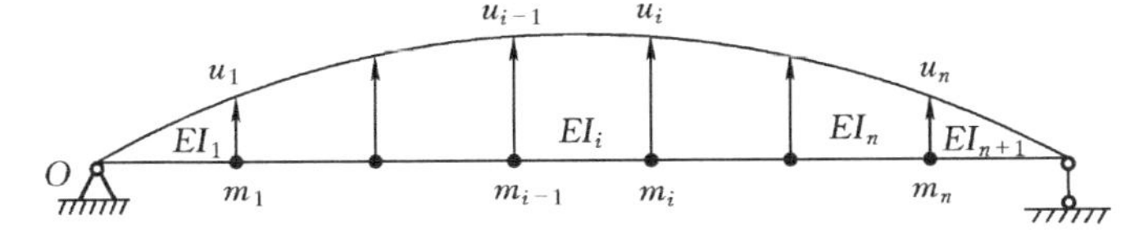

图 9－3　弯曲梁的计算简图

取弹性梁段 i 作为隔离体，如图 9－4 所示，其左端的状态向量 $\boldsymbol{\eta}_{i-1}$ 可以通过场矩阵 $\boldsymbol{T}_{fi}$ 用右端的状态向量 $\boldsymbol{\eta}'_i$ 表示

$$\boldsymbol{\eta}_{i-1} = \boldsymbol{T}_{fi}\,\boldsymbol{\eta}'_i \tag{9-91a}$$

场矩阵中的系数很容易从梁的初等理论中推得，具体为

$$\begin{bmatrix} V_{i-1} \\ M_{i-1} \\ \theta_{i-1} \\ u_{i-1} \end{bmatrix} = \begin{bmatrix} 1 & 0 & 0 & 0 \\ -l_i & 1 & 0 & 0 \\ \dfrac{l_i^2}{2EI_i} & -\dfrac{l_i}{EI_i} & 1 & 0 \\ -\dfrac{l_i^3}{6EI_i} & \dfrac{l_i^2}{2EI_i} & -l_i & 1 \end{bmatrix} \begin{bmatrix} V'_i \\ M'_i \\ \theta'_i \\ u'_i \end{bmatrix} \tag{9-91b}$$

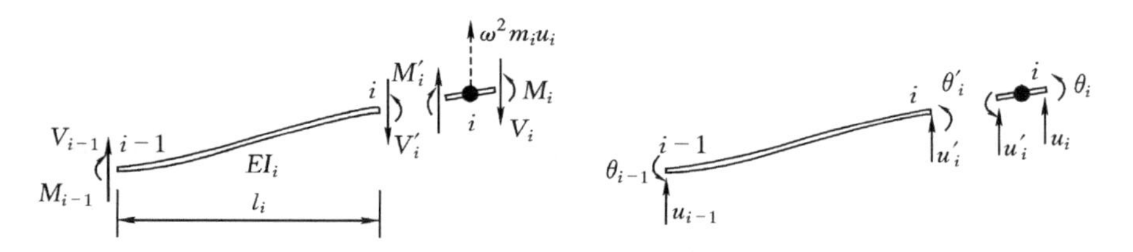

图 9－4　弯曲梁隔离体的状态图

再取质量 m_i 作为隔离体，如图 9－4 所示，其左侧的状态向量 $\boldsymbol{\eta}'_i$ 可通过点矩阵 $\boldsymbol{T}_{pi}$ 用右侧的状态向量 $\boldsymbol{\eta}_i$ 表示

$$\boldsymbol{\eta}'_i = \boldsymbol{T}_{pi}\,\boldsymbol{\eta}_i \tag{9-92a}$$

或者写为

$$\begin{bmatrix} V'_i \\ M'_i \\ \theta'_i \\ u'_i \end{bmatrix} = \begin{bmatrix} 1 & 0 & 0 & -\omega^2 m_i \\ 0 & 1 & 0 & 0 \\ 0 & 0 & 1 & 0 \\ 0 & 0 & 0 & 1 \end{bmatrix} \begin{bmatrix} V_i \\ M_i \\ \theta_i \\ u_i \end{bmatrix} \tag{9-92b}$$

将式(9－92)代入式(9－91)，得到联系质量 m_{i-1} 右侧状态向量 $\boldsymbol{\eta}_{i-1}$ 与质量 m_i 右侧状态向量 $\boldsymbol{\eta}_i$ 的第 i 组合梁段(包括弹性梁段 i 和质量 m_i) 的传递矩阵为

$$\boldsymbol{T}_i = \boldsymbol{T}_{fi}\,\boldsymbol{T}_{pi} \tag{9-93}$$

而结构的传递矩阵 $\boldsymbol{T}$ 的组成与弹性梁段和质量的组合方式有关，对由 n 个完整的组合梁段构成的结构，质量 m_n 为结构的最右端，结构左端的状态向量 $\boldsymbol{\eta}_0$ 与右端的状态向量 $\boldsymbol{\eta}_n$ 之间有以下关系

$$\boldsymbol{\eta}_0 = \boldsymbol{T}\boldsymbol{\eta}_n \tag{9-94}$$

式中结构的传递矩阵

$$\boldsymbol{T} = \boldsymbol{T}_1\,\boldsymbol{T}_2 \cdots \boldsymbol{T}_{n-1}\,\boldsymbol{T}_n \tag{9-95}$$

否则,需要对结构端部的状态向量和结构传递矩阵的构成式(9-95)进行调整和修正。若在质量 m_n 右侧再连接一个弹性梁段 $n+1$,结构右端的状态向量调整为弹性梁段 $n+1$ 的右端状态向量 $\boldsymbol{\eta}'_{n+1}$,在结构传递矩阵 $\boldsymbol{T}$ 的构成式(9-95)中增加一个弹性梁段 $n+1$ 的场矩阵 $\boldsymbol{T}_{fn+1}$,修正为

$$\boldsymbol{T}=\boldsymbol{T}_1\boldsymbol{T}_2\cdots\boldsymbol{T}_{n-1}\boldsymbol{T}_n\boldsymbol{T}_{fn+1} \tag{9-96}$$

若无梁段1,质量 m_1 成为结构的最左端,此时结构左端的状态向量调整为 $\boldsymbol{\eta}'_1$,结构传递矩阵的构成式(9-95)中的 $\boldsymbol{T}_1$ 用点矩阵 $\boldsymbol{T}_{p1}$ 替代,便有

$$\boldsymbol{T}=\boldsymbol{T}_{p1}\boldsymbol{T}_2\cdots\boldsymbol{T}_{n-1}\boldsymbol{T}_n \tag{9-97}$$

如果两种情况都存在,就要同时调整和修正结构的状态向量和传递矩阵。

注意这里的结构传递矩阵 $\boldsymbol{T}$ 是 4×4 阶方阵,对于梁结构体系将式(9-94)展开,有

$$\begin{bmatrix}V_0\\M_0\\\theta_0\\u_0\end{bmatrix}=\begin{bmatrix}t_{VV}&t_{VM}&t_{V\theta}&t_{Vu}\\t_{MV}&t_{MM}&t_{M\theta}&t_{Mu}\\t_{\theta V}&t_{\theta M}&t_{\theta\theta}&t_{\theta u}\\t_{uV}&t_{uM}&t_{u\theta}&t_{uu}\end{bmatrix}\begin{bmatrix}V_n\\M_n\\\theta_n\\u_n\end{bmatrix} \tag{9-98}$$

两端的状态向量中有一半元素取决于边界条件,若将边界条件代入式(9-98),每一端状态向量的分量中有两个为零,方程就能相应地减少。满足边界条件的 ω 就是结构的固有频率。

对于简支梁,其边界条件为

$$u_0=u_n=M_0=M_n=0$$

代入式(9-98),得到

$$\begin{bmatrix}M_0\\u_0\end{bmatrix}=\begin{bmatrix}t_{MV}&t_{M\theta}\\t_{uV}&t_{u\theta}\end{bmatrix}\begin{bmatrix}V_n\\\theta_n\end{bmatrix}=\begin{bmatrix}0\\0\end{bmatrix}$$

欲使上式有非零解,系数行列式为零,得到频率方程

$$\begin{vmatrix}t_{MV}&t_{M\theta}\\t_{uV}&t_{u\theta}\end{vmatrix}=0 \tag{9-99}$$

对于两端固定梁,其边界条件为

$$u_0=u_n=\theta_0=\theta_n=0$$

频率方程为

$$\begin{vmatrix}t_{\theta V}&t_{\theta M}\\t_{uV}&t_{uM}\end{vmatrix}=0 \tag{9-100}$$

对于悬臂梁,其边界条件为

$$u_0=\theta_0=V_n=M_n=0$$

频率方程为

$$\begin{vmatrix} t_{\theta\theta} & t_{\theta u} \\ t_{u\theta} & t_{uu} \end{vmatrix} = 0 \tag{9-101}$$

传递矩阵法也适用于每一个截面超过两个自由度的复杂链状结构。

习题

9-1　试用矩阵迭代法计算习题7-1三层框架结构的第一阶频率和振型。

9-2　试用矩阵迭代法计算习题7-1三层框架结构的第二阶频率和振型。

9-3　试用子空间迭代法计算习题7-1三层框架结构的前两阶频率和振型。

9-4　试用霍尔茨法计算习题7-1三层框架结构的第一阶频率和振型。

9-5　试用传递矩阵法列式计算习题7-1所示三层框架结构的动力特性。

第三篇　线性连续体系

第 10 章　弦振动、杆的纵向振动和扭转振动

10.1　引　言

前面讨论的单自由度体系和多自由度体系是对实际上的连续体通过各种途径简化而得到的近似分析模型，统称为**离散体系**，这种分析模型对连续体在动力荷载作用下的描述不够完备。严格说来，一般结构都是连续体，应按无限自由度体系进行分析，并由此可以验证近似分析方法的适用范围和精确程度。

在研究连续体的动力学问题中，需要用位置坐标和时间两个自变量的函数来描述无限自由度连续体的运动状态，因而得到的运动方程将由常微分方程组变为偏微分方程。

连续体的运动偏微分方程只在一些比较简单的特殊情况下才能求得解析解。我们只讨论弦振动、杆的纵向振动、杆的扭转振动和梁的弯曲振动，同时给出几种简单情形下的精确解。主要是想说明建立偏微分方程的一般概念，了解简单情形下精确解的特征，而不是提供一种有效的实用方法。

本章讨论弦振动、杆的纵向振动和杆的扭转振动，这三种情况在数学上属于同一类型的二阶偏微分方程。而梁的弯曲振动则为四阶偏微分方程，将在下一章详细讨论。

10.2　弦振动

1. 运动方程

一根两端用张力 T 拉紧的弦如图 10-1(a) 所示，弦的长度为 l、截面面积为 A、单位体积的质量为 ρ，在干扰下作横向振动。由于仅考虑微小振动，横向位移很小，弦伸长引起的张力变化可以忽略不计，即在整个振动过程中张力 T 的大小保持不变，但方向在变化。

在弦的任意位置 x 处取一微元段 $\mathrm{d}x$ 作为隔离体，其受力如图 10-1(b)所示。

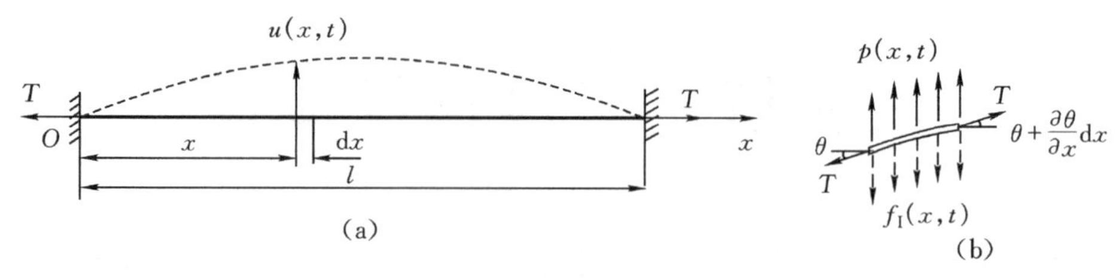

图 10 - 1　弦振动计算简图

根据达朗贝尔原理其中惯性力的线密度

$$f_{\mathrm{I}}(x,t) = \rho A \frac{\partial^2 u(x,t)}{\partial t^2} \tag{10-1}$$

在弦作微小振动的前提下,有 $\sin\theta \approx \theta \approx \dfrac{\partial u}{\partial x}$, $\mathrm{d}s \approx \mathrm{d}x$ 。于是,由微元段的竖向动平衡条件,有

$$T\left(\theta + \frac{\partial \theta}{\partial x}\mathrm{d}x\right) - T\theta + p(x,t)\mathrm{d}x - f_{\mathrm{I}}(x,t)\mathrm{d}x = 0$$

把式(10 - 1)代入上式,整理后得到

$$\rho A \frac{\partial^2 u(x,t)}{\partial t^2} - T\frac{\partial^2 u(x,t)}{\partial x^2} = p(x,t) \tag{10-2}$$

这就是弦振动的运动方程。

2. 频率和振型

下面我们讨论弦的无阻尼自由振动,此时 $p(x,t) = 0$,并用“$'$”表示对坐标 x 的导数,用“·”表示对时间 t 的导数,则方程(10 - 2)简化为

$$\ddot{u}(x,t) = c^2 u''(x,t) \tag{10-3}$$

式中

$$c = \sqrt{\frac{T}{\rho A}} \tag{10-4}$$

可见弦自由振动的运动方程是一个一维**波动方程**,c 是波沿轴线传播的速度。

波动方程(10 - 3)的解可表示成两种形式:一种是波动解,另一种是振动解。波动解将弦的运动表示为

$$u(x,t) = f_1(x - ct) + f_2(x + ct) \tag{10-5}$$

即把弦的运动看成是由两个以相同速度而反向行进波的叠加。而振动解则将弦的运动表示成各个横向同步运动的叠加。波动解能直观地描述波动过程,给出任何时刻清晰的波形,但求解比较复杂;而振动解揭示了弦的运动由无穷多个简谐运动叠加而成。波动解将在第 12 章集中介绍,这里只讨论振动解。

解偏微分方程(10 - 3)的方法之一是分离变量法,将它的解设为以下形式

$$u(x,t)=\phi(x)q(t) \tag{10-6}$$

代入方程(10－3)，得到

$$\frac{\ddot{q}(t)}{q(t)}=c^2\frac{\phi''(x)}{\phi(x)} \tag{10-7}$$

显然，变量 x 和 t 已经被分离。左边仅是变量 t 的函数，而右边仅是变量 x 的函数，要使上式对任意的 x 和 t 都成立，只有两边都等于同一常数。设这一常数小于零为 $-\omega^2$，便得到两个常微分方程

$$\ddot{q}(t)+\omega^2 q(t)=0 \tag{10-8a}$$

$$\phi''(x)+\frac{\omega^2}{c^2}\phi(x)=0 \tag{10-8b}$$

只有把常数设为负数才能得到满足端点边界条件的非零解，同时得到简谐振动方程。显然，ω 即为弦振动的固有频率。式(10－8)中两个二阶常系数齐次微分方程的解分别为

$$q(t)=C_1\cos\omega t+C_2\sin\omega t \tag{10-9a}$$

$$\phi(x)=D_1\cos\frac{\omega}{c}x+D_2\sin\frac{\omega}{c}x \tag{10-9b}$$

式中：C_1、C_2、D_1 和 D_2 为积分常数，取决于两个初始条件和两个边界条件。

若两端点被固定，则边界条件为 $u(0,t)=u(l,t)=0$，代入式(10－6)，得到

$$\begin{aligned}\phi(0)&=0\\ \phi(l)&=0\end{aligned} \tag{10-10}$$

代入式(10－9b)，得到

$$D_1=0$$

$$D_2\sin\frac{\omega}{c}l=0$$

显然，$D_2=0$ 弦不运动，故必有

$$\sin\frac{\omega}{c}l=0 \tag{10-11}$$

称为弦振动的特征方程，即**频率方程**。由此得到

$$\frac{\omega_j}{c}l=j\pi \qquad (j=1,2,\cdots)$$

所以，各阶固有频率为

$$\omega_j=\frac{j\pi c}{l}=\frac{j\pi}{l}\sqrt{\frac{T}{\rho A}} \tag{10-12}$$

代回(10－9b)得到与其相应的归一化振型函数

$$\phi_j(x)=\sin\frac{j\pi x}{l} \tag{10-13}$$

弦振动的主振型均为三角函数,不难证明振型的正交条件。

3. 自由振动反应

弦对初始条件的自由振动反应由振型叠加原理可表示成各阶主振动反应之和,即

$$u(x,t)=\sum_{j=1}^{\infty}\phi_j(x)q_j(t)=\sum_{j=1}^{\infty}\sin\frac{j\pi x}{l}(C_{1j}\cos\omega_j t+C_{2j}\sin\omega_j t) \tag{10-14}$$

常数 C_{1j} 和 C_{2j} ($j=1,2,\cdots$)由初始条件

$$u(x,0)=u_0(x)\ ,\qquad \dot{u}(x,0)=\dot{u}_0(x) \tag{10-15}$$

确定。代入式(10-14),有

$$u_0(x)=\sum_{i=1}^{\infty}C_{1i}\sin\frac{i\pi x}{l}$$

$$\dot{u}_0(x)=\sum_{i=1}^{\infty}C_{2i}\omega_i\sin\frac{i\pi x}{l}$$

两边同乘 $\sin\frac{j\pi x}{l}$ 并对 x 积分,利用三角函数的正交关系,得到

$$\begin{aligned}C_{1j}&=\frac{2}{l}\int_0^l u_0(x)\sin\frac{j\pi x}{l}\mathrm{d}x\\C_{2j}&=\frac{1}{\omega_j}\frac{2}{l}\int_0^l \dot{u}_0(x)\sin\frac{j\pi x}{l}\mathrm{d}x\end{aligned} \tag{10-16}$$

可见,弦的自由振动除了基频振动外,还可包括频率为基频整数倍的振动,这种倍频振动亦称**谐波振动**。

例 10-1　某一均匀拉索两端固定,索的单位长度的质量为 1 kg/m,长度为 6 m,测得固有频率 $\omega_1=6.2832$ rad/s,试确定索的张力。

解　索的振动基频与张力之间的关系见式(10-12),由此得到

$$T=\left(\frac{l}{\pi}\omega_1\right)^2\rho A=\left(\frac{6}{\pi}\times 6.2832\right)^2\times 1=144\ \mathrm{N}$$

10.3　杆的纵向振动

1. 运动方程

现在来讨论细长杆沿轴线的纵向振动。在图 10-2(a)中,给出一根长度为 l、横截面面积为 $A(x)$、弹性模量为 E 和单位体积质量为 ρ 的直杆,受有沿轴线分布的荷载 $p(x,t)$。假设杆的横截面在纵向振动过程中始终保持为平面,即同一横截面上各点仅在 x 方向产生相等的位移,以 $u(x,t)$ 表示。

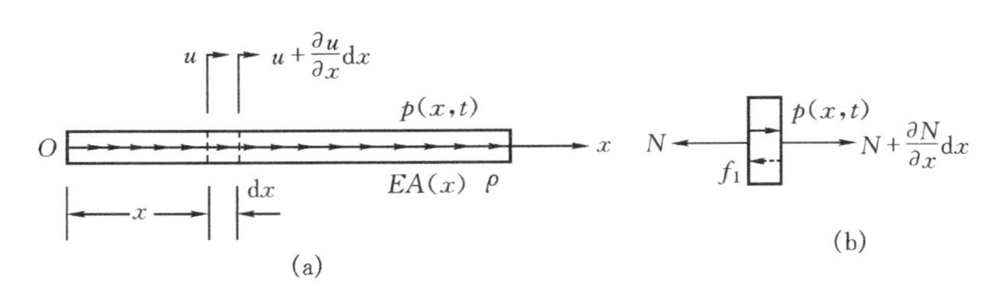

图 10-2　细长杆纵向振动计算简图

在杆上取微元段 $\mathrm{d}x$ 为隔离体，受力如图 10-2(b)所示，根据达朗贝尔原理，加上惯性力后微元段应处于动平衡状态。由全部作用力的轴向分量的平衡，有

$$\left[N(x,t)+\frac{\partial N(x,t)}{\partial x}\mathrm{d}x\right]-N(x,t)+p(x,t)\mathrm{d}x-f_\mathrm{I}(x,t)\mathrm{d}x=0 \tag{10-17}$$

式中：f_I 表示单位长度的惯性力，可以写成

$$f_\mathrm{I}(x,t)=\rho A(x)\frac{\partial^2 u(x,t)}{\partial t^2} \tag{10-18}$$

将式(10-18)和轴向力-位移关系式

$$N(x,t)=A(x)\sigma(x,t)=EA(x)\varepsilon(x,t)=EA(x)\frac{\partial u(x,t)}{\partial x} \tag{10-19}$$

代入式(10-17)得到杆的纵向运动的偏微分方程

$$\rho A(x)\frac{\partial^2 u(x,t)}{\partial t^2}-\frac{\partial}{\partial x}\left[EA(x)\frac{\partial u(x,t)}{\partial x}\right]=p(x,t) \tag{10-20}$$

通常，外荷载只作用在杆的端部，方程的右端将等于零。这个方程的解在 $x=0$ 和 $x=l$ 处还要满足边界条件，荷载通过边界条件来施加。当 $p(x,t)=0$ 时方程(10-20)简化为

$$\rho A(x)\frac{\partial^2 u(x,t)}{\partial t^2}-\frac{\partial}{\partial x}\left[EA(x)\frac{\partial u(x,t)}{\partial x}\right]=0 \tag{10-21}$$

这便是杆的纵向自由振动的运动方程。

2. 等截面直杆的纵向自由振动

对于沿长度特性为常数的等截面直杆，纵向自由振动的运动方程简化为与式(10-3)形式上完全相同的表达式

$$\ddot{u}(x,t)=c^2u''(x,t) \tag{10-22}$$

式中

$$c=\sqrt{\frac{E}{\rho}} \tag{10-23}$$

可见等截面直杆的纵向自由振动的运动方程也是一个波动方程，这里 c 是波沿轴

线传播的速度。

解的形式同式(10-6),即

$$u(x,t)=\phi(x)q(t) \tag{10-24}$$

得到与式(10-9)相同的两个齐次常微分方程的解

$$q(t)=C_1\cos\omega t+C_2\sin\omega t \tag{10-25a}$$

$$\phi(x)=D_1\cos\mu x+D_2\sin\mu x \tag{10-25b}$$

式中

$$\mu=\frac{\omega}{c}=\omega\sqrt{\frac{\rho}{E}} \qquad 或 \qquad \omega=\mu c=\mu\sqrt{\frac{E}{\rho}} \tag{10-26}$$

式中积分常数 D_1 和 D_2 决定了振型形式,必须利用两个端部的边界条件来确定。这两个常数不独立,其中的一个可用另一个来表示,然后由振动的非零解的条件可以得到计算频率参数 μ 的表达式。典型的边界条件有以下几种:

1)固定端　该处位移为零,即有 $u(x,t)=0(x=0$ 或 $l)$,得到 $\phi(x)=0(x=0$ 或 $l)$;

2)自由端　该处轴力为零,即有 $u'(x,t)=0(x=0$ 或 $l)$,得到 $\phi'(x)=0(x=0$ 或 $l)$。

例 10-2　一等截面直杆的左端固定,右端通过弹簧与固定点相连,如图10-3所示。试推导频率方程和振型函数。

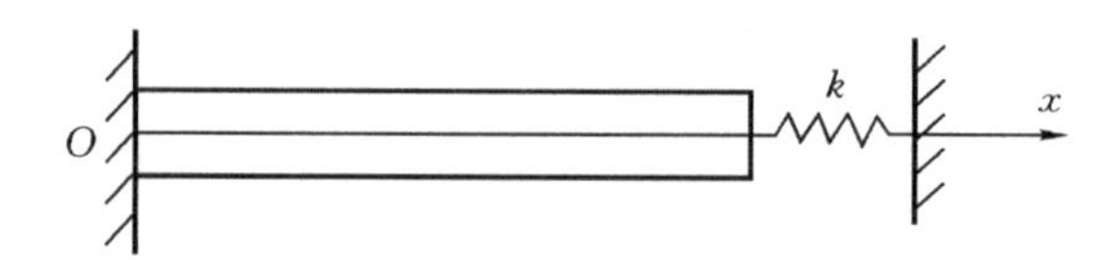

图10-3　左端固定、右端通过弹簧与固定点相连的直杆

解　两端的边界条件可表示为

$$\phi(0)=0 \tag{a}$$

$$EA\phi'(l)=-k\phi(l) \tag{b}$$

式(a)称为几何边界条件,将式(10-25b)代入,得到

$$D_1=0$$

式(b)称为力边界条件,对式(10-25b)求导后代入,得到

$$(EA\mu\cos\mu l+k\sin\mu l)D_2=0$$

要使 D_2 有非零解,必有

$$EA\mu\cos\mu l+k\sin\mu l=0 \tag{c}$$

这便是频率方程,解出各阶频率参数 μ_j,与 μ_j 相应的振型函数(取 $D_2=1$ 时)为

$$\phi_j(x) = \sin\mu_j x \qquad (j = 1,2,\cdots) \tag{d}$$

根据不同的 k 值,可得到不同的结果。取 $k = \infty$ 时右端相当于固定端,频率方程简化为

$$\sin\mu l = 0$$

解得

$$\mu_j l = j\pi$$

由式(10-26)得到相应的频率

$$\omega_j = \mu_j\sqrt{\frac{E}{\rho}} = \frac{j\pi}{l}\sqrt{\frac{E}{\rho}} \qquad (j = 1,2,\cdots) \tag{e}$$

相应的振型函数为

$$\phi_j(x) = \sin\left(j\pi\frac{x}{l}\right) \qquad (j = 1,2,\cdots) \tag{f}$$

前三阶振型如图 10-4(a)所示。

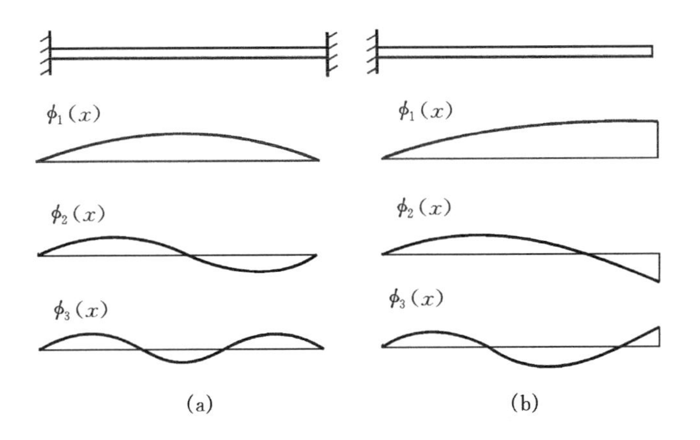

图 10-4　振型图

取 $k = 0$ 时右端相当于自由端,频率方程简化为

$$\cos\mu l = 0$$

解得

$$\mu_j l = \frac{2j-1}{2}\pi \qquad (j = 1,2,\cdots)$$

而振动频率为

$$\omega_j = \mu_j\sqrt{\frac{E}{\rho}} = \frac{2j-1}{2}\frac{\pi}{l}\sqrt{\frac{E}{\rho}} \qquad (j = 1,2,\cdots) \tag{g}$$

相应的振型函数为

$$\phi_j(x) = \sin\left(\frac{2j-1}{2}\frac{\pi x}{l}\right) \qquad (j = 1,2,\cdots) \tag{h}$$

前三阶振型如图 10 - 4(b)所示。

3. 振型的正交性

当体系以第 j 振型作主振动时,其位移表达式为

$$u_j(x,t) = \phi_j(x)\hat{q}_j \sin\omega_j t \tag{10-27}$$

代入方程(10 - 21),约去含时间变量的因子 $\hat{q}_j \sin\omega_j t$ 后,得到

$$-\frac{\mathrm{d}}{\mathrm{d}x}\left[EA(x)\frac{\mathrm{d}\phi_j(x)}{\mathrm{d}x}\right] = \omega_j^2 \rho A(x)\phi_j(x) \tag{10-28}$$

纵向振型关于质量分布的正交性,可用贝蒂定理证明,有以下结果

$$\int_0^l \phi_i(x)\rho A(x)\phi_j(x)\mathrm{d}x = 0 \quad (i \neq j) \tag{10-29}$$

把式(10 - 28)代入正交关系式(10 - 29)中,得到

$$\int_0^l \phi_i(x)\frac{\mathrm{d}}{\mathrm{d}x}\left[EA(x)\frac{\mathrm{d}\phi_j(x)}{\mathrm{d}x}\right]\mathrm{d}x = 0$$

对上式进行分部积分,导出这一正交关系式的更为方便的对称形式

$$\phi_i N_j \Big|_0^l - \int_0^l \phi'_i(x)EA(x)\phi'_j(x)\mathrm{d}x = 0 \quad (i \neq j) \tag{10-30}$$

式中的第一项表示第 j 振型的杆端轴向力在第 i 振型的杆端位移上做的功。对于典型的自由端或固定端边界条件,这一项为零。

4. 动力反应(不计阻尼)

通过振型主坐标变换使运动方程解耦,令

$$u(x,t) = \sum_{j=1}^{\infty}\phi_j(x)q_j(t) \tag{10-31}$$

代入纵向运动方程(10 - 20),并将求得变量由 j 换为 i,得到

$$\sum_{i=1}^{\infty}\rho A(x)\phi_i(x)\ddot{q}_i(t) - \sum_{i=1}^{\infty}\frac{\mathrm{d}}{\mathrm{d}x}\left[EA(x)\frac{\mathrm{d}\phi_i(x)}{\mathrm{d}x}\right]q_i(t) = p(x,t)$$

等式两边每项乘以 $\phi_j(x)$ 并对 x 积分,应用正交关系式(10 - 29)和(10 - 30),并引进广义质量和广义荷载的标准表达式

$$M_j = \int_0^l \rho A(x)\phi_j^2(x)\mathrm{d}x \tag{10-32}$$

$$P_j = \int_0^l \phi_j(x)p(x,t)\mathrm{d}x \tag{10-33}$$

最终导出用广义坐标表示的非耦合的纵向运动方程组

$$M_j\ddot{q}_j(t) + \omega_j^2 M_j q_j(t) = P_j(t) \quad (j = 1,2,\cdots) \tag{10-34}$$

可以看出，对所有结构在确定了振型之后，都可简化成求解主坐标的反应，而且运算过程完全相同。

例 10－3　考虑图 10－5 所示的桩，在下端部处被刚性固定而顶端承受突加荷载 p 的作用，用振型叠加法分析这一体系的动力反应。

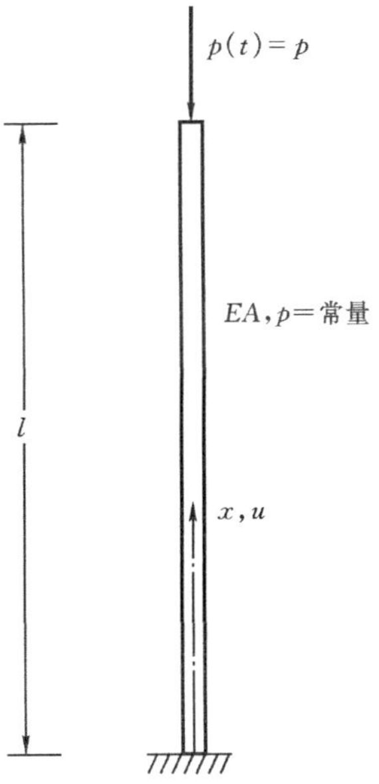

解　因为等截面直杆受轴向荷载的动力反应具有特殊性，是后面要讨论的课题，所以分析这个例子是有益的。用振型叠加法分析这一体系的步骤与计算多自由度体系的反应时所采用的步骤完全相同。

例 10－2 中已求得 $k=0$ 时的频率和振型

$$\omega_j=\frac{2j-1}{2}\frac{\pi}{l}\sqrt{\frac{E}{\rho}}$$

$$\phi_j(x)=\sin\left(\frac{2j-1}{2}\frac{\pi x}{l}\right)$$

$p(t)=p$

$EA,p=$常量

l

x,u

图 10－5　端部受荷载的桩

广义质量和广义荷载

$$\begin{aligned}M_j&=\int_0^l\rho A(x)\phi_j^2(x)\mathrm{d}x\\&=\rho A\int_0^l\sin^2\left(\frac{2j-1}{2}\frac{\pi x}{l}\right)\mathrm{d}x\\&=\frac{\rho Al}{2}\end{aligned}$$

$$P_j=\int_0^l\phi_j(x)p(x,t)\mathrm{d}x=-p\phi_j(l)=(-1)^jp$$

由式(3－26)得到主坐标反应

$$q_j(t)=(-1)^j\frac{2p}{\rho Al\omega_j^2}(1-\cos\omega_jt)$$

位移反应

$$\begin{aligned}u(x,t)&=\sum_{j=1}^{\infty}\phi_j(x)q_j(t)\\&=\frac{2p}{\rho Al}\sum_{j=1}^{\infty}\frac{(-1)^j}{\omega_j^2}\sin\left(\frac{2j-1}{2}\frac{\pi x}{l}\right)(1-\cos\omega_jt)\\&=\frac{8pl}{\pi^2EA}\sum_{j=1}^{\infty}\frac{(-1)^j}{(2j-1)^2}\sin\left(\frac{2j-1}{2}\frac{\pi x}{l}\right)(1-\cos\omega_jt)\end{aligned}\tag{a}$$

轴向力反应

$$
\begin{aligned}
N(x,t) &= EA\frac{\partial u}{\partial x} \\
&= EA\sum_{j=1}^{\infty}\phi'_j(x)q_j(t) \\
&= \frac{8pl}{\pi^2}\sum_{j=1}^{\infty}\frac{(-1)^j}{(2j-1)^2}\frac{2j-1}{2}\frac{\pi}{l}\cos\left(\frac{2j-1}{2}\frac{\pi x}{l}\right)(1-\cos\omega_j t) \\
&= \frac{4p}{\pi}\sum_{j=1}^{\infty}\frac{(-1)^j}{2j-1}\cos\left(\frac{2j-1}{2}\frac{\pi x}{l}\right)(1-\cos\omega_j t)
\end{aligned}
\tag{b}
$$

把表示位移和力的分布的级数表达式(a)和(b)各项求和就能得到任意时刻的反应。为此,把时间变量参数 $\omega_j t$ 表示成

$$
\omega_j t = \left(\frac{2j-1}{2}\pi\right)\frac{ct}{l}
$$

较为方便。这里 $c=\sqrt{E/\rho}$ 具有速度的量纲,乘积 ct 便成了距离,而且时间参数可以看成是这一距离和桩长之比。这样我们可以将承受阶跃荷载的桩的强迫振动解释成轴力波沿桩的传播,在第 12 章将给出更为直接的波的传播分析方法。

10.4 杆的扭转振动

现在来讨论细长杆的扭转振动。在图 10-6(a)中,给出一根长度为 l、截面极惯性矩为 $I_p(x)$、剪切模量为 G 和单位体积质量为 ρ 的直杆。受沿杆长分布的外力矩 $p(x,t)$作用而扭转。假设杆在扭转时可忽略截面的翘曲,横截面始终保持为平面绕 x 轴作微幅摆动,以 $\theta(x,t)$ 表示截面 x 在时刻 t 的扭转角。

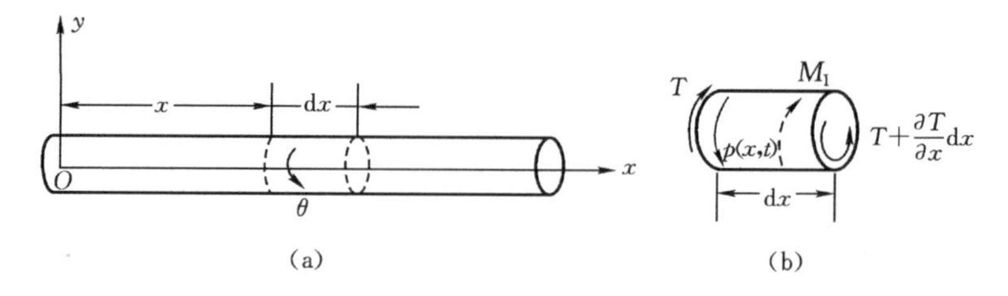

图 10-6　细长杆扭转振动计算简图

取微元段 $\mathrm{d}x$ 为隔离体,受力如图 10-6(b)所示,根据达朗贝尔原理,加上惯性力矩后微元段应处于动平衡状态。由全部作用力对 x 轴的矩平衡,有

$$
\left[T(x,t)+\frac{\partial T(x,t)}{\partial x}\mathrm{d}x\right]-T(x,t)+p(x,t)\mathrm{d}x-M_I(x,t)\mathrm{d}x=0 \tag{10-35}
$$

式中:M_I 表示单位长度的惯性力矩,可以写成

$$M_{\mathrm{I}}(x,t) = \rho I_{\mathrm{p}}(x)\frac{\partial^2\theta(x,t)}{\partial t^2} \tag{10-36}$$

根据材料力学，有关系式

$$T(x,t) = GI_{\mathrm{p}}\frac{\partial\theta(x,t)}{\partial x} \tag{10-37}$$

将式(10－36)、(10－37)代入方程(10－35)，得到杆的扭转运动的偏微分方程

$$\rho I_{\mathrm{p}}(x)\frac{\partial^2\theta(x,t)}{\partial t^2} - \frac{\partial}{\partial x}\left[GI_{\mathrm{p}}(x)\frac{\partial\theta(x,t)}{\partial x}\right] = p(x,t) \tag{10-38}$$

对于沿长度特性为常数的等截面直杆，扭转自由振动的运动方程简化为

$$\ddot{\theta}(x,t) = c^2\theta''(x,t) \tag{10-39}$$

式中

$$c = \sqrt{\frac{G}{\rho}} \tag{10-40}$$

可见等截面直杆扭转的无阻尼自由振动的运动方程仍可归结为波动方程，这里 c 是扭转波沿轴线传播的速度。

不难看出，关于杆的纵向振动的一切方法和结果都适用于杆的扭转振动，这里不再赘述。

例 10－4　确定两端自由等截面圆杆扭转振动的固有频率和振型。

解　参照式(10－25)，振型表达式为

$$\phi(x) = D_1\cos\mu x + D_2\sin\mu x \tag{a}$$

自由边界条件扭矩为零，由式(10－37)得到

$$\frac{\partial\theta(0,t)}{\partial x} = \frac{\partial\theta(l,t)}{\partial x} = 0$$

进一步得到

$$\frac{\partial\phi(0)}{\partial x} = \frac{\partial\phi(l)}{\partial x} = 0$$

将式(a)代入得到

$$D_2 = 0 \tag{b}$$

要使 D_1 有非零解，必有

$$\sin\mu l = 0$$

或

$$\mu_j l = j\pi$$

相应的频率

$$\omega_j = \mu_j c = \frac{j\pi}{l}\sqrt{\frac{G}{\rho}} \qquad (j = 1,2,\cdots) \tag{c}$$

而与各个 μ_j 相应的振型函数(取 $D_1 = 1$ 时)为

$$\phi_j(x) = \cos\mu_j x = \cos\frac{j\pi x}{l} \qquad (j = 1,2,\cdots) \tag{d}$$

由这个结果,就可直接给出两端自由等截面直杆纵向振动的频率和振型分别为

$$\omega_j = \frac{j\pi}{l}\sqrt{\frac{E}{\rho}} \qquad (j = 1,2,\cdots) \tag{e}$$

$$\phi_j(x) = \cos\mu_j x = \cos\frac{j\pi x}{l} \qquad (j = 1,2,\cdots) \tag{f}$$

习题

10－1　某一均匀拉索两端固定,索的长度为 8 m,单位长度质量为 1.5 kg/m,测得索的张力为 180 N,试求其第一、二阶固有频率和振型。

10－2　如图所示一等截面直杆,左端固定右端自由 EA 和 ρ 均为常数,试推导该杆的纵向振动频率方程。

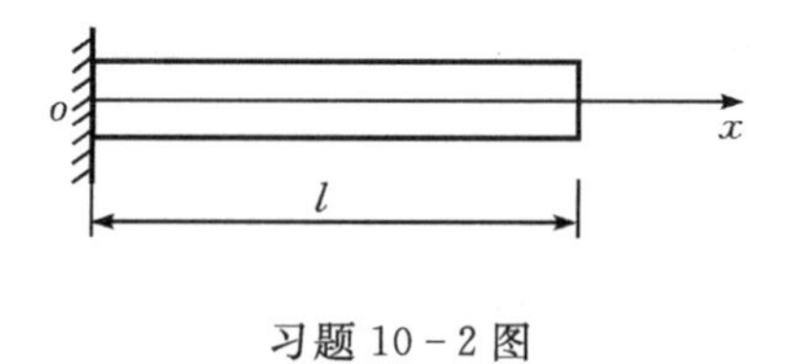

习题 10－2 图

10－3　如图所示一两端固定的杆,EA 和 ρ 均为常数,在中点作用一集中轴向力 p。现将 p 突然撤去,求杆的自由振动位移反应。

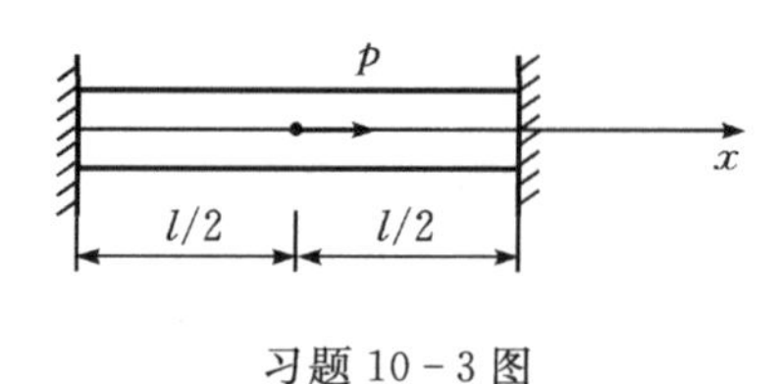

习题 10－3 图

第 11 章　梁的弯曲振动

11.1　梁的弯曲振动运动方程

梁是工程中最常见的一种简单的连续体结构类型。我们可以推导出更为复杂的梁的运动方程，但实用意义不大。我们只讨论直梁的弯曲振动，在振动过程中认为平截面假定成立，忽略剪切变形和转动惯量的影响，梁上各点的运动只需用轴线的横向位移来描述。同时给出几种简单情形下的精确解，了解在简单情形下精确解的特征。

首先讨论图 11－1(a)所示的长为 l 的变截面直梁。假设梁的抗弯刚度为 $EI(x)$，单位长度的质量为 $\overline{m}(x)$。梁上作用的横向分布荷载 $p(x,t)$ 是位置 x 和时间 t 的函数，产生的横向位移反应 $u(x,t)$ 也是位置 x 和时间 t 的函数。

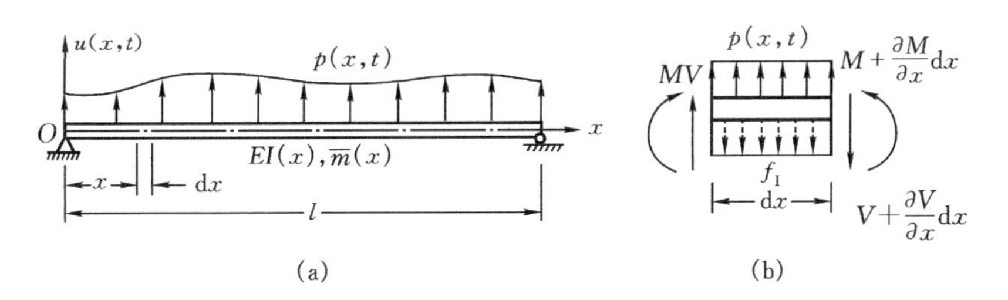

图 11－1　梁弯曲振动计算简图

取微元段 dx 为隔离体，在任意时刻 t，所受的力包括荷载、内力以及惯性力如图 11－1(b)所示。根据达朗贝尔原理，加上惯性力后微元段应处于动平衡状态。由于微元段 dx 全部作用力构成平面平行力系，有两个独立的平衡方程

$$V-\left(V+\frac{\partial V}{\partial x}\mathrm{d}x\right)+p(x,t)\mathrm{d}x-f_{\mathrm{I}}(x,t)\mathrm{d}x=0 \tag{11-1}$$

$$\left(M+\frac{\partial M}{\partial x}\mathrm{d}x\right)-M-\left(V+\frac{\partial V}{\partial x}\mathrm{d}x\right)\frac{\mathrm{d}x}{2}-V\frac{\mathrm{d}x}{2}=0 \tag{11-2}$$

式中：f_{I} 表示横向分布惯性力，它等于微元段单位长度的质量和该微段加速度的乘积

$$f_{\mathrm{I}}(x,t)=\overline{m}(x)\frac{\partial^2 u(x,t)}{\partial t^2} \tag{11-3}$$

代入式(11-1),并略去二阶微量,将式(11-1)和(11-2)简化后得到

$$\overline{m}(x)\frac{\partial^2 u(x,t)}{\partial t^2}+\frac{\partial V}{\partial x}=p(x,t) \tag{11-4}$$

$$V=\frac{\partial M}{\partial x} \tag{11-5}$$

将式(11-5)代入式(11-4),得

$$\overline{m}(x)\frac{\partial^2 u(x,t)}{\partial t^2}+\frac{\partial^2 M}{\partial x^2}=p(x,t) \tag{11-6}$$

引入梁平截面假定所得到的弯矩与曲率的关系式

$$M=EI(x)\frac{\partial^2 u(x,t)}{\partial x^2} \tag{11-7}$$

代入式(11-6)导出梁弯曲振动的运动微分方程

$$\overline{m}(x)\frac{\partial^2 u(x,t)}{\partial t^2}+\frac{\partial^2}{\partial x^2}\left[EI(x)\frac{\partial^2 u(x,t)}{\partial x^2}\right]=p(x,t) \tag{11-8}$$

解这个方程还要满足在 $x=0$ 和 $x=l$ 处特定的边界条件。

11.2 考虑黏滞阻尼时梁的弯曲振动运动方程

前面建立梁的弯曲振动运动方程时未考虑结构在动力反应过程中的能量损耗机理。现在我们考虑两种形式黏滞阻尼的影响,即梁横向位移的黏滞阻尼和材料应变的黏滞阻尼,如图11-2所示。

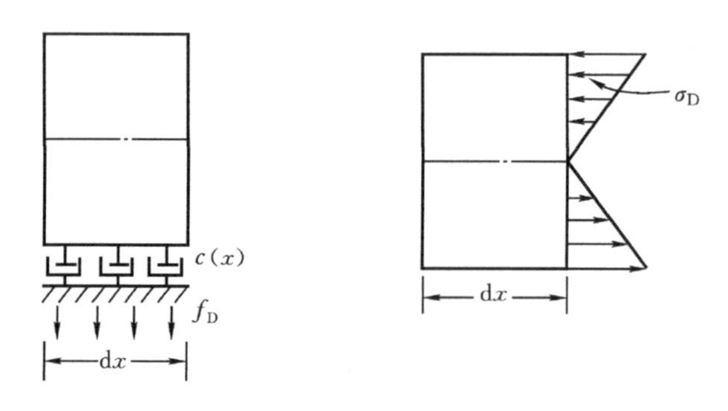

图11-2 梁的黏滞阻尼机理

梁横向位移的黏滞阻尼系数用 $c(x)$ 表示,则对应的阻尼力

$$f_D(x,t)=c(x)\frac{\partial u(x,t)}{\partial t} \tag{11-9a}$$

同理,如果材料应变的黏滞阻尼系数用 $c_s(x)$ 表示,则应变阻尼应力为

$$\sigma_D = c_s(x)\frac{\partial\varepsilon}{\partial t} \tag{11-9b}$$

式中：ε 为该处正应变。假设在截面上应变呈线性变化，可以得出此应变的阻尼力矩为

$$M_D = \int_A \sigma_D z \mathrm{d}A = c_s(x)I(x)\frac{\partial^3 u(x,t)}{\partial x^2 \partial t} \tag{11-10}$$

在横向平衡关系式(11-1)和力矩平衡关系式(11-2)中分别加上阻尼力和阻尼力矩，并考虑到式(11-7)，得到包含阻尼影响的梁弯曲振动的运动方程

$$\overline{m}(x)\frac{\partial^2 u(x,t)}{\partial t^2} + c(x)\frac{\partial u(x,t)}{\partial t} + \frac{\partial^2}{\partial x^2}\left[EI(x)\frac{\partial^2 u(x,t)}{\partial x^2} + c_s(x)I(x)\frac{\partial^3 u(x,t)}{\partial x^2 \partial t}\right] = p(x,t) \tag{11-11}$$

略去方程(11-11)中的阻尼项和荷载项，便得到无阻尼梁的自由振动运动方程为

$$\overline{m}(x)\frac{\partial^2 u(x,t)}{\partial t^2} + \frac{\partial^2}{\partial x^2}\left[EI(x)\frac{\partial^2 u(x,t)}{\partial x^2}\right] = 0 \tag{11-12}$$

11.3　无阻尼等截面梁的自由振动

为避免不必要的复杂性，这里仅限于讨论等截面直梁的动力特性，此时抗弯刚度和单位长度上的质量与坐标无关为常量，分别记为 EI 和 $\overline{m}$ 。无阻尼等截面直梁的自由振动运动方程可由式(11-12)直接写出

$$\overline{m}\ddot{u}(x,t) + EIu''''(x,t) = 0 \tag{11-13}$$

这个偏微分方程可用上一章介绍的分离变量法来求解，也可以参照多自由度体系的解法，先来讨论主振动。与式(7-2)相仿，假定主振动的形式为

$$u(x,t) = \hat{u}(x)\sin(\omega t + \theta) \tag{11-14}$$

式中：$\hat{u}(x)$ 表示自由振动的幅值形状的函数；ω 为振动频率；θ 是相位角。将式(11-14)代入式(11-13)中，并注意到 $\sin(\omega t + \theta)$ 的值不恒等于零，便得到

$$\hat{u}''''(x) - \mu^4\hat{u}(x) = 0 \tag{11-15}$$

式中

$$\mu^4 = \frac{\omega^2\overline{m}}{EI} \text{ 或 } \omega = \mu^2\sqrt{\frac{EI}{\overline{m}}} = (\mu l)^2\sqrt{\frac{EI}{\overline{m}l^4}} \tag{11-16}$$

方程(11-15)是一个四阶常系数齐次微分方程，它的特征方程为

$$r^4 - \mu^4 = 0$$

解得特征根

$$r_{1,2} = \pm\mathrm{i}\mu \text{ , } r_{3,4} = \pm\mu$$

由此得到微分方程的通解表达式

$$\hat{u}(x) = A_1\mathrm{e}^{\mathrm{i}\mu x} + A_2\mathrm{e}^{-\mathrm{i}\mu x} + A_3\mathrm{e}^{\mu x} + A_4\mathrm{e}^{-\mu x}$$

由于

$$e^{i\mu x} = \cos\mu x + i\sin\mu x \text{ , } e^{\mu x} = \text{ch}\mu x + \text{sh}\mu x$$

用三角函数和双曲函数等价地替换指数函数后表示为

$$\hat{u}(x) = D_1\cos\mu x + D_2\sin\mu x + D_3\text{ch}\mu x + D_4\text{sh}\mu x \tag{11-17}$$

式中的四个积分常数 D_1 、D_2 、D_3 和 D_4 决定梁振动的形状和振幅，它们必须利用梁端的边界条件确定。每根梁的两端应分别给定表示位移、转角、弯矩或剪力的两个条件。有了这四个边界条件，可以得到关于四个常数的齐次代数方程组。四个常数是线性相关的，其中的三个常数可以用另一个常数来表示，由齐次代数方程组有非零解的条件能得到一个关于频率参数 μ 的表达式，称作频率方程，用它可以计算频率参数 μ 。实际上，得到的齐次代数方程组就是自由振动的特征方程。在自由振动分析中，另一个常数不能直接求得，由它确定的运动振幅仅反映了振动的形状。

例 11-1　试求图 11-3 所示等截面简支梁的固有频率和振型。

解　简支梁的四个边界条件可以表述为

$$\hat{u}(0) = 0 \text{ , } \hat{u}''(0) = 0 \tag{a}$$

$$\hat{u}(l) = 0 \text{ , } \hat{u}''(l) = 0 \tag{b}$$

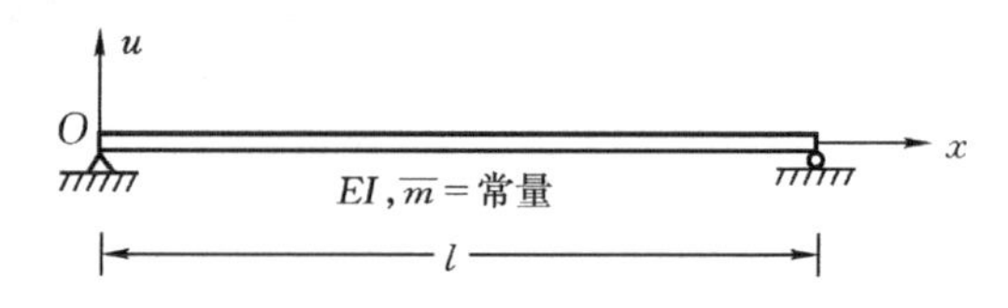

图 11-3　简支梁计算模型

将式(11-17)代入式(a)，有

$$D_1 + D_3 = 0 \text{ ,} \quad D_1 - D_3 = 0$$

可得到

$$D_1 = D_3 = 0$$

由式(b)，有

$$D_2\sin\mu l + D_4\text{sh}\mu l = 0$$

$$D_2\mu^2\sin\mu l - D_4\mu^2\text{sh}\mu l = 0$$

两式相加得 $D_4\text{sh}\mu l = 0$ ，因为 $\text{sh}\mu l \neq 0$ ，因此只有 $D_4 = 0$ 。剩下的 D_2 不能为零，必有条件

$$\sin\mu l = 0 \tag{c}$$

这就是频率方程。由此得到

$$\mu_j l = j\pi \qquad (j = 1,2,\cdots)$$

由式(11-16)得到固有频率

$$\omega_j = (j\pi)^2\sqrt{\frac{EI}{\overline{m}l^4}} \qquad (j = 1,\ 2,\ \cdots) \tag{d}$$

由式(11-17)除了 $D_2 \neq 0$ 外其余三个常数均为零，取 $D_2 = 1$ 于是得到规格化振型函数

$$\phi_j(x) = \sin\frac{j\pi}{l}x \qquad (j = 1, 2, \cdots) \tag{e}$$

前三个振型的结果见图 11 - 4。

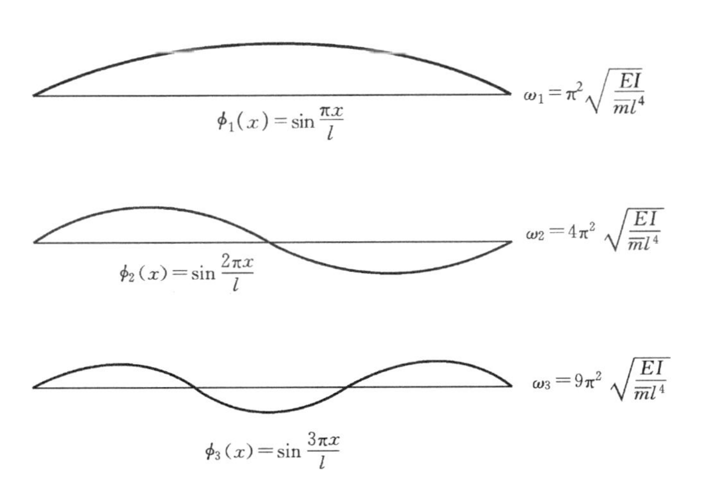

$\omega_1=\pi^2\sqrt{\frac{EI}{\overline{m}l^4}}$
$\phi_1(x)=\sin\frac{\pi x}{l}$
$\omega_2=4\pi^2\sqrt{\frac{EI}{\overline{m}l^4}}$
$\phi_2(x)=\sin\frac{2\pi x}{l}$
$\omega_3=9\pi^2\sqrt{\frac{EI}{\overline{m}l^4}}$
$\phi_3(x)=\sin\frac{3\pi x}{l}$

图 11 - 4　简支梁的前三阶振型

例 11 - 2　求图 11 - 5 所示等截面两端固支梁的固有频率和振型。

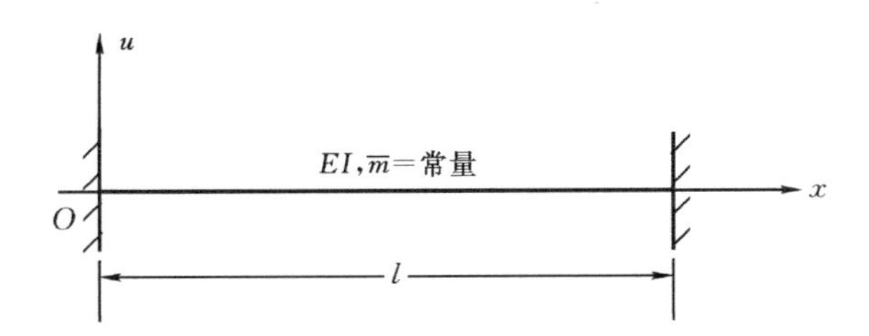

图 11 - 5　固支梁计算模型

解　固支梁的四个边界条件可以表述为

$$\hat{u}(0) = 0, \qquad \hat{u}'(0) = 0 \tag{a}$$

$$\hat{u}(l) = 0, \qquad \hat{u}'(l) = 0 \tag{b}$$

将式(11 - 17)代入式(a),有

$$D_3 = -D_1, \quad D_4 = -D_2 \tag{c}$$

同样代入式(b),可得到

$$\left.\begin{aligned}(\cos\mu l - \mathrm{ch}\mu l)D_1 + (\sin\mu l - \mathrm{sh}\mu l)D_2 = 0 \\ (\sin\mu l + \mathrm{sh}\mu l)D_1 + (-\cos\mu l + \mathrm{ch}\mu l)D_2 = 0\end{aligned}\right\} \tag{d}$$

要使 D_1 和 D_2 有非零解，上式的系数行列式必为零，即

$$\begin{vmatrix} \cos\mu l - \text{ch}\mu l & \sin\mu l - \text{sh}\mu l \\ \sin\mu l + \text{sh}\mu l & -\cos\mu l + \text{ch}\mu l \end{vmatrix} = 0$$

考虑到 $\sin^2\mu l + \cos^2\mu l = 1$ 和 $\text{ch}^2\mu l - \text{sh}^2\mu l = 1$，上式简化为

$$\cos\mu l\,\text{ch}\mu l - 1 = 0 \tag{e}$$

这就是两端固支梁的频率方程。用数值算法可以求得一系列的特征值，前 5 阶特征值见表 11-1。其中，对应于 $j \geqslant 2$ 的各阶特征值可足够准确地表示为

表 11-1　两端固支梁的前 5 阶特征值

j	1	2	3	4	5
$\mu_j l$	4.730	7.853	10.996	14.137	17.279

$$\mu_j l \approx \left(j + \frac{1}{2}\right)\pi \quad (j = 2, 3, \cdots)$$

由式(11-16)各阶固有频率相应地为

$$\omega_j = (\mu_j l)^2\sqrt{\frac{EI}{\bar{m}l^4}} \quad (j = 1, 2, \cdots) \tag{f}$$

求得各特征值后，可确定 D_1 和 D_2 的比值，不妨设 $D_1 = 1$，利用式(d)第一个方程可给出

$$D_2 = -\frac{\cos\mu_j l - \text{ch}\mu_j l}{\sin\mu_j l - \text{sh}\mu_j l} \tag{g}$$

将式(c)和式(g)代入式(11-17)，得到各阶振型函数为

$$\phi_j(x) = \cos\mu_j x - \text{ch}\mu_j x - \frac{\cos\mu_j l - \text{ch}\mu_j l}{\sin\mu_j l - \text{sh}\mu_j l}(\sin\mu_j x - \text{sh}\mu_j x) \quad (j = 1, 2, \cdots) \tag{h}$$

其中前 3 个振型函数见图 11-6。

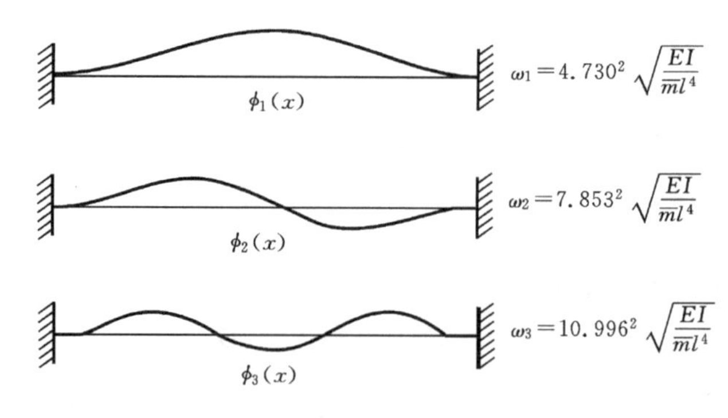

$\phi_1(x)$
$\omega_1 = 4.730^2\sqrt{\frac{EI}{\bar{m}l^4}}$
$\phi_2(x)$
$\omega_2 = 7.853^2\sqrt{\frac{EI}{\bar{m}l^4}}$
$\phi_3(x)$
$\omega_3 = 10.996^2\sqrt{\frac{EI}{\bar{m}l^4}}$

图 11-6　固支梁的前三阶振型

例 11－3　求图 11－7 所示的等截面悬臂梁的固有频率和振型。

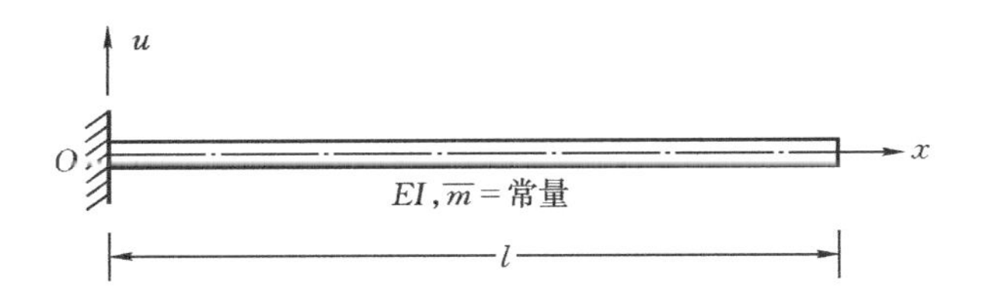

图 11－7　悬臂梁计算模型

解　这种情况的四个边界条件是

$$\hat{u}(0)=0\,,\quad \hat{u}'(0)=0 \tag{a}$$

$$\hat{u}''(l)=0\,,\quad \hat{u}'''(l)=0 \tag{b}$$

将式(11－17)代入式(a)，有

$$D_3=-D_1\,,\quad D_4=-D_2 \tag{c}$$

同样代入式(b)，可得到

$$\left.\begin{aligned}(\cos\mu l+\mathrm{ch}\mu l)D_1+(\sin\mu l+\mathrm{sh}\mu l)D_2=0\\-(\sin\mu l-\mathrm{sh}\mu l)D_1+(\cos\mu l+\mathrm{ch}\mu l)D_2=0\end{aligned}\right\} \tag{d}$$

方程有非零解的条件为系数的行列式值必须为零，简化后得到

$$\cos\mu l\,\mathrm{ch}\mu l+1=0 \tag{e}$$

这就是悬臂梁的频率方程。用数值算法求得的前 5 阶特征值见表 11－2。其中对应于 $j\geqslant 3$ 的各阶特征值可足够准确地表示为

表 11－2　悬臂梁的前 5 阶特征值

j	1	2	3	4	5
$\mu_j l$	1.875	4.694	7.855	10.996	14.137

$$\mu_j l\approx\left(j-\frac{1}{2}\right)\pi\qquad(j=3,\ 4,\cdots)$$

由式(11－16)各阶固有频率相应地为

$$\omega_j=(\mu_j l)^2\sqrt{\frac{EI}{\overline{m}l^4}}\qquad(j=1,\ 2,\ \cdots) \tag{f}$$

设 $D_1=1$，利用式(d)第一个方程可给出

$$D_2=-\frac{\cos\mu_j l+\mathrm{ch}\mu_j l}{\sin\mu_j l+\mathrm{sh}\mu_j l} \tag{g}$$

这样，将式(c)和式(g)代入式(11－17)可写出各阶振型函数表达式

$$\phi_j(x)=\cos\mu_j x-\mathrm{ch}\mu_j x-\frac{\cos\mu_j l+\mathrm{ch}\mu_j l}{\sin\mu_j l+\mathrm{sh}\mu_j l}(\sin\mu_j x-\mathrm{sh}\mu_j x) \tag{h}$$

图 11-8 给出了等截面悬臂梁振动的前三阶振型和频率。

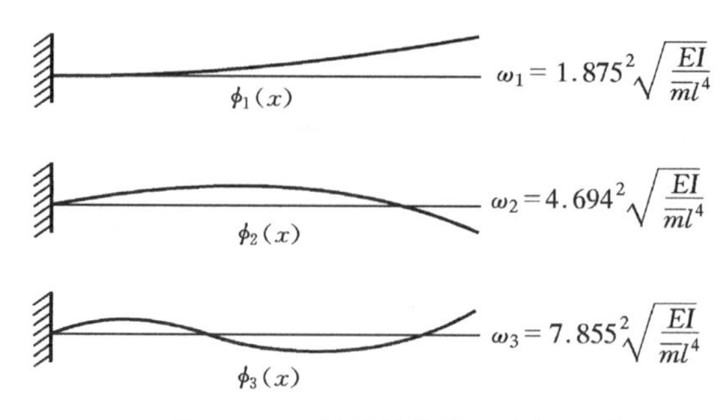

图 11-8　悬臂梁的前三阶振型

上述例题已经指出分析等截面梁的振型和频率的一般过程,包括写出梁的边界条件,然后把形状函数的表达式(11-17)代入每一边界条件,最后得到一个四元方程组。令所得方程组的系数行列式为零,得到频率方程。虽然分析过程冗长,但概念是简单的,仅仅在写出边界条件时可能出现困难。为了说明其他典型情况,这里将讨论另外一个例子的边界条件。

例 11-4　图 11-9 表示端部放置一集中质量的悬臂梁,写出其边界条件。

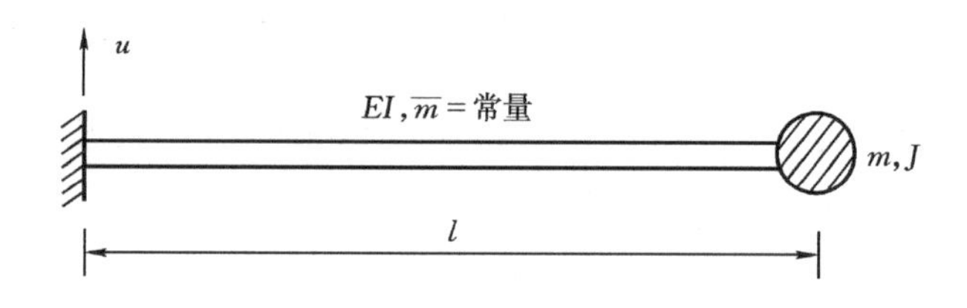

图 11-9　端部有集中质量的悬臂梁

解　左端支座的边界条件与例 11-3 相同,但是另一端因为质量的惯性使弯矩和剪力不再为零,如图 11-10 所示,作用在右端质量上的转动力矩和横向力导致如下的边界条件方程

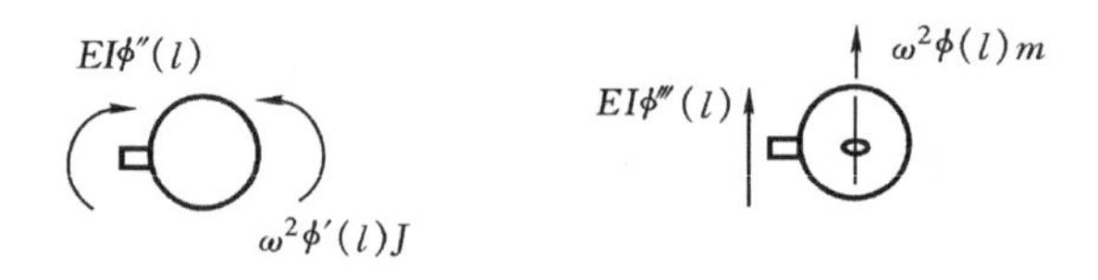

图 11-10　端部有集中质量的悬臂梁

$$EI\varphi''(l) - \omega^2\varphi'(l)J = 0$$

$$EI\varphi'''(l)+\omega^2\varphi(l)m=0$$

应指出式中 m 是梁端的集中质量，J 表示梁端质量的转动惯量。

11.4　梁振型函数的正交性

与多自由度体系一样，连续体系的振型同样存在正交性。在讨论梁振型函数的正交性时，不涉及振型函数的具体形式，允许梁的刚度和质量沿长度任意变化，并可以有任意支承条件。

设自由振动梁以某一振型 j 作主振动，由式(11－14)可表示为

$$u_j(x,t)=\hat{u}_j(x)\sin(\omega_j t+\theta_j)=\phi_j(x)\hat{q}_j\sin(\omega_j t+\theta_j)$$

代入无阻尼自由振动运动方程(11－12)，得到

$$\frac{\partial^2}{\partial x^2}\left[EI(x)\frac{\partial^2\phi_j(x)}{\partial x^2}\right]=\omega_j^2\overline{m}(x)\phi_j(x) \tag{11-18}$$

上式可以理解为：第 j 振型 ϕ_j 是由第 j 振型惯性力 $\omega_j^2\overline{m}\phi_j$ 产生的静位移。

根据贝蒂定理，第 j 振型的惯性力 $\omega_j^2\overline{m}\phi_j$ 在第 i 振型 ϕ_i 上做的功等于第 i 振型的惯性力 $\omega_i^2\overline{m}\phi_i$ 在第 j 振型 ϕ_j 上做的功，即

$$\int_0^l\phi_i(x)\omega_j^2\overline{m}(x)\phi_j(x)\mathrm{d}x=\int_0^l\phi_j(x)\omega_i^2\overline{m}(x)\phi_i(x)\mathrm{d}x$$

可以改写成

$$(\omega_j^2-\omega_i^2)\int_0^l\phi_i(x)\overline{m}(x)\phi_j(x)\mathrm{d}x=0 \tag{11-19}$$

当这两个振型的频率 $\omega_j\neq\omega_i$ 时，它们的振型函数必须满足

$$\int_0^l\phi_i(x)\overline{m}(x)\phi_j(x)\mathrm{d}x=0\qquad(i\neq j) \tag{11-20}$$

称为振型关于质量的正交条件。这显然与多自由度体系的正交条件(7－18)是相当的。

同样，用刚度特性作为加权参数，也可以推导出连续体系的第二个正交条件。对式(11－18)两边同乘 $\phi_i(x)$ 并沿全长积分，由正交关系式(11－20)，有

$$\int_0^l\phi_i(x)\frac{\mathrm{d}^2}{\mathrm{d}x^2}\left[EI(x)\frac{\mathrm{d}^2\phi_j(x)}{\mathrm{d}x^2}\right]\mathrm{d}x=0$$

对上式进行两次分部积分，可以得到这个正交关系式的更方便的对称形式

$$\phi_iV_j\big|_0^l-\phi'_iM_j\big|_0^l+\int_0^l\phi''_i(x)EI(x)\phi''_j(x)\mathrm{d}x=0\quad(i\neq j) \tag{11-21}$$

上式为一般边界条件下以刚度参数作为权重的正交条件。前两项表示第 j 振型的端部剪力 V_j 和弯矩 M_j 分别在第 i 振型的端部位移 ϕ_i 和转角 ϕ'_i 上做的功。

对于铰支端、固定端或自由端等基本边界条件这些项为零，式(11－21)可以简化为

$$\int_0^l \phi''_i(x)EI(x)\phi''_j(x)\mathrm{d}x = 0 \qquad (i \neq j) \tag{11-22}$$

然而,当梁的边界条件中含有非基本边界条件(如有弹性支座)时,正交关系式(11-21)可写出具体形式。设梁的左端为基本边界条件,右端为弹簧刚度系数为 k 的弹性支承时,右端边界条件为

$$M_j(l) = 0, \quad V_j(l) = k\phi_j(l)$$

代入式(11-21),有

$$\int_0^l \phi''_i(x)EI(x)\phi''_j(x)\mathrm{d}x + k\phi_i(l)\phi_j(l) = 0 \qquad (i \neq j) \tag{11-23}$$

当 $i = j$ 时,式(11-19)自然满足。这时可记

$$\left.\begin{aligned} M_j &= \int_0^l \phi_j(x)\overline{m}(x)\phi_j(x)\mathrm{d}x \\ K_j &= \phi_j V_j \Big|_0^l - \phi'_j M_j + \int_0^l \phi''_j(x)EI(x)\phi''_j(x)\mathrm{d}x \end{aligned}\right\} \tag{11-24}$$

称 M_j 为**第 j 振型的主质量**,K_j 为**第 j 振型的主刚度**。由式(11-18)不难看出,有

$$\omega_j^2 = \frac{K_j}{M_j} \tag{11-25}$$

11.5 主坐标

连续体系的频率和振型确定之后,与离散体系一样采用振型叠加法分析其动力反应。由于连续体系有无限多个振型,从理论上讲就要用无限多个广义坐标。但在工程实际中,只需要考虑对反应贡献较大的那些振型分量,用有限个主振型坐标来描述体系的反应。

振型叠加法的基本思想就是把几何位移坐标变换为主坐标,令

$$u(x,t) = \sum_{j=1}^{\infty} \phi_j(x)q_j(t) \tag{11-26}$$

对于任意给定的位移 $u(x,t)$,其中的各振型分量 $q_j(t)$ 可以用正交条件求得。上式两边同乘以 $\phi_j(x)m(x)$,然后进行积分,并利用主振型关于质量的正交条件式(11-20),右边的无穷项级数只剩下了第 j 项,结果为

$$\int_0^l \phi_j(x)\overline{m}(x)u(x,t)\mathrm{d}x = q_j(t)\int_0^l \phi_j(x)\overline{m}(x)\phi_j(x)\mathrm{d}x$$

因此能直接解得与离散参数体系完全相当的表达式

$$q_j(t) = \frac{\int_0^l \phi_j(x)\overline{m}(x)u(x,t)\mathrm{d}x}{\int_0^l \phi_j(x)\overline{m}(x)\phi_j(x)\mathrm{d}x} \qquad (j = 1,2,\cdots) \tag{11-27}$$

11.6 动力反应分析

在多自由度体系的动力反应分析中,我们利用主振型的正交性使运动方程解耦,将多自由度体系的动力反应分析问题转换为多个广义单自由度体系的主坐标反应问题,求得各主坐标反应后,进行振型叠加,就可求得原体系的动力反应。对于具有无限自由度的连续体系,也可利用振型叠加法求得初始条件下的动力反应和对任意荷载的动力反应。

对于一般的变截面梁,把坐标变换式(11-26)代入运动方程(11-11)

$$\overline{m}(x)\frac{\partial^2 u(x,t)}{\partial t^2}+c(x)\frac{\partial u(x,t)}{\partial t}+\frac{\partial^2}{\partial x^2}\left[EI(x)\frac{\partial^2 u(x,t)}{\partial x^2}+c_s(x)I(x)\frac{\partial^3 u(x,t)}{\partial x^2\partial t}\right]=p(x,t)$$

在每一项上乘以 $\phi_j(x)$ 并对 x 积分,应用正交关系式和主质量的定义,同时定义广义力

$$P_j(t)=\int_0^l \phi_j(x)p(x,t)\mathrm{d}x \tag{11-28}$$

得到如下关系式

$$M_j\ddot{q}_j(t)+\sum_{i=1}^{n}\dot{q}_i(t)\int_0^l \phi_j(x)\{c(x)\phi_i(x)+[c_s(x)I(x)\phi''_i(x)]''\}\mathrm{d}x+K_jq_j(t)=P_j(t) \tag{11-29}$$

式中:M_j、K_j 和 $P_j(t)$ 分别是与 $\phi_j(x)$ 对应的主质量、主刚度和广义荷载。上式中不同振型的运动方程被阻尼项耦连起来了。很显然,只要假定阻尼系数与质量或刚度系数成正比,便使阻尼也满足正交条件。为此,对阻尼作如下假定

$$\left.\begin{aligned}c(x)&=a_0\overline{m}(x)\\c_s&=a_1E\end{aligned}\right\} \tag{11-30}$$

式中:a_0 和 a_1 是比例因子。将式(11-30)代入式(10-29),利用正交条件则得到非耦合的主坐标方程

$$M_j\ddot{q}_j(t)+(a_0M_j+a_1K_j)\dot{q}_j(t)+K_jq_j(t)=P_j(t) \tag{11-31}$$

最后,用主质量除各项并引入第 j 振型的阻尼比

$$\xi_j=\frac{a_0}{2\omega_j}+\frac{a_1\omega_j}{2} \tag{11-32}$$

得出解耦的以主坐标表示的单自由度体系运动方程的标准形式

$$\ddot{q}_j(t)+2\xi_j\omega_j\dot{q}_j(t)+\omega_j^2q_j(t)=\frac{P_j(t)}{M_j} \tag{11-33}$$

与多自由度体系的结果是一样的。求出每个主坐标的反应后,按照式(11-26)即可求出几何坐标下的位移反应。

主坐标的初位移和初速度可由已知的初始条件代入式(11-27)得到

$$\left.\begin{aligned} q_j(0) &= \frac{\int_0^l \phi_j(x)\overline{m}(x)u(x,0)\mathrm{d}x}{\int_0^l \phi_j(x)\overline{m}(x)\phi_j(x)\mathrm{d}x} \\ \dot{q}_j(0) &= \frac{\int_0^l \phi_j(x)\overline{m}(x)\dot{u}(x,0)\mathrm{d}x}{\int_0^l \phi_j(x)\overline{m}(x)\phi_j(x)\mathrm{d}x} \end{aligned}\right\} \tag{11-34}$$

例 11-5 图 11-3 所示等截面简支梁在跨中作用一正弦荷载 $\hat{p}\sin\overline{\omega}t$,假定梁的初位移和初速度均为零,计算等截面简支梁的动力反应。

解 例 11-1 已得出等截面简支梁的各阶频率和振型分别为

$$\omega_j = (j\pi)^2\sqrt{\frac{EI}{\overline{m}l^4}} \text{ 和 } \phi_j(x) = \sin\frac{j\pi}{l}x \qquad (j=1,\ 2,\ \cdots)$$

广义质量和广义荷载

$$M_j = \int_0^l \overline{m}\phi_j^2(x)\mathrm{d}x = \frac{1}{2}\overline{m}l$$

$$P_j = \int_0^l p(x,t)\phi_j(x)\mathrm{d}x = \hat{p}\sin\frac{j\pi}{2}\sin\overline{\omega}t$$

主坐标 q_j 的运动方程

$$\ddot{q}_j + \omega_j^2 q_j = \frac{2\hat{p}}{\overline{m}l}\sin\frac{j\pi}{2}\sin\overline{\omega}t$$

由杜哈梅尔积分表达式给出零初始条件下主坐标 q_j 的反应

$$\begin{aligned} q_j &= \frac{1}{\omega_j}\frac{2\hat{p}}{\overline{m}l}\sin\frac{j\pi}{2}\int_0^t \sin\overline{\omega}\tau\sin\omega_j(t-\tau)\mathrm{d}\tau \\ &= \frac{2\hat{p}}{\overline{m}l(\omega_j^2-\overline{\omega}^2)}\sin\frac{j\pi}{2}\left(\sin\overline{\omega}t - \frac{\overline{\omega}}{\omega_j}\sin\omega_j t\right) \end{aligned}$$

位移反应

$$\begin{aligned} u(x,t) &= \sum_{j=1}^{\infty}\phi_j(x)q_j(t) \\ &= \sum_{j=1}^{\infty}\frac{2\hat{p}}{\overline{m}l(\omega_j^2-\overline{\omega}^2)}\sin\frac{j\pi}{2}\sin\frac{j\pi x}{l}\left(\sin\overline{\omega}t - \frac{\overline{\omega}}{\omega_j}\sin\omega_j t\right) \end{aligned}$$

上式括号中第二项是荷载激起的自由振动,由于实际结构总是存在阻尼,这部分自由振动将随着时间很快消失,只剩下以荷载频率振动的项

$$u(x,t) = \sum_{j=1}^{\infty}\frac{2\hat{p}}{\overline{m}l(\omega_j^2-\overline{\omega}^2)}\sin\frac{j\pi}{2}\sin\frac{j\pi x}{l}\sin\overline{\omega}t$$

这便是等截面简支梁在正弦荷载作用下的无阻尼稳态反应。

习题

11－1　试求图示等截面梁的前两阶固有频率和振型。

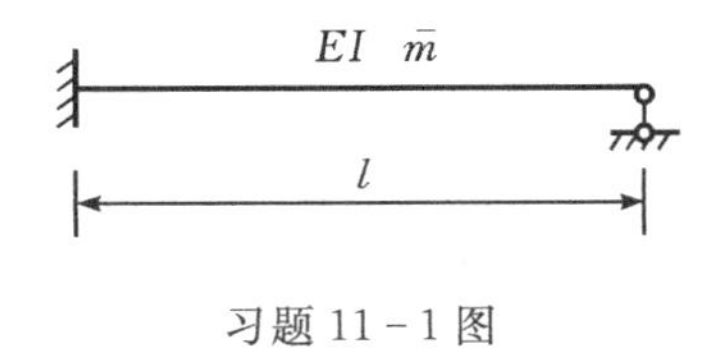

习题 11－1 图

11－2　试求图示两跨梁的前两阶固有频率和振型。

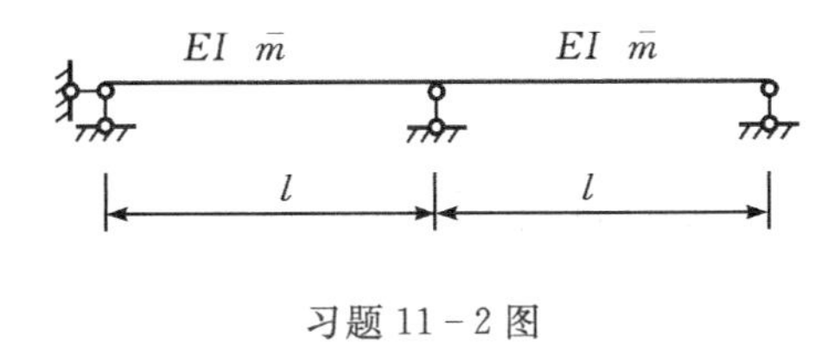

习题 11－2 图

11－3　若简支梁的初始挠度为 $u(x,0)=u_0(x)$，初始速度为 $\dot{u}(x,0)=\dot{u}_0(x)$，求该梁的动力反应。

11－4　设图示等截面简支梁的 1/3 处作用一干扰力 $\hat{p}\sin\bar{\omega}t$，假设梁的初位移和初速度均为零，不计阻尼，试计算该梁的动力反应。

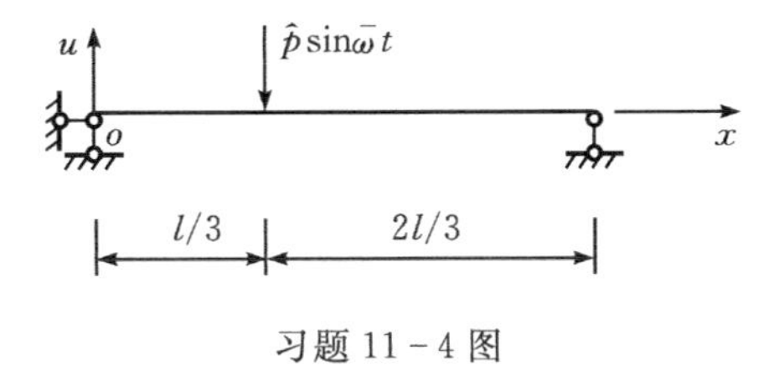

习题 11－4 图

11－5　如图所示一等截面梁置于弹性地基上，假定地基反力与位移成正比，基床系数为 k_f，试推导该梁横向振动的运动方程。

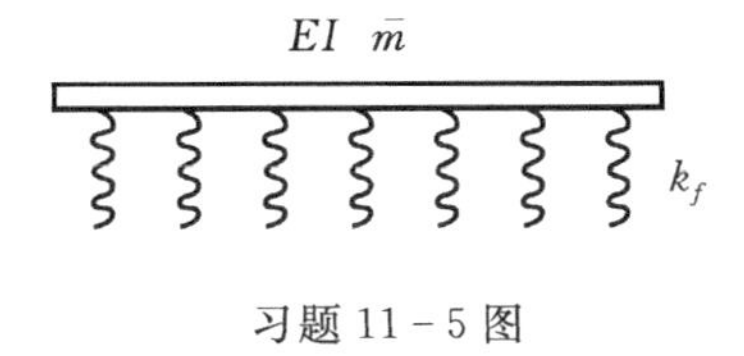

习题 11－5 图

第 12 章　波的传播

12.1　波的传播方程

在第 10 章中讨论的一类问题如弦振动、杆的纵向振动和杆的扭转振动等，在无阻尼自由振动状态时的运动方程为一维波动方程。可统一写为

$$\ddot{u}(x,t) = c^2 u''(x,t) \tag{12-1}$$

式中：c 为波沿轴线传播的速度。

在 10.3 节已经指出，等截面杆对突加轴向荷载的动力反应形式很简单，它可以用沿杆长传播的位移波和轴力（或应力）波来解释。这个结果是用振型叠加法求得的，必须把大量振型反应叠加起来才能得到合理的波的传播现象。如果荷载仅仅施加在杆的端部，就可以将荷载按边界条件处理，认为杆自身不受荷载作用而作自由振动。在 10.2 节曾经指出弦振动问题除了振动解还可以用波动解。事实上只要运动方程式是波动方程(12-1)，都可以用波动解来描述振动过程。下面以直杆的纵向振动为例讨论波的传播问题。

波动解将运动表示为

$$u(x,t) = f_1(x-ct) + f_2(x+ct) \tag{12-2}$$

即把运动看成是由两个以相同速度而反向行进波的叠加，如图 12-1 所示。能直观地描述波动过程，直接表现了波的传播概念。将式(12-2)代入方程(12-1)可以证明对任何形式的函数 f_1 和 f_2，式(12-2)都能满足运动方程(12-1)。因此求解的关键就是由两端特定边界位移条件确定特定波形 f_1 和 f_2。

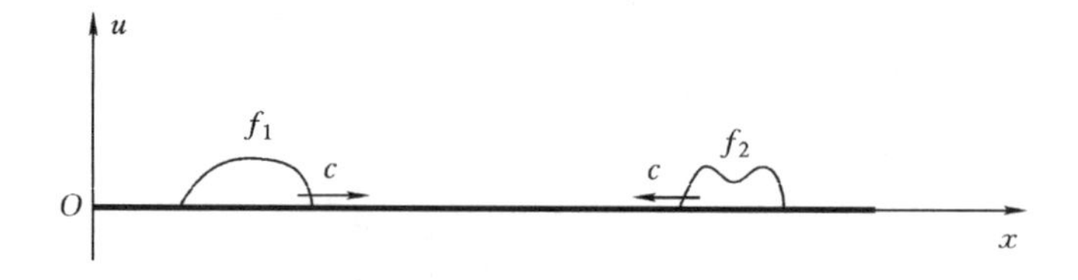

图 12-1　波沿杆轴线的传播

首先讨论波的传播机理，对于波 $f_1(x-ct)$ 考虑 $t=0$ 和 $t=t$ 两个瞬时的状态，如图 12-2 所示，$t=0$ 时 f_1 的波形为函数 $f_1(x)$；而 $t=t$ 时作变量代换设

$x' = x - ct$，则有 $f_1(x-ct) \equiv f_1(x')$。说明以变量 x' 为基准的波形和以变量 x 为基准的波形完全一样，只是波 f_1 沿 x 轴的正方向向前移动了距离 ct，而波的形状并未改变，且传播速度为 c。同理，f_2 以同样的传播速度 c 沿 x 轴的负方向传播。特别注意，波的传播速度 c 只与杆的材料特性 E 和 ρ 有关，而与杆的几何尺寸的大小以及外部激励没有关系。

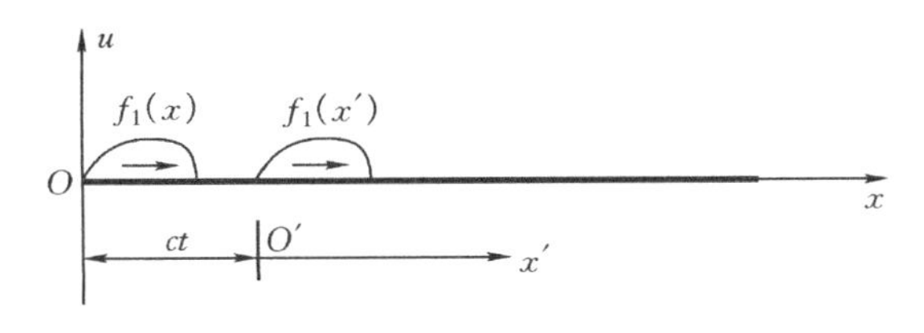

图 12-2　波的传播

杆的动力行为也可以用应力波来表示

$$\sigma(x,t) = E\frac{\partial u(x,t)}{\partial x} = E\frac{\partial f_1(x-ct)}{\partial x} + E\frac{\partial f_2(x+ct)}{\partial x} \tag{12-3}$$

令

$$g_1 = E\frac{\partial f_1}{\partial x}, \quad g_2 = E\frac{\partial f_2}{\partial x}$$

上式可以写成

$$\sigma(x,t) = g_1(x-ct) + g_2(x+ct) \tag{12-4}$$

g_1 和 g_2 表示应力波函数，其形状取决于位移波的形状。显然，应力波也是以速度 c 传播并保持形状不变。

例 12-1　试讨论图 12-3(a)所示混凝土桩，桩长 $l = 30\ \text{m}$，桩的截面面积 $A = 0.25\ \text{m}^2$。在其顶部受到锤击，假定锤产生了一个半正弦波脉冲力 $p(t) = 2000\sin\dfrac{\pi t}{0.005}\ \text{kN}$，试求脉冲结束时（$t_1 = 0.005\ \text{s}$）桩内的应力分布。

解　锤击后混凝土桩形成了向下传播的应力波，取混凝土的弹性模量 $E = 3.11\times10^7\ \text{kN/m}^2$，质量密度 $\rho = 2.4\ \text{t/m}^3$，则波的传播速度

$$c = \sqrt{\frac{E}{\rho}} = \sqrt{\frac{3.11\times10^7}{2.4}} = 3600\ \text{m/s}$$

受锤击时桩顶（原点）的应力为

$$\sigma(0,t) = \frac{p(t)}{A} = 8000\times\sin\frac{\pi t}{0.005}\ \text{kN/m}^2$$

先只考虑向下传播的波 g_1，用式(12-4)得到原点应力 $\sigma(0,t) = g_1(-ct)$，令这两个表达式相等，有

$$
\begin{aligned}
g_1(-ct) &= \sigma(0,t) \\
&= 8000 \times \sin \frac{\pi t}{0.005}\ \mathrm{kN/m^2} \\
&= 8000 \times \sin \frac{\pi}{18} ct\ \mathrm{kN/m^2}
\end{aligned}
$$

于是,向下传播的波的一般表达式为

$$
g_1(x-ct) = -8000 \times \sin \frac{\pi}{18}(x-ct)\ \mathrm{kN/m^2}
$$

在 $t = 0.005$ s 时算得

$$
\sigma(x, 0.005) = g_1(x-18) = 8000 \times \sin\pi\left(1-\frac{x}{18}\right)\ \mathrm{kN/m^2}
$$

这一结果见图 12-3(b)。

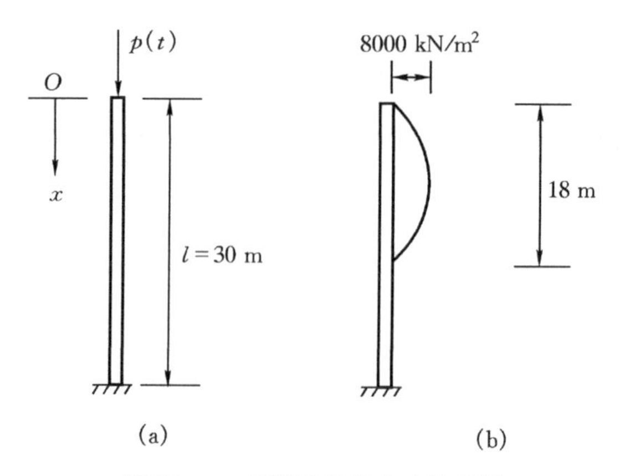

图 12-3　混凝土桩的应力波传播

12.2　边界条件的处理

沿等截面直杆传播的波,其形状函数 f_1 和 f_2 取决于杆端的边界条件,即边界处位移相容条件和力的平衡条件。图 12-2 所示的位移波可以由在 $x = 0$ 处引入位移过程 $u(0,t) = f_1(-ct)$ 而得出,如图 12-4 所示。

图 12-4　起始端边界条件的引入

1. 自由端

如果杆的右端($x = l$)是自由端,任意时刻该端的应力必须为零。当波 f_1 向右运动到杆的右端时为了满足应力为零的条件,必须有第二个波 f_2 向左传播,与波 f_1 叠加以后方可消去杆右端截面应力。代入式(12-3)可得到

$$\frac{\partial f_1(l-ct)}{\partial x} = -\frac{\partial f_2(l+ct)}{\partial x} \tag{12-5}$$

显然,当波的每一部分经过杆端时,向左传播的位移波 f_2 的斜率必然等于向右传播的位移波 f_1 的斜率的负值。

入射波 f_1 在自由端与来自杆端外部的一个向左移动的波 f_2 的叠加概念使我们易于设想满足边界条件的机理。但是应该理解,这个波 f_2 是在向右传播的波 f_1 到达右端点时在那里真实产生的反射波,即入射波在自由端被反射了,反射波具有和入射波相同的位移。因为行进方向相反,所以应力大小相等、正负号相反。特别注意,自由端的两个应力分量相互抵消了,而由于入射波 f_1 和反射波 f_2 的叠加总位移增加了一倍。

2. 固定端

现在考虑杆右端是固定端的情况,任何时刻位移为零,即 $u(l,t) = 0$ 。由式(12-2),反射波和入射波必须满足的边界条件为

$$f_2(l+ct) = -f_1(l-ct) \tag{12-6}$$

可以看出两个方向的位移波在杆端位移大小相等而正负号相反,相互抵消。同时从式(12-3)可以推论入射的应力波和反射的应力波大小相等、正负号相同,相互叠加。因此,在满足位移为零的条件下,反射波使得杆固定端的应力增大了一倍。

例 12-2 进一步讨论例 12-1 中桩锤打击混凝土桩所产生的应力波,说明应力波的边界反射现象。

解 由例 12-1 知道,应力波以 $c = 3600$ m/s 的速度行进,于是波的前沿到达桩的底端的时间为

$$t_2 = \frac{l}{c} = \frac{30}{3600} = 0.00833 \text{ s}$$

于是,后继的行为将取决于端部支承条件。

首先假定桩搁置在刚性支承上,使得桩的底端不产生位移。反射应力波必须和入射应力波一样,都是压应力波。此后的总应力等于入射波分量和反射波分量的和。作为一个特例,当应力波已经行进了 40 m,此时入射应力波的峰值到达桩的底端,对应的时间为

$$t_2 = \frac{40}{3600} = 0.0111 \text{ s}$$

应力分布如图 12 - 5(a)所示。

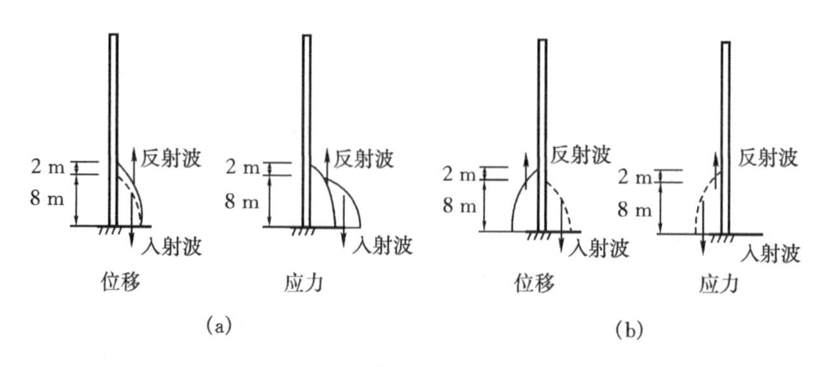

图 12 - 5　桩的应力分布图

另一种极限情况是:如果桩搁置在极软的泥里,于是根本不能限制位移,而要求杆端应力为零。这种情况下,反射应力波必然是拉应力波,桩的总应力等于拉伸分量和压缩分量之差。仍取应力波行进了 40 m 时的时间 t_3 应力分布如图 12 - 5(b)所示。有意义的是在桩下部 10 m 部位内,应力是拉应力,最大值发生在离底部 8 m 处。这说明把桩打入抗力极小的物质中会产生拉应力,这一拉应力有可能使桩在离端部一定距离处发生破坏。

12.3　杆件性能突变处条件处理

1. 力的平衡条件和位移相容条件

波传播时在杆的每一点上都要满足力的平衡条件和位移相容条件,这些条件使得任意给定的入射波在两个性能不同的杆段的交接处将产生附加的折射波和反射波。上一节讨论的等截面杆在自由端或固定端发生的波的反射可被看作是在杆性能突变处发生的一般折射和反射现象的特例。

现在考虑图 12 - 6 所示杆段 1 和杆段 2 的连接处。杆段 1 的质量密度、弹性模量和截面面积分别为 ρ_1 、E_1 和 A_1 ,传播速度为 $c_1 = \sqrt{E_1/\rho_1}$;杆段 2 的质量密度、弹性模量和截面面积分别为 ρ_2 、E_2 和 A_2 ,传播速度为 $c_2 = \sqrt{E_2/\rho_2}$ 。

向前传播的波 u_a 到达杆段 1 的连接面时,形成了一个在杆段 1 沿反方向行进的反射波 u_b ,同时,也形成了一个在杆 2 向前传播的折射波 u_c 。

在两个杆段的连接处必须满足的位移连续条件和力的平衡条件为

$$u_1 = u_2 \quad 或 \quad u_a + u_b = u_c \tag{12-7a}$$

$$N_1 = N_2 \quad 或 \quad N_a + N_b = N_c \tag{12-7b}$$

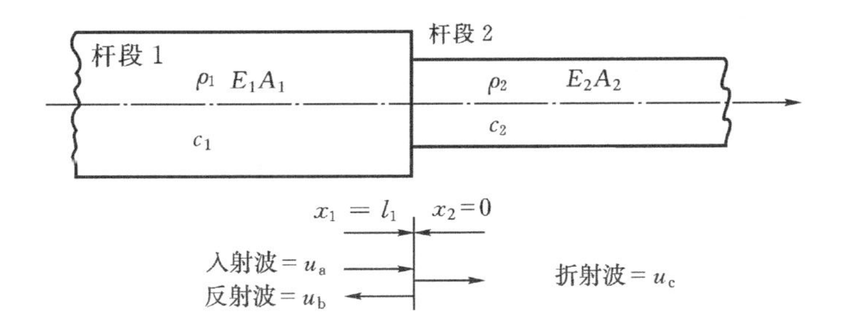

图 12-6　波在突变处的折射和反射

式子表明了如下事实：入射波 u_a 和反射波 u_b 都在杆段 1 内传播。因为在任意时刻都必须满足这些位移连续条件，所以位移条件对于时间的导数也必须得到满足，即

$$\frac{\partial u_a}{\partial t}+\frac{\partial u_b}{\partial t}=\frac{\partial u_c}{\partial t} \tag{12-8}$$

2. 力波之间的关系

入射波可以表示成 $u_a = f_a(x-ct)$ 的形式，为方便起见引入变量

$$\zeta = x - ct$$

则 u_a 的导数可以表示为

$$\frac{\partial u_a}{\partial x}=\frac{\partial f_a}{\partial \zeta}\frac{\partial \zeta}{\partial x}=\frac{\partial f_a}{\partial \zeta}$$

$$\frac{\partial u_a}{\partial t}=\frac{\partial f_a}{\partial \zeta}\frac{\partial \zeta}{\partial t}=-c_1\frac{\partial f_a}{\partial \zeta}$$

显然，由上式通过波的传播速度可建立入射波 u_a 对时间导数和对位置导数的关系

$$\frac{\partial u_a}{\partial t}=-c_1\frac{\partial u_a}{\partial x} \tag{12-9a}$$

同理，对反射波 u_b 和折射波 u_c 进行类似分析，得到以下关系式

$$\frac{\partial u_b}{\partial t}=+c_1\frac{\partial u_b}{\partial x} \tag{12-9b}$$

$$\frac{\partial u_c}{\partial t}=-c_2\frac{\partial u_c}{\partial x} \tag{12-9c}$$

其中式(12-9b)的“+”是因为反射波按负方向传播。把式(12-9)代入式(12-8)导得

$$-c_1\frac{\partial u_a}{\partial x}+c_1\frac{\partial u_b}{\partial x}=-c_2\frac{\partial u_c}{\partial x} \tag{12-10}$$

上式给出了入射波 u_a、反射波 u_b 和折射波 u_c 应变之间的关系。应变可用作用在

杆上的力来表示：$\frac{\partial u_a}{\partial x}=\frac{N_a}{E_1A_1},\frac{\partial u_b}{\partial x}=\frac{N_b}{E_1A_1},\frac{\partial u_c}{\partial x}=\frac{N_c}{E_2A_2}$。因此，式(12－10)的相容条件可以用力波来表示

$$-\frac{c_1}{E_1A_1}N_a+\frac{c_1}{E_1A_1}N_b=-\frac{c_2}{E_2A_2}N_c$$

写得更简单一些

$$N_c=\alpha(N_a-N_b) \tag{12-11}$$

式中

$$\alpha=\frac{c_1E_2A_2}{c_2E_1A_1}=\frac{A_2}{A_1}\sqrt{\frac{\rho_2E_2}{\rho_1E_1}} \tag{12-12}$$

最后，把相容条件式(12－11)引入力的平衡条件式(12－7b)，有

$$N_a+N_b=\alpha(N_a-N_b)$$

得到用入射波来表示反射波

$$N_b=\frac{\alpha-1}{\alpha+1}N_a \tag{12-13}$$

并由式(12－11)得到用入射波来表示折射波

$$N_c=\frac{2\alpha}{\alpha+1}N_a \tag{12-14}$$

式(12－13)和(12－14)表达了在杆突变处入射力波、反射力波和折射力波间的关系。

3. 位移波之间的关系

注意下式即可导得位移波的对应关系式

$$N=EA\frac{\partial u}{\partial x}=\pm\frac{EA}{c}\frac{\partial u}{\partial t}$$

把它代入式(12－13)并积分后导得

$$\frac{E_1A_1}{c_1}u_b=-\frac{E_1A_1}{c_1}\frac{\alpha-1}{\alpha+1}u_a$$

由此得

$$u_b=-\frac{\alpha-1}{\alpha+1}u_a \tag{12-15}$$

同样，代入式(12－14)并积分给出

$$-\frac{E_2A_2}{c_2}u_c=-\frac{E_1A_1}{c_1}\frac{2\alpha}{\alpha+1}u_a$$

由此

$$u_c=\frac{2}{\alpha+1}u_a \tag{12-16}$$

显而易见,参数 α 标志了两杆连接处的突变特性,并控制反射波和折射波的相对幅值。如果两个相邻杆的性质一样或者 α 值为 1 时,则不存在突变,也无反射波。当减小杆 2 刚度时,α 值变得小于 1,反射力波和入射力波正负号相反。当增加杆 2 的刚度时,α 值增大,反射力波和入射力波正负号相同。从这个意义上来说,自由端和固定端条件可以认为是 $\alpha=0$ 和 $\alpha=\infty$ 时杆突变的两种极限情况。

入射波、反射波和折射波在各种突变情况下的关系列在表 12－1 中,供读者参考。

表 12－1　各种突变情况下波的关系

情况	α	力波 $\vec{N}_a+\overleftarrow{N}_b=\vec{N}_c$			位移波 $\vec{u}_a+\overleftarrow{u}_b=\vec{u}_c$		
自由端	0	1	-1	0	1	1	2
无突变	1	1	0	1	1	0	1
固定端	∞	1	1	2	1	-1	0
$\dfrac{E_2A_2}{E_1A_1}=\dfrac{\rho_2A_2}{\rho_1A_1}=2$	2	1	$\dfrac{1}{3}$	$\dfrac{4}{3}$	1	$-\dfrac{1}{3}$	$\dfrac{2}{3}$
$\dfrac{E_2A_2}{E_1A_1}=\dfrac{\rho_2A_2}{\rho_1A_1}=\dfrac{1}{2}$	$\dfrac{1}{2}$	1	$-\dfrac{1}{3}$	$\dfrac{2}{3}$	1	$\dfrac{1}{3}$	$\dfrac{4}{3}$

习题

12－1　已知图示混凝土桩的长度 $l=25$ m,截面积 $A=0.20\ \text{m}^2$,在其顶部受到锤击,假定锤产生了一个半正弦波脉冲力 $p(t)=2500\sin\dfrac{\pi t}{0.006}$ kN,取混凝土的弹性模量 $E=3\times10^7\ \text{kN/m}^2$,质量密度 $\rho=2.5\ \text{t/m}^3$,试求脉冲结束时($t_1=0.006$ s)桩内的应力分布。

12－2　试分析习题图 12－1 所示桩锤打击混凝土桩所产生的应力波,并说明底端固定时应力波的边界反射现象。

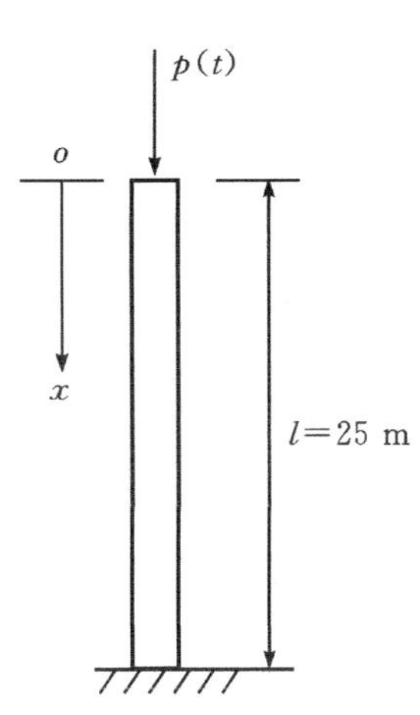

习题 12－1 图

第 13 章　连续体的离散化

13.1　引　言

前面论述了理想连续体振动的最简单的几种情况，并得到了精确解。但对稍微复杂的结构体系要得到振动的精确解就不那么容易了，而对于复杂连续体的振动问题要求精确解有时甚至是不可能的。在这种情况下将连续体离散化，用有限自由度体系逼近具有无限自由度的连续体，从而求出连续体近似解的方法就成为解决工程问题的一种切实可行的重要途径。

对连续体进行离散化最简单的方法有两种，即集中质量法和瑞利-里兹法。在此基础上又产生和发展了一些更为有效的方法，其中在解决工程结构动力学问题中最常用的方法应该是有限元法。

13.2　集中质量法

起初人们把那些惯性相对集中而变形能力极弱的结构部件看作集中质量，而把那些惯性相对较小而变形能力极为显著的部件视为无质量的变形体，从而把那些物理参数分布极不均匀或相对集中的结构体系抽象为集中质量模型。后来将这一方法推广应用到分布质量的一般结构体系上，把分布质量变成集中质量，从而把无限自由度体系变换成有限自由度体系。集中质量间的连接刚度仍与原体系的相应刚度相同。

关于质量的集中方法有多种，最简单的方法是把结构划分为若干段，将每一段的分布质量根据静力等效原则(使集中后的质量与原分布质量两者的重力互为等效)集中到它的端点形成点质量。整个结构上任一结点集聚的总质量等于与该结点连接的各段分配给此结点的点质量之和。这种方法简便灵活，可用于各种常见的结构体系的动力分析。

例 13－1　试用集中质量法求图 11－3 所示的等截面简支梁的固有频率，并与解析解对比。

解　将等截面简支梁分别分成二等段、三等段和四等段，每段质量集中在该段的两端，这时结构体系分别被简化为图 13-1(a)、(b) 和(c)所示的具有一个、两个和三个自由度的模型。分别计算各模型的固有频率，并与例 11-1 中的精确解进行对比，结果见表 13-1，表中 $\zeta=\sqrt{\dfrac{EI}{\overline{m}l^4}}$，括号内数字为相对误差。

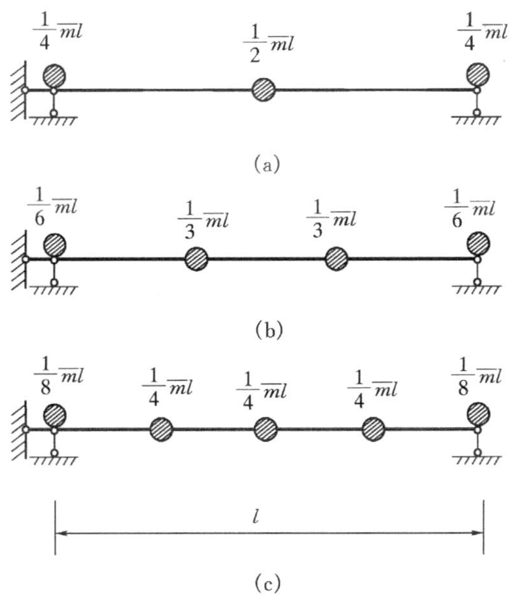

图 13-1 等截面简支梁的集中质量模型

表 13-1 计算结果

模 型	ω_1	ω_2	ω_3
一自由度	9.788ζ(−0.83%)	—	—
两自由度	9.860ζ(−0.10%)	38.20ζ(−3.24%)	—
三自由度	9.865ζ(−0.05%)	39.20ζ(−0.71%)	83.24ζ(−6.29%)
精确解	9.870ζ	39.48ζ	88.83ζ

可以看出，段数分得越多计算得到的频率越精确，另外集中质量法计算得到的频率小于精确解。

13.3 瑞利-里兹法

与在第 9 章多自由度体系讨论的瑞利-里兹法类似，对连续体做出一组有限个假设的位移形状函数 $\boldsymbol{\Psi}=[\psi_1(x)\quad \psi_2(x)\quad \cdots\quad \psi_s(x)]$，并用它们的线性组合来

表示连续体的运动

$$u(x,t)=\psi_1(x)q_1(t)+\psi_2(x)q_2(t)+\cdots+\psi_s(x)q_s(t)=\boldsymbol{\Psi}(x)\boldsymbol{q}(t) \tag{13-1}$$

式中：$\boldsymbol{q}(t)=[q_1(t)\quad q_2(t)\quad \cdots \quad q_s(t)]^{\mathrm{T}}$ 为待定的广义坐标向量，这样就把一个连续体离散为具有 s 个自由度的结构体系。形状函数一般是满足边界条件的假设的连续函数，也可以理解为连续体前 s 个近似的模态(或振型)，所以也称为**假设模态法**。

以梁的弯曲振动为例，具体说明其做法。用拉格朗日方程推导广义坐标 $\boldsymbol{q}(t)$ 所满足的运动方程。

梁在弯曲振动中的动能、势能分别为

$$\begin{aligned}T&=\frac{1}{2}\int_0^l \overline{m}(x)[\dot{u}(x,t)]^2\mathrm{d}x\\&=\frac{1}{2}\int_0^l \overline{m}(x)\,\dot{\boldsymbol{q}}^{\mathrm{T}}\,\boldsymbol{\Psi}^{\mathrm{T}}\boldsymbol{\Psi}\dot{\boldsymbol{q}}\,\mathrm{d}x\\&=\frac{1}{2}\dot{\boldsymbol{q}}^{\mathrm{T}}\int_0^l \overline{m}(x)\,\boldsymbol{\Psi}^{\mathrm{T}}\boldsymbol{\Psi}\mathrm{d}x\dot{\boldsymbol{q}}\\&=\frac{1}{2}\dot{\boldsymbol{q}}^{\mathrm{T}}\boldsymbol{m}\dot{\boldsymbol{q}}\end{aligned} \tag{13-2}$$

$$\begin{aligned}V&=\frac{1}{2}\int_0^l EI(x)\,[u''(x,t)]^2\mathrm{d}x\\&=\frac{1}{2}\int_0^l EI(x)\,\boldsymbol{q}^{\mathrm{T}}\,(\boldsymbol{\Psi}'')^{\mathrm{T}}\boldsymbol{\Psi}''\boldsymbol{q}\,\mathrm{d}x\\&=\frac{1}{2}\boldsymbol{q}^{\mathrm{T}}\int_0^l EI(x)\,(\boldsymbol{\Psi}'')^{\mathrm{T}}\boldsymbol{\Psi}''\mathrm{d}x\boldsymbol{q}\\&=\frac{1}{2}\boldsymbol{q}^{\mathrm{T}}\boldsymbol{k}\boldsymbol{q}\end{aligned} \tag{13-3}$$

式中

$$\boldsymbol{m}=\int_0^l \overline{m}(x)\,\boldsymbol{\Psi}^{\mathrm{T}}\boldsymbol{\Psi}\mathrm{d}x \tag{13-4}$$

$$\boldsymbol{k}=\int_0^l EI(x)\,(\boldsymbol{\Psi}'')^{\mathrm{T}}\boldsymbol{\Psi}''\mathrm{d}x \tag{13-5}$$

其中

$$m_{ij}=m_{ji}=\int_0^l \overline{m}(x)\psi_i(x)\psi_j(x)\mathrm{d}x$$

$$k_{ij}=k_{ji}=\int_0^l EI(x)\psi_i''(x)\psi_j''(x)\mathrm{d}x$$

若梁上作用的荷载为 $p(x,t)$，当梁有虚位移 $\delta u(x)=\sum\limits_{i=1}^{s}\psi_i(x)\delta q_i$ 时，荷载在

虚位移上所做的虚功为

$$\begin{aligned}\delta W_{\mathrm{nc}} &= \int_0^l p(x,t)\delta u(x)\mathrm{d}x \\ &= \int_0^l p(x,t)\sum_{i=1}^{s}\psi_i(x)\delta q_i\mathrm{d}x \\ &= \sum_{i=1}^{s}\int_0^l p(x,t)\psi_i(x)\mathrm{d}x\delta q_i\end{aligned}$$

按定义对应的广义荷载

$$p_i(t) = Q_i = \int_0^l p(x,t)\psi_i(x)\mathrm{d}x \qquad (i=1,2,\cdots,s) \tag{13-6}$$

将式(13－2)、(13－3)和(13－6)代入拉格朗日方程(6－15)，得到无阻尼体系运动方程

$$\boldsymbol{m}\ddot{\boldsymbol{q}}(t) + \boldsymbol{k}\boldsymbol{q}(t) = \boldsymbol{p}(t) \tag{13-7}$$

式中 $\boldsymbol{p}(t) = [p_1(t) \quad p_2(t) \quad \cdots \quad p_s(t)]^{\mathrm{T}}$ 就是广义荷载向量，这样就将连续体的动力学问题转换成多自由度体系的动力学问题。关于计算以及相关特性与第9章多自由度体系讨论的瑞利-里兹法相同，这里不再赘述。

13.4　有限元法

1. 概述

有限元法的基本思想是把一个连续体分割成若干个彼此之间仅在结点处相互连接的单元的集合体。有限元法的分析方法通常采用位移法，即以结点位移作为基本未知量，其他一切参量都通过结点位移来表示。从动力学问题来看，有限元法将一个连续体的动力学问题变成了一个以有限个结点的位移为广义坐标的多自由度体系的动力学问题。

每个单元仍是一个连续体，单元内各点的位移用结点位移的插值来表示，插值函数实际上就是一种形状函数，它与瑞利-里兹法中的形状函数的不同之处在于：①这里不是对整个结构而是对每个单元假设形状函数，由于单元尺寸相对较小，这个函数可以取得很简单；②以结点位移作为广义坐标，可以降低系统微分方程的耦合程度，给计算带来方便。

有限元法已成为分析复杂结构的有效方法和手段，结构的有限元法分析，通常可分为结构的离散化，单元特性分析(位移形状函数、单元刚度矩阵、单元质量矩阵、单元阻尼矩阵、单元等效结点荷载等)，结构整体分析三个步骤。这里我们仅以平面杆系结构(如梁、刚架等)为例说明用有限元法分析结构动力学问题的基本思

想和步骤。

2. 结构的离散化

首先把结构离散成 s 个单元并通过 N 个结点相互连接起来;然后分别对单元和结点进行编码,平面杆系结构的运动用结点处的线位移和角位移来表达并被取作广义坐标,每个结点有 3 个自由度,假如结构有 r 个约束的话,N 个结点的体系就有 $n=3N-r$ 个自由度,若一根杆件有一端为铰接时需要增加一个转动自由度,同时补充一个辅助结点;最后对整个结构的结点自由度进行整体编码,有约束的位移编码均为 0。

显然结构划分得越细,自由度数就越多,计算精度可能也越高;但计算工作量也越大。因此要根据实际情况和要求,综合考虑精度和计算量两方面的因素,对结构进行合理的离散。

例 13-2 对图 13-2 所示平面杆系结构实施离散,并进行编码。

解 为简单起见,按结构本身的自然结点分为 4 个单元,图上分别以①、②、③和④标明各单元的编码。这些单元相互之间以及与基础的连结点均为结点,它们的编码分别为 1、2、3、4,单元④在结点 4 处为铰接,所以增加一个辅助结点 4′。

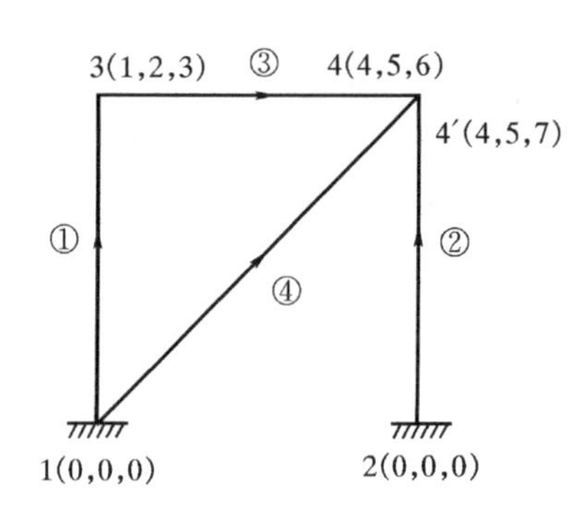

图 13-2 平面杆系结构

自由度编码按结点编码依次进行,具体见图 13-2 中结点码后的括号内数字。结点 1 和结点 2 为固支结点,其三个位移分量的自由度编码均为(0,0,0);刚结点 3 的三个位移编码为(1,2,3);结点 4 的三个位移编码为(4,5,6);而辅助结点 4′不完全独立,它的线位移与结点 4 的相同但角位移不同,因此结点 4′的线位移与结点 4 应采用同码,而角位移应另外编码为 7。这个结构共有 7 个自由度。

3. 位移形状函数

有限元法以结点位移为基本未知量,首先要建立单元内任意一点的位移与结点位移之间的关系,即位移函数,它是位置坐标的函数。

任取一代表单元ⓔ如图 13-3 所示,单元的左右结点局部编码分别为 i、j,图中与单元相连接的坐标系 $\overline{O}\,\overline{x}\,\overline{y}$ 称为**局部坐标系**。单元长度为 l,截面面积为 $A(\overline{x})$,截面惯性矩为 $I(\overline{x})$,单位长度质量为 $\overline{m}(\overline{x})$,材料的弹性模量为 E。

由图 13-3 可以看出,每个结点 i 有轴向位移 $\overline{u}_i$ 、横向位移 $\overline{v}_i$ 和转角 θ_i 三个

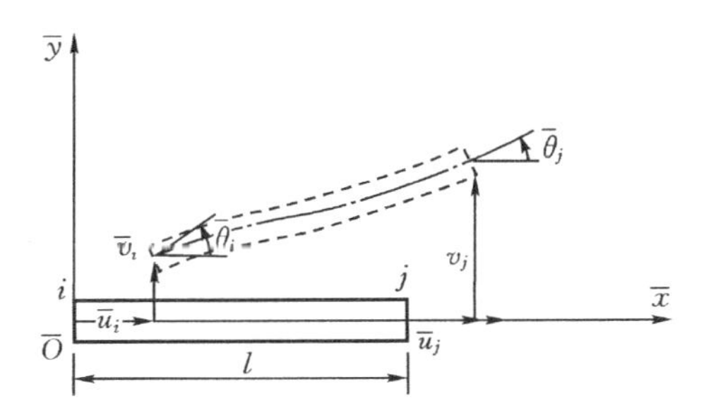

图 13－3　单元特性与运动状态

位移分量，一个杆件单元两个结点（i，j）共有六个结点位移分量。单元结点位移向量和自由度的编码如下

$$\overline{\boldsymbol{q}}^{(e)}=\begin{bmatrix}\overline{u}_1\\ \overline{v}_1\\ \overline{v}_2\\ \overline{u}_2\\ \overline{v}_3\\ \overline{v}_4\end{bmatrix}=\begin{bmatrix}\overline{u}_i\\ \overline{v}_i\\ \overline{\theta}_i\\ \overline{u}_j\\ \overline{v}_j\\ \overline{\theta}_j\end{bmatrix}\tag{13-8}$$

应注意到，横向位移和转角两者都用结点自由度 $\overline{v}_k(k=1,2,3,4)$ 表示。

平面杆系结构中杆件的运动一般情况下是由轴向运动与横向运动组合而成，从前面的分析我们知道，杆的轴向运动与横向运动是不耦合的，可以分别考虑。先分别研究仅发生轴向运动的轴向杆单元和仅发生横向运动的梁单元的特性，然后再把它们叠加起来从而得到这两种运动同时存在的平面一般杆单元的特性。

(1)轴向杆单元

对于轴向杆单元仅考虑轴向运动，结点 i 、j 的位移分别为 $\overline{u}_i$ 和 $\overline{u}_j$ 。相应的单元结点位移向量和自由度的编码如下

$$\overline{\boldsymbol{u}}^{(e)}=\begin{bmatrix}\overline{u}_1\\ \overline{u}_2\end{bmatrix}=\begin{bmatrix}\overline{u}_i\\ \overline{u}_j\end{bmatrix}\tag{13-9}$$

而单元内任意一点 $\overline{x}$ 的轴向位移 $\overline{u}(\overline{x})$ 可用基本未知量结点位移 $\overline{u}_1$ 和 $\overline{u}_2$ 插值而得到，因为只有两个边界条件，位移函数可取为 $\overline{x}$ 的线性函数，即

$$\overline{u}(\overline{x})=a_0+a_1\overline{x}\tag{13-10}$$

式中：待定系数 a_0 和 a_1 由单元结点位移条件 $\overline{u}(0)=\overline{u}_1$ ，$\overline{u}(l)=\overline{u}_2$ 来确定。将式(13－10)代入结点位移条件后解得

$$a_0=\overline{u}_1,\qquad a_1=\frac{\overline{u}_2-\overline{u}_1}{l}$$

再代回式(13－10)，并注意到在结构动力学问题中，位移 $\overline{u}$ 不仅是位置 $\overline{x}$ 的函数也

是时间 t 的函数,可表示为

$$\begin{aligned}\overline{u}(\overline{x},t) &= \psi_{u1}(\overline{x})\overline{u}_1(t) + \psi_{u2}(\overline{x})\overline{u}_2(t) \\ &= \begin{bmatrix}\psi_{u1}(\overline{x}) & \psi_{u2}(\overline{x})\end{bmatrix}\begin{bmatrix}\overline{u}_1(t) \\ \overline{u}_2(t)\end{bmatrix} \\ &= \boldsymbol{\psi}_u \overline{\boldsymbol{u}}^{(e)}\end{aligned} \tag{13-11}$$

式中

$$\left.\begin{aligned}\psi_{u1}(\overline{x}) &= 1 - \frac{\overline{x}}{l} \\ \psi_{u2}(\overline{x}) &= \frac{\overline{x}}{l}\end{aligned}\right\} \tag{13-12}$$

称为**位移形状函数**,也称**插值函数**,如图 13-4 所示,$\boldsymbol{\psi}_u$ 称为**形状函数矩阵**。从图 13-4 可以看出形状函数具有以下特性

$$\left.\begin{aligned}\psi_{u1}(0) &= 1 \\ \psi_{u1}(l) &= 0\end{aligned}\right\},\quad \left.\begin{aligned}\psi_{u2}(0) &= 0 \\ \psi_{u2}(l) &= 1\end{aligned}\right\} \tag{13-13}$$

这是构造形状函数的基本条件。

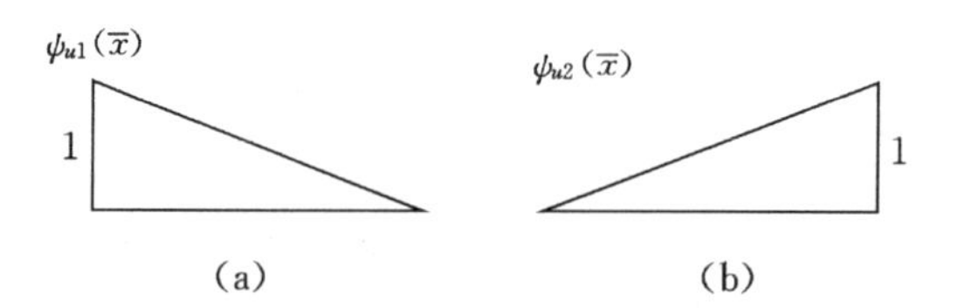

图 13-4　轴向单元的位移形状函数

(2)梁单元

现在只考虑平面内横向位移,即梁的弯曲问题。在局部坐标系下用 $\overline{v}(\overline{x},t)$ 表示。每一个结点有横向和转角两个位移,结点 i、j 的位移分别为 $\overline{v}_i$ 和 $\overline{\theta}_i$、$\overline{v}_j$ 和 $\overline{\theta}_j$。单元结点位移向量和自由度的编码如下

$$\overline{\boldsymbol{v}}^{(e)} = \begin{bmatrix}\overline{v}_1 \\ \overline{v}_2 \\ \overline{v}_3 \\ \overline{v}_4\end{bmatrix} = \begin{bmatrix}\overline{v}_i \\ \overline{\theta}_i \\ \overline{v}_j \\ \overline{\theta}_j\end{bmatrix} \tag{13-14}$$

在 t 时刻单元内任一点 $\overline{x}$ 的横向位移 $\overline{v}(\overline{x},t)$ 可用 4 个结点位移插值,参照式 (13-11) 可表示为

$$\overline{v}(\overline{x},t) = \psi_{v1}(\overline{x})\overline{v}_1(t) + \psi_{v2}(\overline{x})\overline{v}_2(t) + \psi_{v3}(\overline{x})\overline{v}_3(t) + \psi_{v4}(\overline{x})\overline{v}_4(t)$$

或写成矩阵形式

$$\bar{v}(\bar{x},t)=\begin{bmatrix}\psi_{v1}(\bar{x}) & \psi_{v2}(\bar{x}) & \psi_{v3}(\bar{x}) & \psi_{v4}(\bar{x})\end{bmatrix}\begin{bmatrix}\bar{v}_1(t)\\ \bar{v}_2(t)\\ \bar{v}_3(t)\\ \bar{v}_4(t)\end{bmatrix}=\boldsymbol{\psi}_v\,\bar{\boldsymbol{v}}^{(e)} \tag{13-15}$$

转角可用横向位移 $\bar{v}(\bar{x},t)$ 对 $\bar{x}$ 求偏导数而得到

$$\bar{\theta}(\bar{x},t)=\bar{v}'(\bar{x})=\psi'_{v1}(\bar{x})\bar{v}_1(t)+\psi'_{v2}(\bar{x})\bar{v}_2(t)+\psi'_{v3}(\bar{x})\bar{v}_3(t)+\psi'_{v4}(\bar{x})\bar{v}_4(t)=\boldsymbol{\psi}'_v\,\bar{\boldsymbol{v}}^{(e)} \tag{13-16}$$

参照式(13-13)，各横向位移插值函数应分别满足结点的 4 个条件

$$\left.\begin{array}{l}\psi_{v1}(0)=1\\ \psi'_{v1}(0)=0\\ \psi_{v1}(l)=0\\ \psi'_{v1}(l)=0\end{array}\right\},\quad\left.\begin{array}{l}\psi_{v2}(0)=0\\ \psi'_{v2}(0)=1\\ \psi_{v2}(l)=0\\ \psi'_{v2}(l)=0\end{array}\right\},\quad\left.\begin{array}{l}\psi_{v3}(0)=0\\ \psi'_{v3}(0)=0\\ \psi_{v3}(l)=1\\ \psi'_{v3}(l)=0\end{array}\right\},\quad\left.\begin{array}{l}\psi_{v4}(0)=0\\ \psi'_{v4}(0)=0\\ \psi_{v4}(l)=0\\ \psi'_{v4}(l)=1\end{array}\right\} \tag{13-17}$$

因为每个插值函数有四个边界条件，故可取为坐标 $\bar{x}$ 的三次多项式，即

$$\psi_{vi}(\bar{x})=a_0+a_1\bar{x}+a_2\bar{x}^2+a_3\bar{x}^3\qquad(i=1,2,3,4) \tag{13-18}$$

代入结点条件式(13-17)，分别确定四组系数 a_0、a_1、a_2 和 a_3 后，可得到

$$\left.\begin{array}{l}\psi_{v1}(\bar{x})=1-3\left(\dfrac{\bar{x}}{l}\right)^2+2\left(\dfrac{\bar{x}}{l}\right)^3\\ \psi_{v2}(\bar{x})=\bar{x}\left(1-\dfrac{\bar{x}}{l}\right)^2\\ \psi_{v3}(\bar{x})=3\left(\dfrac{\bar{x}}{l}\right)^2-2\left(\dfrac{\bar{x}}{l}\right)^3\\ \psi_{v4}(\bar{x})=\dfrac{\bar{x}^2}{l}\left(\dfrac{\bar{x}}{l}-1\right)\end{array}\right\} \tag{13-19}$$

这些函数如图 13-5 所示，称为**梁单元的位移形状函数**，它们分别表示在对应的坐标方向上产生单位位移时梁的挠曲线。

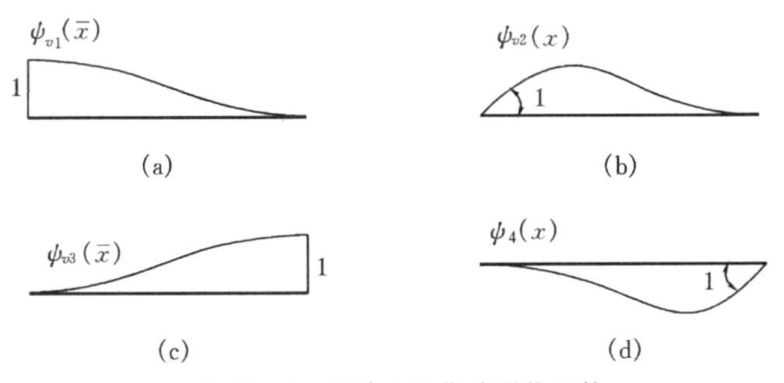

图 13-5　梁单元的位移形状函数

4. 单元刚度矩阵

单元特性分析的目的就是确定结点力与结点位移之间的关系，这是有限元分析的关键。原则上，与任何指定的一组结点位移相关的结构刚度系数都能直接通过它们的定义求得；然而，用有限单元法的概念常常提供了计算结构刚度系数最方便的手段，通过计算每个单元的刚度系数并适当地将它们叠加，就得到了整个结构的刚度系数，这种确定任何结构刚度特性的问题基本上可简化为一个标准单元的刚度计算问题。

下面我们首先分别讨论轴向杆单元刚度矩阵 $\bar{\boldsymbol{k}}_u^{(e)}$ 和梁单元刚度矩阵 $\bar{\boldsymbol{k}}_v^{(e)}$，然后通过叠加得到平面杆单元的刚度矩阵 $\bar{\boldsymbol{k}}^{(e)}$。

(1)轴向杆单元

轴向杆单元的变形势能可用轴向位移函数 $\bar{u}(\bar{x},t)$ 表示为

$$\begin{aligned} V_u &= \frac{1}{2}\int_0^l EA(\bar{x})\left[\bar{u}'(\bar{x},t)\right]^2 \mathrm{d}\bar{x} \\ &= \frac{1}{2}\int_0^l EA(\bar{x})\,\bar{\boldsymbol{u}}^{(e)\mathrm{T}}\boldsymbol{\psi}'^{\mathrm{T}}_u\boldsymbol{\psi}'_u\bar{\boldsymbol{u}}^{(e)}\mathrm{d}\bar{x} \\ &= \frac{1}{2}\bar{\boldsymbol{u}}^{(e)\mathrm{T}}\int_0^l EA(\bar{x})\,\boldsymbol{\psi}'^{\mathrm{T}}_u\boldsymbol{\psi}'_u\mathrm{d}\bar{x}\bar{\boldsymbol{u}}^{(e)} \\ &= \frac{1}{2}\bar{\boldsymbol{u}}^{(e)\mathrm{T}}\bar{\boldsymbol{k}}_u^{(e)}\bar{\boldsymbol{u}}^{(e)} \end{aligned} \tag{13-20}$$

由上式表示的单元变形势能表达式知道

$$\bar{\boldsymbol{k}}_u^{(e)} = \int_0^l EA(\bar{x})\,\boldsymbol{\psi}'^{\mathrm{T}}_u\boldsymbol{\psi}'_u\mathrm{d}\bar{x} \tag{13-21}$$

为轴向杆单元刚度矩阵，其中元素

$$\bar{k}_{uij}^{(e)} = \int_0^l EA(\bar{x})\psi'_{ui}(\bar{x})\psi'_{uj}(\bar{x})\mathrm{d}\bar{x}$$

从表达式的形式来看 $\bar{k}_{uij}^{(e)} = \bar{k}_{uji}^{(e)}$，显然单元刚度矩阵 $\bar{\boldsymbol{k}}_u^{(e)}$ 是对称的。

用式(13-12)作为形状函数时，由式(13-21)得到等截面轴向杆单元刚度矩阵的具体形式为

$$\bar{\boldsymbol{k}}_u^{(e)} = \begin{bmatrix} \dfrac{EA}{l} & -\dfrac{EA}{l} \\ -\dfrac{EA}{l} & \dfrac{EA}{l} \end{bmatrix} \tag{13-22}$$

单元刚度系数 $\bar{k}_{uij}^{(e)}$ 的物理意义就是由于 j 坐标产生单位位移所引起的 i 坐标的广义力。

(2)梁单元

梁单元的弯曲变形势能

$$
\begin{aligned}
V_v &= \frac{1}{2}\int_0^l EI(\bar{x})[\bar{v}''(\bar{x},t)]^2 \mathrm{d}\bar{x} \\
&= \frac{1}{2}\int_0^l EI(\bar{x})\boldsymbol{v}^{(e)\mathrm{T}}\ \boldsymbol{\psi}_v''^{\mathrm{T}}\boldsymbol{\psi}_v''\bar{\boldsymbol{v}}^{(e)}\,\mathrm{d}x \\
&= \frac{1}{2}\,\bar{\boldsymbol{v}}^{(e)\mathrm{T}}\int_0^l EI(\bar{x})\boldsymbol{\psi}_v''^{\mathrm{T}}\psi_v''\mathrm{d}\bar{x}\ \bar{\boldsymbol{v}}^{(e)} \\
&= \frac{1}{2}\,\bar{\boldsymbol{v}}^{(e)\mathrm{T}}\ \bar{\boldsymbol{k}}_v^{(e)}\ \bar{\boldsymbol{v}}^{(e)}
\end{aligned}
\tag{13-23}
$$

由此得到梁单元刚度矩阵

$$
\bar{\boldsymbol{k}}_v^{(e)} = \int_0^l EI(\bar{x})\ \boldsymbol{\psi}_v''^{\mathrm{T}}\ \boldsymbol{\psi}_v''\mathrm{d}\bar{x} \tag{13-24}
$$

其中刚度系数

$$
\bar{k}_{vij}^{(e)} = \int_0^l EI(\bar{x})\psi_{vi}''(\bar{x})\psi_{vj}''(\bar{x})\mathrm{d}\bar{x}
$$

显然梁单元刚度矩阵 $\bar{\boldsymbol{k}}_v^{(e)}$ 也是对称的。

用式(13－19)作为形状函数时，得到等截面梁单元刚度矩阵的具体表达式为

$$
\bar{\boldsymbol{k}}_v^{(e)} = \begin{bmatrix}
\dfrac{12EI}{l^3} & & \text{对} & \\
\dfrac{6EI}{l^2} & \dfrac{4EI}{l} & & \text{称} \\
-\dfrac{12EI}{l^3} & -\dfrac{6EI}{l^2} & \dfrac{12EI}{l^3} & \\
\dfrac{6EI}{l^2} & \dfrac{2EI}{l} & -\dfrac{6EI}{l^2} & \dfrac{4EI}{l}
\end{bmatrix} \tag{13-25}
$$

对于没有荷载的等截面梁，因为在式(13－19)中所用的形状函数是这种情形中的真实形状，所以得到的刚度系数是精确值；否则，式(13－25)只是给出了真实刚度系数的近似值，但如把梁分割成足够短的有限单元，最后结果仍然是非常满意的。

(3)平面杆单元

平面杆单元在线性范围内可以看作是用轴向位移描述的轴向杆单元和用横向位移描述的梁单元的叠加。平面杆单元的变形势能等于轴向杆单元变形势能与梁单元变形势能之和，即

$$
V = \frac{1}{2}\,\bar{\boldsymbol{u}}^{(e)\mathrm{T}}\ \bar{\boldsymbol{k}}_u^{(e)}\ \bar{\boldsymbol{u}}^{(e)} + \frac{1}{2}\,\bar{\boldsymbol{v}}^{(e)\,T}\,\bar{\boldsymbol{k}}_v^{(e)}\ \bar{\boldsymbol{v}}^{(e)}
$$

将它按式(13－8)所列的单元结点位移向量 $\bar{\boldsymbol{q}}^{(e)} = [\bar{u}_1\quad \bar{v}_1\quad \bar{v}_2\quad \bar{u}_2\quad \bar{v}_3\quad \bar{v}_4]^{\mathrm{T}}$ 展开、组合后表示为

$$V = \frac{1}{2} \bar{\boldsymbol{q}}^{(e)\mathrm{T}} \bar{\boldsymbol{k}}^{(e)} \bar{\boldsymbol{q}}^{(e)} \tag{13-26}$$

式中：$\bar{\boldsymbol{k}}^{(e)}$ 就是平面杆单元刚度矩阵。

实际上，只需将式(13－22)表示的轴向单元刚度矩阵 $\bar{\boldsymbol{k}}_u^{(e)}$ 和式(13－25)表示的梁单元刚度矩阵 $\bar{\boldsymbol{k}}_v^{(e)}$ 的元素按单元结点位移向量 $\bar{\boldsymbol{q}}^{(e)}$ 元素的序号重新排列，便得到等截面平面杆单元刚度矩阵

$$\bar{\boldsymbol{k}}^{(e)} = \begin{bmatrix} \frac{EA}{l} & & \text{对} & & & \\ 0 & \frac{12EI}{l^3} & & & \text{称} & \\ 0 & \frac{6EI}{l^2} & \frac{4EI}{l} & & & \\ -\frac{EA}{l} & 0 & 0 & \frac{EA}{l} & & \\ 0 & -\frac{12EI}{l^3} & -\frac{6EI}{l^2} & 0 & \frac{12EI}{l^3} & \\ 0 & \frac{6EI}{l^2} & \frac{2EI}{l} & 0 & -\frac{6EI}{l^2} & \frac{4EI}{l} \end{bmatrix} \tag{13-27}$$

显然，单元刚度矩阵 $\bar{\boldsymbol{k}}^{(e)}$ 同样是对称的，即 $\bar{k}_{ij}^{(e)} = \bar{k}_{ji}^{(e)}$ 。

5. 单元质量矩阵

单元质量矩阵也是用有限元法进行结构动力分析的一项重要内容。下面我们根据动能的二次型表达形式分别讨论轴向杆单元质量矩阵 $\bar{\boldsymbol{m}}_u^{(e)}$ 和梁单元质量矩阵 $\bar{\boldsymbol{m}}_v^{(e)}$ ，然后通过叠加得到平面杆单元的质量矩阵 $\bar{\boldsymbol{m}}^{(e)}$ 。

(1)轴向杆单元

轴向杆单元的动能

$$\begin{aligned} T_u &= \frac{1}{2}\int_0^l \overline{m}(\bar{x})[\dot{\bar{u}}(\bar{x},t)]^2 \mathrm{d}\bar{x} \\ &= \frac{1}{2}\int_0^l \overline{m}(\bar{x})\, \dot{\bar{\boldsymbol{u}}}^{(e)\mathrm{T}} \boldsymbol{\psi}_u^{\mathrm{T}} \boldsymbol{\psi}_u \dot{\bar{\boldsymbol{u}}}^{(e)} \mathrm{d}\bar{x} \\ &= \frac{1}{2} \dot{\bar{\boldsymbol{u}}}^{(e)\mathrm{T}} \int_0^l \overline{m}(\bar{x})\, \boldsymbol{\psi}_u^{\mathrm{T}} \boldsymbol{\psi}_u \mathrm{d}\bar{x}\, \dot{\bar{\boldsymbol{u}}}^{(e)} \\ &= \frac{1}{2} \dot{\bar{\boldsymbol{u}}}^{(e)\mathrm{T}} \bar{\boldsymbol{m}}_u^{(e)} \dot{\bar{\boldsymbol{u}}}^{(e)} \end{aligned} \tag{13-28}$$

由动能的二次型表达式得到轴向杆单元质量矩阵

$$\bar{\boldsymbol{m}}_u^{(e)} = \int_0^l \overline{m}(\bar{x})\, \boldsymbol{\psi}_u^{\mathrm{T}} \boldsymbol{\psi}_u \mathrm{d}\bar{x} \tag{13-29}$$

其中元素

$$\overline{m}_{uij}^{(e)} = \int_0^l \overline{m}(\overline{x})\psi_{ui}(\overline{x})\psi_{uj}(\overline{x})\mathrm{d}\overline{x}$$

从形式上看出 $\overline{m}_{uij}^{(e)} = \overline{m}_{uji}^{(e)}$，即 $\overline{\boldsymbol{m}}_u^{(e)}$ 是对称的。

采用式(13-12)作为插值函数时，由式(13-29)得到等截面均质轴向杆单元质量矩阵

$$\overline{\boldsymbol{m}}_u^{(e)} = \begin{bmatrix} \frac{2}{6}\overline{m}l & \frac{1}{6}\overline{m}l \\ \frac{1}{6}\overline{m}l & \frac{2}{6}\overline{m}l \end{bmatrix} \tag{13-30}$$

(2)梁单元

同样，梁单元的动能

$$\begin{aligned} T_v &= \frac{1}{2}\int_0^l \overline{m}(\overline{x})[\dot{\overline{v}}(\overline{x},t)]^2\mathrm{d}\overline{x} \\ &= \frac{1}{2}\int_0^l \overline{m}(\overline{x})\,\dot{\overline{\boldsymbol{v}}}^{(e)\mathrm{T}}\,\boldsymbol{\psi}_v^{\mathrm{T}}\,\boldsymbol{\psi}_v\,\dot{\overline{\boldsymbol{v}}}^{(e)}\mathrm{d}\overline{x} \\ &= \frac{1}{2}\dot{\overline{\boldsymbol{v}}}^{(e)\mathrm{T}}\int_0^l \overline{m}(\overline{x})\,\boldsymbol{\psi}_v^{\mathrm{T}}\,\boldsymbol{\psi}_v\mathrm{d}\overline{x}\dot{\overline{\boldsymbol{v}}}^{(e)} \\ &= \frac{1}{2}\dot{\overline{\boldsymbol{v}}}^{(e)\mathrm{T}}\,\overline{\boldsymbol{m}}_v^{(e)}\,\dot{\overline{\boldsymbol{v}}}^{(e)} \end{aligned} \tag{13-31}$$

由此得到梁单元质量矩阵

$$\overline{\boldsymbol{m}}_v^{(e)} = \int_0^l \overline{m}(\overline{x})\,\boldsymbol{\psi}_v^{\mathrm{T}}\,\boldsymbol{\psi}_v\mathrm{d}\overline{x} \tag{13-32}$$

其中质量系数

$$\overline{m}_{vij} = \int_0^l \overline{m}(\overline{x})\psi_{vi}(\overline{x})\psi_{vj}(\overline{x})\mathrm{d}\overline{x}$$

显然梁单元质量矩阵 $\overline{\boldsymbol{m}}_v^{(e)}$ 也是对称的。

采用式(13-19)的插值函数，等截面均质梁单元质量矩阵可具体写成

$$\overline{\boldsymbol{m}}_v^{(e)} = \begin{bmatrix} \frac{156}{420}\overline{m}l & & \text{对} & \\ \frac{22}{420}\overline{m}l^2 & \frac{4}{420}\overline{m}l^3 & & \text{称} \\ \frac{54}{420}\overline{m}l & \frac{13}{420}\overline{m}l^2 & \frac{156}{420}\overline{m}l & \\ -\frac{13}{420}\overline{m}l^2 & -\frac{3}{420}\overline{m}l^3 & -\frac{22}{420}\overline{m}l^2 & \frac{4}{420}\overline{m}l^3 \end{bmatrix} \tag{13-33}$$

(3)平面杆单元

同样将式(13－28)表示的轴向杆单元动能和式(13－31)表示的梁单元动能叠加得到平面杆单元的动能,并按式(13－8)所列的单元结点位移向量 $\bar{\boldsymbol{q}}^{(e)}=[\bar{u}_1\quad \bar{v}_1\quad \bar{v}_2\quad \bar{u}_2\quad \bar{v}_3\quad \bar{v}_4]^{\mathrm{T}}$ 展开、组合后表示为

$$T=\frac{1}{2}\dot{\bar{\boldsymbol{u}}}^{(e)\mathrm{T}}\bar{\boldsymbol{m}}_u^{(e)}\dot{\bar{\boldsymbol{u}}}^{(e)}+\frac{1}{2}\dot{\bar{\boldsymbol{v}}}^{(e)\mathrm{T}}\bar{\boldsymbol{m}}_v^{(e)}\dot{\bar{\boldsymbol{v}}}^{(e)}=\frac{1}{2}\dot{\bar{\boldsymbol{q}}}^{(e)\mathrm{T}}\bar{\boldsymbol{m}}^{(e)}\dot{\bar{\boldsymbol{q}}}^{(e)}\tag{13－34}$$

式中: $\bar{\boldsymbol{m}}^{(e)}$ 是平面杆单元质量矩阵。

同样,只需将式(13－30)表示的轴向杆单元质量矩阵 $\bar{\boldsymbol{m}}_u^{(e)}$ 和式(13－33)表示的梁单元质量矩阵 $\bar{\boldsymbol{m}}_v^{(e)}$ 的元素按单元结点位移向量 $\bar{\boldsymbol{q}}^{(e)}$ 的元素序号重新排列,便得到等截面均质平面杆单元质量矩阵

$$\bar{\boldsymbol{m}}^{(e)}=\begin{bmatrix}\frac{140}{420}\bar{m}l & & & & & \\ 0 & \frac{156}{420}\bar{m}l & & \text{对} & & \\ 0 & \frac{22}{420}\bar{m}l^2 & \frac{4}{420}\bar{m}l^3 & & \text{称} & \\ \frac{70}{420}\bar{m}l & 0 & 0 & \frac{140}{420}\bar{m}l & & \\ 0 & \frac{54}{420}\bar{m}l & \frac{13}{420}\bar{m}l^2 & 0 & \frac{156}{420}\bar{m}l & \\ 0 & -\frac{13}{420}\bar{m}l^2 & -\frac{3}{420}\bar{m}l^3 & 0 & -\frac{22}{420}\bar{m}l^2 & \frac{4}{420}\bar{m}l^3\end{bmatrix}\tag{13－35}$$

单元质量矩阵 $\bar{\boldsymbol{m}}^{(e)}$ 同样是对称的,即 $\bar{m}_{ij}^{(e)}=\bar{m}_{ji}^{(e)}$。

当计算质量系数采用的插值函数与计算刚度系数的插值函数相同时,所得的质量矩阵称为**一致质量矩阵**。确定任何结构的质量特性,最简单的方法是按照集中质量法将全部质量集聚在某些需要计算平动位移的点上,集中质量矩阵具有对角型式。对于只需确定平动自由度的体系,一致质量体系动力分析的计算工作量一般要比集中质量体系大得多,原因有两点:①集中质量矩阵是对角的,而一致质量矩阵有许多非对角线项;②从集中质量分析中用静力缩聚法可以消去转动自由度。

一致近似在原则上应该导致非常精确的结果,但实践中这种改善常常是微不足道的,在分析中转动自由度的作用显然要比平动自由度小得多。一致近似的主要好处是用了一种统一的手法来计算结构反应时所能够提供的全部能量,从而使我们可能对振动频率的范围作出某些判断,但毕竟是得不偿失的。

6. 单元阻尼矩阵

假如作用在结构上的各种阻尼力能够定量确定的话,那么求单元质量矩阵的

概念可以再一次用来确定单元阻尼矩阵。单元阻尼系数同样可表示为如下形式

$$\bar{c}_{ij}^{(e)} = \int_0^l c(\bar{x})\psi_i(\bar{x})\psi_j(\bar{x})\mathrm{d}\bar{x} \tag{13-36}$$

式中：$c(\bar{x})$ 表示分布的黏滞阻尼特性。

然而阻尼特性实际上是算不出来的，因此常常根据类似结构实验方法确定的阻尼比来表示阻尼，而不用一个具体的阻尼矩阵 $\boldsymbol{c}$ 。假如需要一个具体的阻尼矩阵表达式，则如第 8 章所述可以从给出的阻尼比求得。

7. 单元等效结点荷载

作用在结构上的动力荷载根据作用位置可以分为两类：一类为作用在结构的结点上与位移坐标相对应的集中荷载；另一类常常是作用在杆件上的分布荷载或集中荷载。对于第一类荷载可以直接写入结构的荷载向量，也可以看作是作用在杆件上的集中荷载；而对于第二类作用在杆件上的荷载则等效为与对应的单元结点位移分量相关联的广义力——单元**等效结点荷载**，计算各结点位移分量对应的等效结点荷载的方法常采用虚位移原理。

(1)轴向杆单元

首先考虑沿杆轴的轴向荷载 $p_u(\bar{x},t)$ ，其等效结点荷载向量

$$\bar{\boldsymbol{p}}_u^{(e)}(t) = \begin{bmatrix} \bar{p}_{u1}^{(e)}(t) \\ \bar{p}_{u2}^{(e)}(t) \end{bmatrix} \tag{13-37}$$

也沿着轴向。设给一个结点虚位移 $\delta\bar{\boldsymbol{u}}^{(e)}$ 时，由式(13－11)有 $\delta\bar{u}(x) = \boldsymbol{\psi}_u\delta\bar{\boldsymbol{u}}^{(e)}$ ，根据虚位移原理等效结点荷载 $\bar{\boldsymbol{p}}_u^{(e)}(t)$ 所做的虚功应该等于轴向荷载 $p_u(\bar{x},t)$ 所做的虚功，即

$$(\delta\bar{\boldsymbol{u}}^{(e)})^{\mathrm{T}}\bar{\boldsymbol{p}}_u^{(e)}(t) = \int_0^l (\delta\bar{\boldsymbol{u}}^{(e)})^{\mathrm{T}}\boldsymbol{\psi}_u^{\mathrm{T}}p_u(\bar{x},t)\mathrm{d}\bar{x}$$

由 $\delta\bar{\boldsymbol{u}}^{(e)}$ 的任意性，则得到等效结点荷载向量

$$\bar{\boldsymbol{p}}_u^{(e)}(t) = \int_0^l \boldsymbol{\psi}_u^{\mathrm{T}}p_u(\bar{x},t)\mathrm{d}\bar{x} \tag{13-38}$$

它的正方向与坐标轴正方向一致。

(2)梁单元

现在考虑横向荷载 $p_v(\bar{x},t)$ ，设给一个结点虚位移 $\delta\bar{\boldsymbol{v}}^{(e)}$ 时，由式(13－15)有 $\delta\bar{v}(\bar{x}) = \boldsymbol{\psi}_v\delta\bar{\boldsymbol{v}}^{(e)}$ ，根据虚位移原理等效结点荷载向量

$$\bar{\boldsymbol{p}}_v^{(e)}(t) = \begin{bmatrix} \bar{p}_{v1}^{(e)}(t) \\ \bar{p}_{v2}^{(e)}(t) \\ \bar{p}_{v3}^{(e)}(t) \\ \bar{p}_{v4}^{(e)}(t) \end{bmatrix} \tag{13-39}$$

所做的虚功等于横向荷载所做的虚功

$$(\delta\overline{\boldsymbol{v}}^{(e)})^{\mathrm{T}}\,\overline{\boldsymbol{p}}_v^{(e)}(t)=\int_0^l(\delta\overline{\boldsymbol{v}}^{(e)})^{\mathrm{T}}\,\boldsymbol{\psi}_v^{\mathrm{T}}(\overline{x})p_v(\overline{x},t)\mathrm{d}\overline{x}$$

由 $\delta\overline{\boldsymbol{v}}^{(e)}$ 的任意性,则得到对应于 $\overline{\boldsymbol{v}}^{(e)}$ 的梁单元等效结点荷载向量

$$\overline{\boldsymbol{p}}_v^{(e)}(t)=\int_0^l\boldsymbol{\psi}_v^{\mathrm{T}}(\overline{x})p_v(\overline{x},t)\mathrm{d}\overline{x}\tag{13-40}$$

当计算虚位移采用的插值函数与计算刚度系数的插值函数相同时,所得的广义力叫做**一致结点荷载**。假如改用线性插值函数

$$\psi_{v1}(\overline{x})=1-\frac{\overline{x}}{l},\quad \psi_{v2}(\overline{x})=\frac{\overline{x}}{l}\tag{13-41}$$

式(13-40)将给出简支梁式的静力结点合力。

(3)平面杆单元

只需将式(13-37)表示的轴向杆单元等效结点荷载向量 $\overline{\boldsymbol{p}}_u^{(e)}(t)$ 和式(13-39)表示的梁单元等效结点荷载向量 $\overline{\boldsymbol{p}}_v^{(e)}(t)$ 的元素按式(13-8)所列的单元结点位移向量 $\overline{\boldsymbol{q}}^{(e)}=[\overline{u}_1\quad\overline{v}_1\quad\overline{v}_2\quad\overline{u}_2\quad\overline{v}_3\quad\overline{v}_4]^{\mathrm{T}}$ 元素的序号重新排列即可得到平面杆单元等效结点荷载向量

$$\overline{\boldsymbol{p}}^{(e)}(t)=[\overline{p}_{u1}^{(e)}(t)\quad\overline{p}_{v1}^{(e)}(t)\quad\overline{p}_{v2}^{(e)}(t)\quad\overline{p}_{u2}^{(e)}(t)\quad\overline{p}_{v3}^{(e)}(t)\quad\overline{p}_{v4}^{(e)}(t)]^{\mathrm{T}}\tag{13-42}$$

8. 坐标转换

上述对单元特性矩阵和等效结点荷载向量的讨论是在单元的局部坐标系 $\overline{O}\overline{x}\,\overline{y}$ 中进行的,与静力有限元一样,为了形成结构体系的整体特性矩阵和等效结点荷载向量,必须把各单元在自身局部坐标下建立的单元特性矩阵和等效结点荷载向量转换到整体坐标系下。

局部坐标系 $\overline{O}\overline{x}\,\overline{y}$ 与整体坐标系 Oxy 的关系如图 13-6 所示,平面杆单元的结点运动在两个坐标系中的位移分量有以下关系

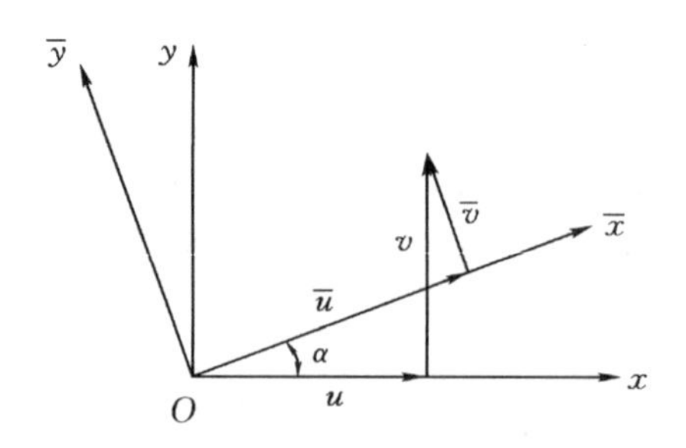

图 13-6　坐标转换

$$\bar{\boldsymbol{q}}_i = \begin{bmatrix} \bar{u}_i \\ \bar{v}_i \\ \bar{\theta}_i \end{bmatrix} = \begin{bmatrix} \cos\alpha & \sin\alpha & 0 \\ -\sin\alpha & \cos\alpha & 0 \\ 0 & 0 & 1 \end{bmatrix} \begin{bmatrix} u_i \\ v_i \\ \theta_i \end{bmatrix} = \boldsymbol{t}\,\boldsymbol{q}_i \qquad (i,j) \tag{13-43}$$

式中：$\boldsymbol{t}$ 称为**坐标转换矩阵**。两种坐标系下的杆单元结点位移向量之间的关系如下

$$\bar{\boldsymbol{q}}^{(e)} = \begin{bmatrix} \bar{\boldsymbol{q}}_i^{(e)} \\ \bar{\boldsymbol{q}}_j^{(e)} \end{bmatrix} = \begin{bmatrix} \boldsymbol{t} & \boldsymbol{0} \\ \boldsymbol{0} & \boldsymbol{t} \end{bmatrix} \begin{bmatrix} \boldsymbol{q}_i^{(e)} \\ \boldsymbol{q}_j^{(e)} \end{bmatrix} = \boldsymbol{T}\boldsymbol{q}^{(e)} \tag{13-44}$$

单元的结点力向量在两个坐标系中的关系与单元结点位移向量之间的关系相同。

将坐标转换式(13－44)代入平面杆单元的变形势能表达式(13－26)，得到

$$\begin{aligned} V &= \frac{1}{2}\bar{\boldsymbol{q}}^{(e)\mathrm{T}}\,\bar{\boldsymbol{k}}^{(e)}\,\bar{\boldsymbol{q}}^{(e)} \\ &= \frac{1}{2}\boldsymbol{q}^{(e)\mathrm{T}}\boldsymbol{T}^{\mathrm{T}}\,\bar{\boldsymbol{k}}^{(e)}\,\boldsymbol{T}\boldsymbol{q}^{(e)} \\ &= \frac{1}{2}\boldsymbol{q}^{(e)\mathrm{T}}\,\boldsymbol{k}^{(e)}\,\boldsymbol{q}^{(e)} \end{aligned} \tag{13-45}$$

可以看出整体坐标对应的单元刚度矩阵与局部坐标下的单元刚度矩阵的转换关系为

$$\boldsymbol{k}^{(e)} = \boldsymbol{T}^{\mathrm{T}}\,\bar{\boldsymbol{k}}^{(e)}\,\boldsymbol{T} \tag{13-46}$$

同理，得到整体坐标下的单元质量矩阵和单元阻尼矩阵的转换关系

$$\boldsymbol{m}^{(e)} = \boldsymbol{T}^{\mathrm{T}}\,\bar{\boldsymbol{m}}^{(e)}\,\boldsymbol{T} \tag{13-47}$$

$$\boldsymbol{c}^{(e)} = \boldsymbol{T}^{\mathrm{T}}\,\bar{\boldsymbol{c}}^{(e)}\,\boldsymbol{T} \tag{13-48}$$

假设单元结点有虚位移 $\delta\boldsymbol{q}^{(e)}$，则有 $\delta\bar{\boldsymbol{q}}^{(e)} = \boldsymbol{T}\delta\boldsymbol{q}^{(e)}$，根据虚位移原理有

$$(\delta\boldsymbol{q}^{(e)})^{\mathrm{T}}\,\boldsymbol{p}^{(e)} = (\delta\bar{\boldsymbol{q}}^{(e)})^{\mathrm{T}}\,\bar{\boldsymbol{p}}^{(e)} = (\delta\boldsymbol{q}^{(e)})^{\mathrm{T}}\,\boldsymbol{T}^{\mathrm{T}}\,\bar{\boldsymbol{p}}^{(e)}$$

由 $\delta\boldsymbol{q}^{(e)}$ 的任意性，必有

$$\boldsymbol{p}^{(e)} = \boldsymbol{T}^{\mathrm{T}}\,\bar{\boldsymbol{p}}^{(e)} \tag{13-49}$$

为整体坐标下单元等效结点荷载向量。

9. 结构整体分析

单元在整体坐标系下的运动方程由拉格朗日方程(6－5)可直接写出

$$\boldsymbol{m}^{(e)}\ddot{\boldsymbol{q}}^{(e)}(t) + \boldsymbol{c}^{(e)}\dot{\boldsymbol{q}}^{(e)}(t) + \boldsymbol{k}^{(e)}\boldsymbol{q}^{(e)}(t) = \boldsymbol{p}^{(e)}(t) + \boldsymbol{f}_s^{(e)}(t) \tag{13-50}$$

但还不能求解，因为它没有反映各单元之间的联系和结构的约束条件，因此必须建立整个结构体系的整体运动方程。

引入约束后，对于具有 n 个自由度的结构体系，结构的结点位移向量标记为

$$\boldsymbol{q} = [q_1 \quad q_2 \quad \cdots \quad q_n]^{\mathrm{T}} \tag{13-51}$$

由单元结点位移编码与结构整体结点位移编码的对应关系可以写出各单元的定位

向量

$$\boldsymbol{\lambda}^{(e)} = [\lambda_1 \quad \lambda_2 \quad \lambda_3 \quad \lambda_4 \quad \lambda_5 \quad \lambda_6]^{\mathrm{T}} \tag{13-52}$$

式中的 6 个元素的位置与 $\boldsymbol{q}^{(e)}$ 的 6 个元素一一对应,即单元结点位移编码;而单元的定位向量每个元素的值就是单元结点位移对应的结构整体结点位移编码。如例 13-1 中图 13-2 所示杆系结构,单元③的定位向量为 $\boldsymbol{\lambda}^{(3)} = [1 \quad 2 \quad 3 \quad 4 \quad 5 \quad 6]$,而单元④的定位向量为 $\boldsymbol{\lambda}^{(4)} = [0 \quad 0 \quad 0 \quad 4 \quad 5 \quad 7]$。

根据有限元法的基本原理,当结构全部单元的刚度矩阵 $\boldsymbol{k}^{(e)}$ 求出后,只要按照单元的定位向量相应地叠加各单元的刚度系数就能得到整个结构的刚度矩阵 $\boldsymbol{k}$,这种方法就叫做**直接刚度法**。实际上,结构的任何一个刚度系数都能够通过与这些结点相关联的单元所对应的刚度系数叠加而求得,即

$$k_{\lambda_i \lambda_j} = \sum_{(e)} k_{ij}^{(e)} \tag{13-53}$$

在使用这种方式叠加单元刚度以前,必须将它们先用适合于整个结构的整体坐标系表示。

同样,结构的质量矩阵 $\boldsymbol{m}$、阻尼矩阵 $\boldsymbol{c}$ 的形成过程与刚度矩阵 $\boldsymbol{k}$ 完全相同。作用在各单元上的力有等效结点荷载 $\boldsymbol{p}^{(e)}(t)$ 和弹性力 $\boldsymbol{f}_s^{(e)}(t)$,由于弹性力 $\boldsymbol{f}_s^{(e)}(t)$ 对结构整体来说是内力相互抵消,因此只需要叠加各单元的等效结点荷载 $\boldsymbol{p}^{(e)}(t)$,可用和直接刚度法一样的叠加过程求得作用在结构结点上的总有效荷载

$$p_{\lambda_i}(t) = p_{0\lambda_i}(t) + \sum_{(e)} p_i^{(e)}(t) \tag{13-54}$$

式中:$p_{0\lambda_i}(t)$ 为直接作用在结点的动力荷载,而求和项为总的等效结点荷载。

当我们求出了结构的特性矩阵和结点荷载向量后,结构的运动方程可表示为

$$\boldsymbol{m}\ddot{\boldsymbol{q}}(t) + \boldsymbol{c}\dot{\boldsymbol{q}}(t) + \boldsymbol{k}\boldsymbol{q}(t) = \boldsymbol{p}(t) \tag{13-55}$$

这是一个具有 n 个自由度的运动方程,注意这里已经施加了约束。这样就通过有限元法将连续体的动力学问题转换成多自由度体系的动力学问题。

习题

13-1 试用集中质量法求图示等截面两端固定梁的前两阶固有频率。

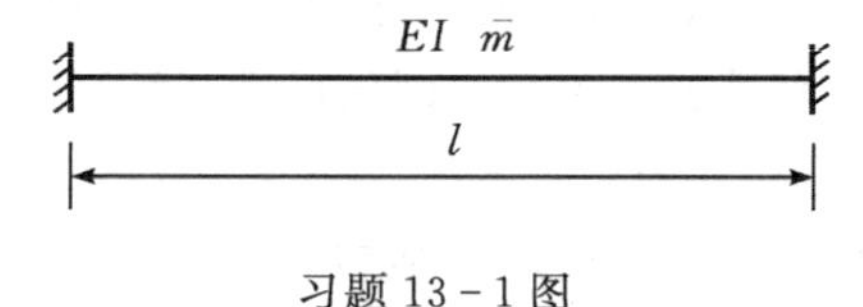

习题 13-1 图

13－2 试用集中质量法求图示对称刚架的反对称振动的最低阶固有频率和正对称振动的前两阶固有频率。

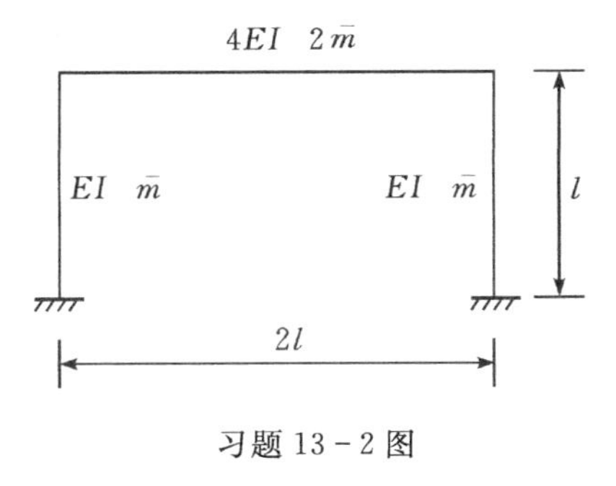

习题 13－2 图

13－3 试用瑞利-里兹法计算等截面简支梁的前两阶固有频率。

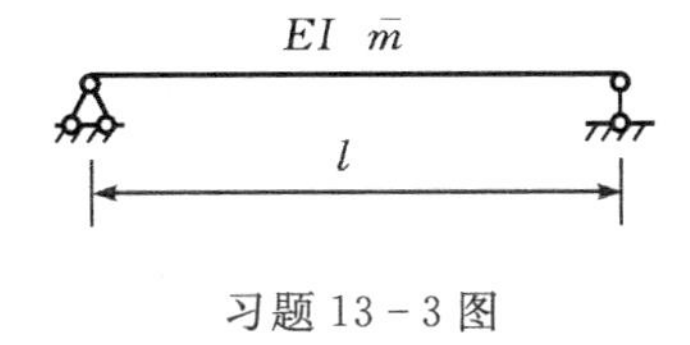

习题 13－3 图

13－4 试用瑞利-里兹法求等截面悬臂梁的前两阶固有频率。

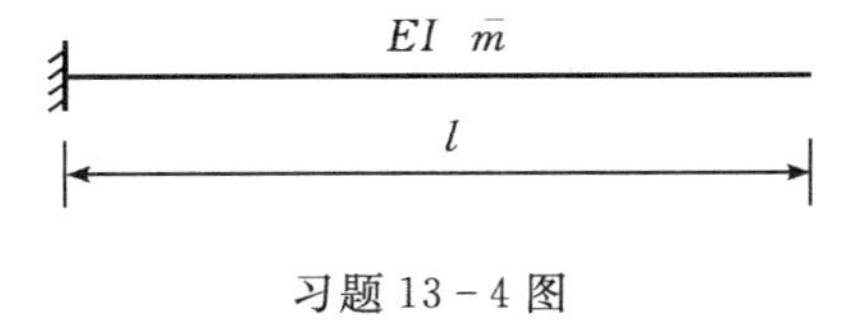

习题 13－4 图

13－5 试用有限元法建立习题 13－2 所示结构的运动方程。

第四篇 非线性体系

第14章 动力反应的解析法

14.1 引 言

线性结构体系在任意动力荷载作用下的反应可用杜哈梅尔积分的时域分析或者傅里叶积分的频域分析，但是必须指出在这两种方法的推导过程中都使用了叠加原理，所以它们只适用于在运动过程中体系的物理特性保持不变的线性体系。然而，在许多种重要的结构动力学问题中，结构体系的物理特性表现出很强的非线性，如足以引起结构严重破坏的地震运动下的建筑物反应等。因此，需要发展适用于非线性体系的动力分析方法。

对于任意的非线性体系，恢复力和阻尼力不再是位移和速度的线性函数，然而结构体系在任意时刻 t 仍然满足动平衡方程

$$f_I(t) + f_D(t) + f_S(t) = p(t) \tag{14-1}$$

对非线性体系运动方程的分析有解析法和数值分析法，本章以非线性单自由度体系为例，讨论求解非线性体系动力反应的解析法，通过算例说明非线性体系动力反应的规律和特征。

描述非线性单自由度体系的运动方程，由式(14－1)可写成标准化的一般形式

$$\ddot{u} + f(\dot{u}, u, t) = 0 \tag{14-2}$$

这种方程与线性方程的区别在于求它们的解时迭加原理无效。处理非线性微分方程的解析过程是困难的，能求得的非线性体系的精确解是相对很少的。然而，应用状态空间方法以及研究在相平面内描述的运动，能获得很多关于非线性体系的相关知识。

14.2 相平面

我们将先研究具有下列运动方程的自治体系

$$\ddot{u} + f(u, \dot{u}) = 0 \tag{14-3}$$

式中 $f(u,\dot{u})$ 是 u 和 $\dot{u}$ 的非线性函数。在状态空间方法中，以两个一阶方程来表示上述方程

$$\begin{aligned}\dot{u} &= v \\ \dot{v} &= -f(u,v)\end{aligned} \tag{14-4}$$

如果 u 和 v 是笛卡尔坐标，那么 uv 平面就称为**相平面**。

体系的状态由坐标 u 和 $v=\dot{u}$ 定义，它表示了在相平面上的一个点。当体系状态改变时，相平面上的点便运动，从而形成一条曲线，该曲线称为**轨线**。

另一个有用的概念是由下式定义的状态速度

$$\Omega = \sqrt{\dot{u}^2 + \dot{v}^2} \tag{14-5}$$

当状态速度 Ω 为零时，此时速度 $\dot{u}$ 和加速度 $\dot{v}=\ddot{u}$ 均为零，体系达到平衡状态。

以方程(14－4)中的第一式除第二式，得出下列关系

$$\frac{\mathrm{d}v}{\mathrm{d}u} = -\frac{f(u,v)}{v} = \phi(u,v) \tag{14-6}$$

这样对于在相平面上的每一个点(u,v)，$\phi(u,v)$是确定的，即轨线的斜率是单值的。

当 $v=0$(即点沿着 u 轴线)且 $f(u,v)\neq 0$ 时，则轨线的斜率为无穷大，故轨线必与 u 轴线正交。

当 $v=0$ 且 $f(u,v)=0$，则斜率是不确定的，称这些点为**奇异点**。此时速度 $\dot{u}=v$和加速度$\ddot{u}=\dot{v}=-f(u,v)$均为零，故奇异点对应于一种平衡状态。进而要确定的是由奇异点描述的平衡状态是稳定的还是不稳定的。

例 14－1　确定下式描述的单自由度体系振动的相平面

$$\ddot{u} + \omega^2 u = 0$$

解　令 $v=\dot{u}$，则上述方程可改写为二个一阶联立方程

$$\begin{aligned}\dot{u} &= v \\ \dot{v} &= -\omega^2 u\end{aligned}$$

两式相除，得到

$$\frac{\mathrm{d}v}{\mathrm{d}u} = -\frac{\omega^2 u}{v}$$

分离变量并积分后得到

$$v^2 + \omega^2 u^2 = C$$

上式为一组椭圆，椭圆的尺寸是由 C 确定。注意到 $k=\omega^2 m$，上式可改写为

$$\frac{1}{2}m\dot{u}^2 + \frac{1}{2}ku^2 = C'$$

也就是能量守恒方程。因为奇异点是在 $u=v=0$ 处，所以相平面的图形如图14－1所示。

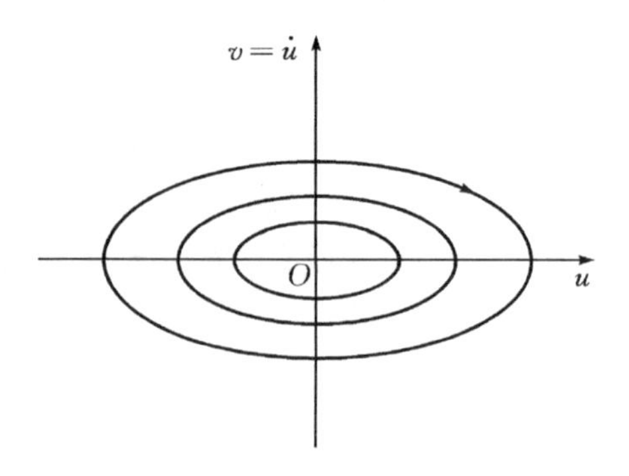

图 14-1 相平面的图形

14.3 保守体系

在保守体系中总能量保持常量。单位质量的动能与势能相加得

$$\frac{1}{2}\dot{u}^2+V=E \tag{14-7}$$

对 $v=\dot{u}$ 求解,相平面的纵坐标由下列方程给出

$$v=\dot{u}=\pm\sqrt{2[E-V]} \tag{14-8}$$

从这个方程式明显看出,保守系统的轨线必对称于 u 轴。

保守体系的运动方程可用下列形式表示

$$\ddot{u}=f(u) \tag{14-9}$$

因为 $\ddot{u}=\mathrm{d}\dot{u}/\mathrm{d}t=\mathrm{d}u\mathrm{d}\dot{u}/\mathrm{d}u\mathrm{d}t=\dot{u}(\mathrm{d}\dot{u}/\mathrm{d}u)$,所以方程(14-9)可以写成

$$\dot{u}\mathrm{d}\dot{u}-f(u)\mathrm{d}u=0 \tag{14-10}$$

积分后,得到

$$\frac{1}{2}\dot{u}^2-\int_0^u f(u)\mathrm{d}u=E \tag{14-11}$$

将上式与式(14-7)比较,得到

$$\begin{aligned} V(u)&=-\int_0^u f(u)\mathrm{d}u \\ f(u)&=-\frac{\mathrm{d}V}{\mathrm{d}u} \end{aligned} \tag{14-12}$$

因而,对于保守体系,力等于负的势能梯度。

令 $v=\dot{u}$,方程(14-10)在状态空间中变成为

$$\frac{\mathrm{d}v}{\mathrm{d}u}=\frac{f(u)}{v} \tag{14-13}$$

从这个方程中我们注意到，奇异点对应于 $f(u)=0$ 和 $v=\dot{u}=0$，所以这些点是平衡点。那么方程式(14-12)指出，势能曲线 $V(u)$ 在平衡点的斜率一定是零。可以证明 $V(u)$ 的最小值是稳定的平衡位置，而与 $V(u)$ 的最大值相对应的波峰顶点是不稳定的平衡位置。

平衡的稳定性　考察方程(14-8)，E 值是由初始条件 $u(0)$ 和 $v(0)=\dot{u}(0)$ 决定的。如果初始条件大，那么 E 值亦将大。对于每一位置 u 相应有一势能 $V(u)$，从方程(14-8)中可以看出，为了产生运动 E 应大于 $V(u)$，否则速度 $v=\dot{u}$ 是虚数。

图 14-2 所示为 $V(u)$ 与轨线 v 相对于 u 的一般图形，图中的各个 E 值是从方程(14-8)算得的。

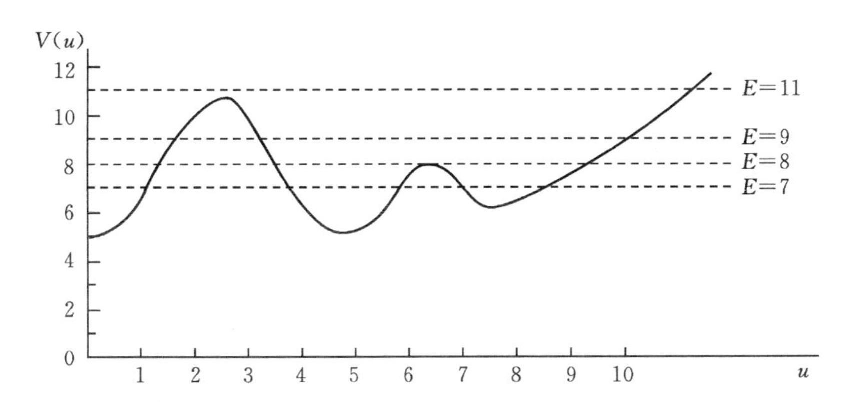

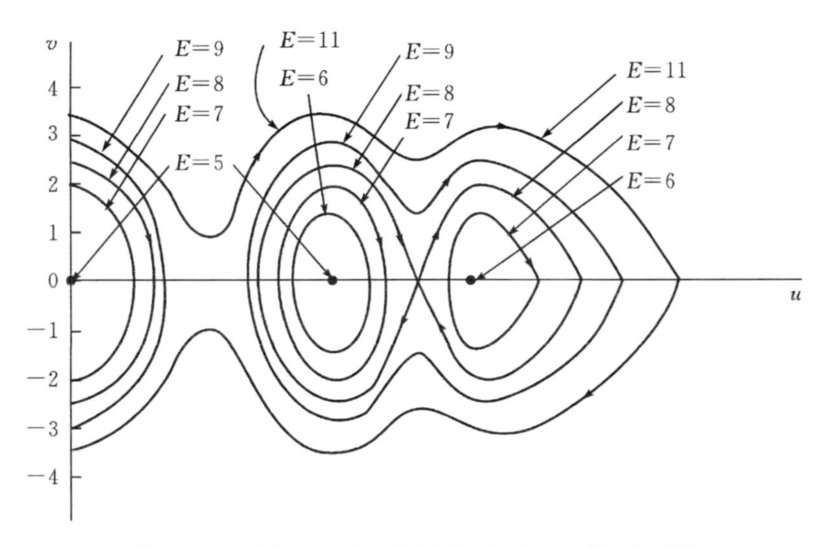

图 14-2　不同 E 值时 V 与轨线 v 相对于 u 的一般图形

对 $E=7$,$V(u)$曲线位于 $E=7$ 直线下面的部分只在 $u=0$ 到 1.2,$u=3.8$ 到 5.9以及 $u=7.0$ 到 8.7 之间。与 $E=7$ 相对应的轨线是一些封闭曲线,与它们有关的周期可以从方程(14—8)通过积分来求得

$$T = 2\int_{u_1}^{u_2} \frac{1}{\sqrt{2[E-V(u)]}} \mathrm{d}u$$

式中 u_1 和 u_2 是轨线在 u 轴线上的极点。

当初始条件较小时,这些封闭的轨线变得更小。对 $E=6$,轨线在平衡点 $u=7.5$ 附近缩为一点,而在平衡点 $u=5$ 附近是一条处于 $u=4.2$ 至 5.7 之间的封闭曲线。

对 $E=8$,$V(u)$曲线在 $u=6.5$ 处的那个最大值是与 $E=8$ 直线相切,在这一点上的轨线具有四个分支。对 $E=8$,$u=6.5$ 的这个点是一个鞍点,在该点处的运动是不稳定的。鞍点的轨线称为分界线。

对 $E>8$,轨线可能是封闭的,也可能是不封闭的。当 $E=9$ 时在 $u=3.3$ 到 10.2 之间出现一条封闭轨线。注意,在 $u=6.5$ 处,$\mathrm{d}V/\mathrm{d}u=-f(u)=0$ 而当 $E=9$ 时 $v=\dot{u}\neq 0$,所以平衡不存在。

14.4 摄动法

对于弱非线性体系的运动方程可以看做是线性运动方程中增加一个弱非线性项而构成。通常认为体系的质量 m 是不变化的,则非线性项与加速度 $\ddot{u}$ 无关是位移 u 和速度 $\dot{u}$ 的函数。因此,非线性体系的运动方程可表示为

$$m\ddot{u} + c\dot{u} + ku + \overline{f}(\alpha, u, \dot{u}) = p(t) \tag{14-14}$$

求解时,首先将非线性方程化为具有小参数的形式,然后采用不同的方法求解

$$\ddot{u} + \omega_0^2 u + \varepsilon f(u, \dot{u}) = \overline{p}(t) \tag{14-15}$$

式中:ε 为无量纲参数,对弱非线性体系参数 ε 是个小量;ω_0 为去掉非线性项后得到的派生体系的固有频率。

摄动法也称为小参数法,是解决非线性振动问题的有效方法之一,适用于解决小参数 ε 与微分方程的非线性项相结合的问题。这类问题的解是由摄动参数 ε 的级数构成,它是在线性问题解的邻域中发展的结果。如果线性问题的解是周期性的,且 ε 是小的,那么我们可以期望摄动解也是周期性的。

如果振动体系不存在荷载,即 $\overline{p}(t)=0$,则非线性单自由度体系自由振动方程为

$$\ddot{u} + \omega_0^2 u + \varepsilon f(u, \dot{u}) = 0 \tag{14-16}$$

现在讨论非线性弹簧上质量块的自由振动，其运动方程为

$$\ddot{u}+\omega_0^2u+\varepsilon u^3=0 \tag{14-17}$$

并具有初始条件 $u(0)=\hat{u}$ 和 $\dot{u}(0)=0$。

我们寻找一个以摄动参数 ε 的无穷级数形式来表示的解

$$u(t)=u_0(t)+\varepsilon u_1(t)+\varepsilon^2u_2(t)+\cdots \tag{14-18}$$

此外，非线性振动的频率 ω 不仅取决于振动的振幅，而且也取决于 ε，也以 ε 的级数来表示为

$$\omega^2=\omega_0^2+\varepsilon a_1+\varepsilon^2a_2+\cdots \tag{14-19}$$

式中：a_i 是尚未确定的振幅函数。

我们只考虑式(14-18)和式(14-19)中的前两项，这已足以说明整个求解过程。将其代入方程(14-17)，得到

$$\ddot{u}_0+\varepsilon\ddot{u}_1+(\omega^2-\varepsilon a_1)(u_0+\varepsilon u_1)+\varepsilon(u_0^3+3\varepsilon u_0^2u_1+\cdots)=0 \tag{14-20}$$

因为摄动参数 ε 可任意选定，所以 ε 各次幂的系数必等于零，导出下列逐步求解的方程组

$$\begin{aligned}&\ddot{u}_0+\omega^2u_0=0\\&\ddot{u}_1+\omega^2u_1=a_1u_0-u_0^3\\&\cdots\cdots\end{aligned} \tag{14-21}$$

方程组(14-21)中第一个方程满足初始条件 $u(0)=\hat{u}$ 和 $\dot{u}(0)=0$ 的解为

$$u_0=\hat{u}\cos\omega t \tag{14-22}$$

此式称为母解。将其代入第二个方程式的右边，得到

$$\begin{aligned}\ddot{u}_1+\omega^2u_1&=a_1\hat{u}\cos\omega t-\hat{u}^3\cos^3\omega t\\&=(a_1-\frac{3}{4}\hat{u}^2)\hat{u}\cos\omega t-\frac{\hat{u}^3}{4}\cos3\omega t\end{aligned} \tag{14-23}$$

式中用了 $\cos^3\omega t=\frac{3}{4}\cos\omega t-\frac{1}{4}\cos3\omega t$。右边第一项 $\cos\omega t$ 引起无阻尼共振反应，该项不符合周期运动这一原先的规定，因此我们只能取下列条件

$$a_1-\frac{3}{4}\hat{u}^2=0$$

这样可以解得 a_1 的取值

$$a_1=\frac{3}{4}\hat{u}^2 \tag{14-24}$$

从方程式右边消去强迫项 $\cos\omega t$，则 u_1 的一般解为

$$u_1 = C_1\cos\omega t + C_2\sin\omega t + \frac{\hat{u}^3}{32\omega^2}\cos3\omega t$$
$$\omega^2 = \omega_0^2 + \frac{3}{4}\varepsilon\hat{u}^2 \tag{14-25}$$

利用初始条件 $u_1(0)=\dot{u}_1(0)=0$,则常数 C_1 和 C_2 取值为

$$C_1 = -\frac{\hat{u}^3}{32\omega^2} \quad C_2 = 0$$

这样

$$u_1 = \frac{\hat{u}^3}{32\omega^2}(\cos3\omega t - \cos\omega t) \tag{14-26}$$

从方程(14－18)可求出的解为

$$u = \hat{u}\cos\omega t + \varepsilon\frac{\hat{u}^3}{32\omega^2}(\cos3\omega t - \cos\omega t)$$
$$\omega = \omega_0\sqrt{1 + \frac{3}{4}\frac{\varepsilon\hat{u}^2}{\omega_0^2}} \tag{14-27}$$

这样所求得的解是周期性的。可以看出,对硬弹簧($\varepsilon>0$)振动频率随振幅的增加而增加;而对软弹簧($\varepsilon<0$)振动频率则随振幅的增加而减少;$\varepsilon=0$ 为线性体系,振动频率与振幅无关。

非线性单自由度体系受外部荷载作用,运动方程就显含时间 t 项,也可用摄动法求解。不失一般性非线性方程表示为

$$\ddot{u} + \omega_0^2 u + \varepsilon u^3 = p\sin\overline{\omega}t \tag{14-28}$$

假设其摄动解仍为式(14－18),代入运动方程(14—28),同理可依次求出 $u_0(t)$、$u_1(t)$、$u_2(t)$、…,获得 $u(t)$的周期解。

14.5 迭代法

杜芬研究了三次弹簧-质量体系承受简谐荷载的非线性动力学问题,忽略了阻尼后的运动方程为

$$\ddot{u} + \omega_0^2 u + \varepsilon u^3 = \hat{p}\sin\overline{\omega}t \tag{14-29}$$

采用迭代法探求稳定状态的简谐解。迭代法实质上是一种逐步逼近过程:先假定一个试探解,代入运动方程经积分后得到一个更精确的解,经多次重复上述过程以达到要求的精度。

设试探解为

$$u_0 = \hat{u}\sin\overline{\omega}t \tag{14-30}$$

代入运动方程，得

$$\ddot{u}=-\omega_0^2\hat{u}\sin\overline{\omega}t-\varepsilon\hat{u}^3\left(\frac{3}{4}\sin\overline{\omega}t-\frac{1}{4}\sin3\overline{\omega}t\right)+\hat{p}\sin\overline{\omega}t$$

$$=\left(-\omega_0^2\hat{u}-\frac{3}{4}\varepsilon\hat{u}^3+\hat{p}\right)\sin\overline{\omega}t+\frac{1}{4}\varepsilon\hat{u}^3\sin3\overline{\omega}t$$

在积分这个方程时如果方程的解是具有周期 $2\pi/\overline{\omega}$ 的谐波，那么积分常数必须为零。忽略高阶谐波项后我们得到的改进解为

$$u_1=\frac{1}{\overline{\omega}^2}(\omega_0^2\hat{u}+\frac{3}{4}\varepsilon\hat{u}^3-\hat{p})\sin\overline{\omega}t-\cdots \tag{14-31}$$

上述求解过程可以重复进行但我们不再继续做下去了。

杜芬在这个问题上的推论：如果两个近似解都是这个问题的合理解的话，那么式(14－30)和式(14－31)中 $\sin\overline{\omega}t$ 的系数不应有大的差异。让这些系数相等，得到

$$\hat{u}=\frac{1}{\overline{\omega}^2}(\omega_0^2\hat{u}+\frac{3}{4}\varepsilon\hat{u}^3-\hat{p}) \tag{14-32}$$

由上式整理可得

$$\overline{\omega}^2=\omega_0^2+\frac{3}{4}\varepsilon\hat{u}^2-\frac{\hat{p}}{\hat{u}} \tag{14-33}$$

可以明显地看出，如果非线性参数 $\varepsilon=0$，就获得线性体系的精确解

$$\hat{u}=\frac{\hat{p}}{\omega_0^2-\overline{\omega}^2}$$

当 $\varepsilon\neq0$ 而 $\hat{p}=0$ 时，得到与上节中讨论过的自由振动式(14－27)相一致的频率方程($\overline{\omega}=\omega$)

$$\frac{\overline{\omega}^2}{\omega_0^2}=1+\frac{3}{4}\varepsilon\frac{\hat{u}^2}{\omega_0^2}$$

当 $\varepsilon\neq0$ 且 $\hat{p}\neq0$ 时，保持两者都不变，可以方便地绘出 $|\hat{u}|$ 相对于 $\overline{\omega}/\omega_0$ 的图形。在这些曲线的作图中，针对软弹簧($\varepsilon<0$)将式(14－33)整理成下式是有益的

$$\frac{3}{4}|\varepsilon|\frac{\hat{u}^3}{\omega_0^2}=(1-\frac{\overline{\omega}^2}{\omega_0^2})\hat{u}-\frac{\hat{p}}{\omega_0^2} \tag{14-34}$$

上式两边都可相对于 $\hat{u}$ 作图如图 14－3 所示。这个方程的左边是一条三次曲线，而右边是一条斜率为 $-\hat{p}/\omega_0{}^2$、截距为 $1-\overline{\omega}/\omega_0$ 的直线。当 $\overline{\omega}/\omega_0<1$ 时，两条曲线相交于 1、2、3 三点，这在振幅-频率图上也已示出。当 $\overline{\omega}/\omega_0$ 向 1 增加时，2 点和 3 点相互接近，适合方程(14－34)的振幅值只有一个。当 $\overline{\omega}/\omega_0=1$ 或当 $\overline{\omega}/\omega_0>1$ 时，这些点就变成了 4 点和 5 点。

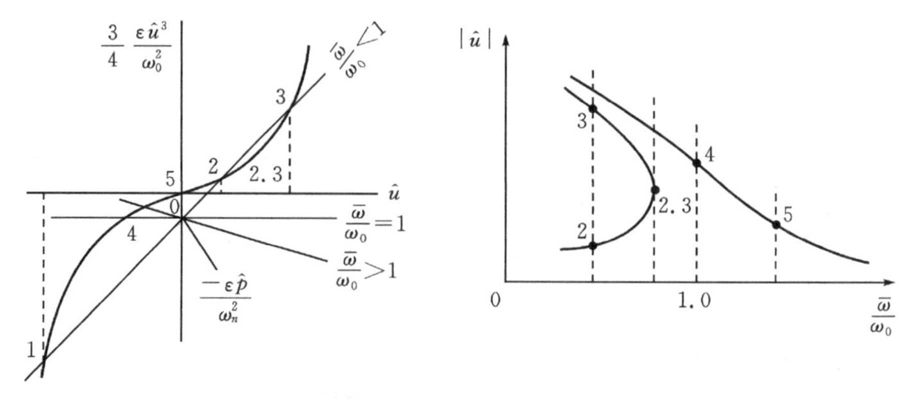

图 14－3　式(14－34)的解

跳跃现象　在这类问题中，发现在近共振时振幅经受一突然间断跳跃。对于软弹簧，振幅随荷载频率的增长而逐渐增大直到在图 14－4 上的 a 点。然后振幅突然跳跃到由 b 点所示的一个较大值，其后振幅值沿曲线向右减小。当频率从某点 c 减小时，振幅继续增加超过 b 点到 d 点，突然降落到一个更小值 e 点。振幅-频率曲线图中阴影区是不稳定区域，不稳定程度取决于许多因素，如存在的阻尼的总量，荷载频率的变化率等。如果选用一个硬弹簧来代替软弹簧，那么同一类型的分析也适用，其结果是一条在图 14－5 所示那一类型的曲线。

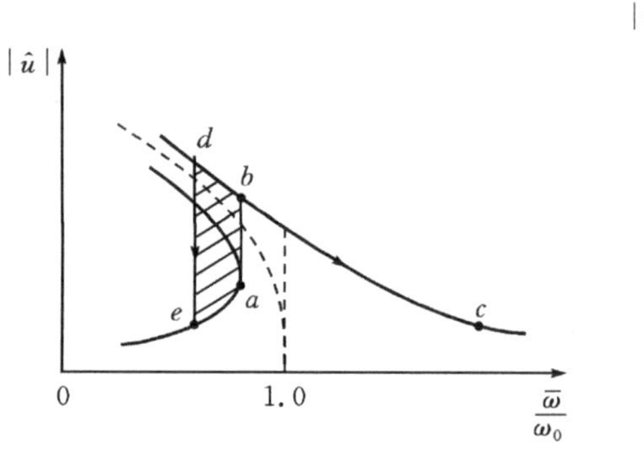

图 14－4　软弹簧的跳跃现象

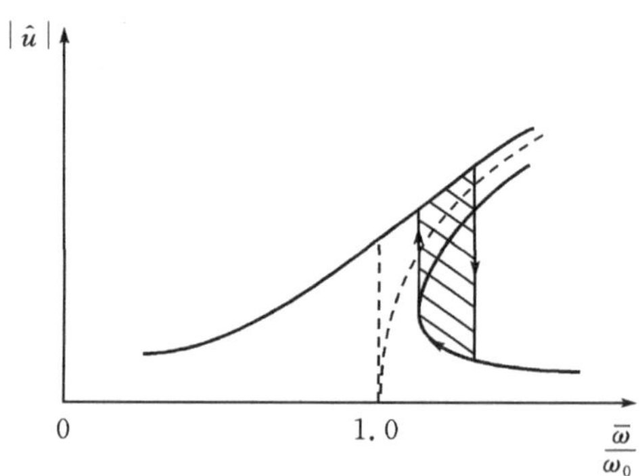

图 14－5　硬弹簧的跳跃现象

阻尼效应　在无阻尼状态，振幅-频率曲线渐近于脊骨曲线(用点线表示，对于线性体系脊骨线是在$\overline{\omega}/\omega_0=1$ 处的一条垂直线)。小阻尼体系的形状与无阻尼体系的情况相比没有明显的不同，振幅-频率曲线的上端在脊骨曲线处将闭合成连续曲线，如图 14－6 所示。这里跳跃现象也同样存在，但阻尼有助于减小不稳定区域的大小。

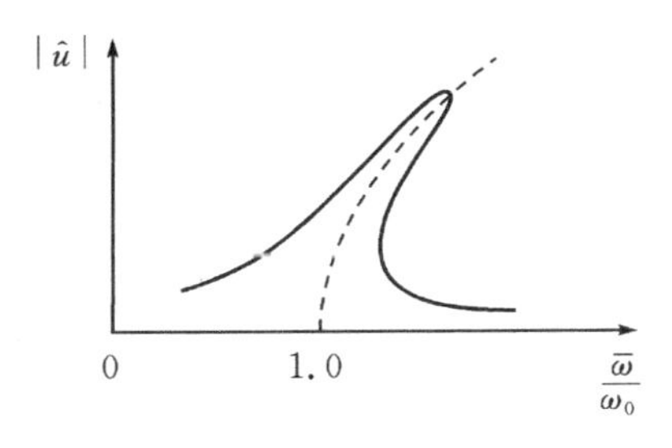

图 14-6　阻尼效应

迭代法同样适用于有阻尼体系的振动问题，其主要差别在于荷载与位移间的相位角不再为 0 或 π。我们在荷载项中引入相位而不在位移中引入相位，可使代数运算得到简化，运动方程可写为

$$\ddot{u}+2\xi\omega_0\dot{u}+\omega_0^2u+\varepsilon u^3=\hat{p}\sin(\bar{\omega}t+\theta)=\hat{p}_c\cos\bar{\omega}t+\hat{p}_s\sin\bar{\omega}t \tag{14-35}$$

式中

$$p_c=\hat{p}\sin\theta \qquad p_s=\hat{p}\cos\theta$$

假设解的初始近似值为

$$u_0=\hat{u}\sin\bar{\omega}t \tag{14-36}$$

代入运动方程，其结果为

$$\left[(\omega_0^2-\bar{\omega}^2)\hat{u}+\frac{3}{4}\varepsilon\hat{u}^3\right]\sin\bar{\omega}t+2\xi\omega_0\bar{\omega}\hat{u}\sin\bar{\omega}t-\frac{1}{4}\varepsilon\hat{u}^3\sin3\bar{\omega}t$$

$$=\hat{p}_c\cos\bar{\omega}t+\hat{p}_s\sin\bar{\omega}t$$

我们再略去 $\sin3\bar{\omega}t$ 项并使等式左右的 $\sin\bar{\omega}t$ 和 $\cos\bar{\omega}t$ 项的系数分别相等，得到

$$(\omega_0^2-\bar{\omega}^2)\hat{u}+\frac{3}{4}\varepsilon\hat{u}^3=\hat{p}_s$$

$$2\xi\omega_0\bar{\omega}\hat{u}=\hat{p}_c$$

将上式平方后相加，则频率、振幅和力之间的关系变为

$$\hat{p}^2=\left[(\omega_0^2-\bar{\omega}^2)\hat{u}+\frac{3}{4}\varepsilon\hat{u}^3\right]^2+[2\xi\omega_0\bar{\omega}\hat{u}]^2$$

用固定 ε、ξ 和 $\hat{p}$ 的办法，就可以对 $\hat{u}$ 给定值计算出频率比 $\bar{\omega}/\omega_0$。

习题

14-1　求解非线性体系动平衡方程的方法有哪些？

14-2　简述非线性体系动力反应与线性体系动力反应有何异同。

第 15 章　动力反应的数值分析法

15.1　引　言

在前面讨论多自由度体系的动力反应时，都假定体系是线性的，才能计算出结构的频率和振型，并用振型叠加法计算结构的动力反应。这种方法通过主振型的正交性进行运动方程的解耦且只需要考虑少数几个振型就常常能够对动力反应做出恰当的估计，由此可以减少很多计算工作量。然而，在很多情况下不可忽略结构体系在动力反应过程中其物理特性的变化，体系不能被视作线性的，因此振型叠加法将不再适用。

对于任意的非线性体系，恢复力和阻尼力不再是位移和速度的线性函数，然而结构体系在任意时刻 t 仍然满足动平衡方程

$$\boldsymbol{f}_{\mathrm{I}}(t)+\boldsymbol{f}_{\mathrm{D}}(t)+\boldsymbol{f}_{\mathrm{S}}(t)=\boldsymbol{p}(t) \tag{15-1}$$

对非线性体系耦联的运动方程的分析有解析法和基于数值分析的**逐步积分法**，其中最有效的方法大概是逐步积分法。逐步积分法的基本思想是把反应的时程划分为一系列短时段 Δt（称为**时间步长**），在每个时间步长的起点 t 或终点 $t+\Delta t$ 建立动力平衡条件，并以一个假设的反应机理为根据，通常忽略在时间步长内可能产生的不平衡，近似地计算在时间步长 Δt 内体系的运动，体系的非线性特性可用每个时间步长起点 t 所求得的当前变形状态的新特性来逼近，假设已知时间步长起点 t 时刻的反应（位移和速度）而求时间步长终点 $t+\Delta t$ 时刻的反应，再由当前时间步长终点的反应作为下一时间步长的初始条件，从而可得到整个时程的反应。

逐步积分法也适用于线性结构，这种情形每步计算不需要修正结构特性，计算过程大为简化。有时用直接积分法（不作主坐标变换）比用振型叠加法效率更高，这是因为在自由度很多的体系中计算频率和振型的工作量也非常大，而直接积分法不需要求频率和振型。在计算受短持续时间脉冲荷载作用的大型复杂结构的反应时，这种荷载可能激发起很多个振型而只需要计算很短的一段时程反应，一般认为直接积分法可能是最有效的。

动力平衡方程建立在时间步长起点 t 的算法称为**显式积分格式**，建立在时间步长终点 $t+\Delta t$ 的算法称为**隐式积分格式**。因为显式算法对应的是已知状态，而隐式算法是建立在待求状态，一般来说隐式算法的稳定性要比显式算法好，但要进

行迭代运算。常用算法的具体内容将在后面详细介绍。

15.2　数值分析时运动方程的表示形式

为了对非线性体系运动方程(15－1)用数值积分法求解，通常有两种表示形式：增量形式和迭代形式。

15.2.1　增量形式的运动方程

t 时刻的动平衡方程已由式(15－1)给出，同样 $t+\Delta t$ 时刻的动平衡方程为

$$\boldsymbol{f}_{\mathrm{I}}(t+\Delta t)+\boldsymbol{f}_{\mathrm{D}}(t+\Delta t)+\boldsymbol{f}_{\mathrm{S}}(t+\Delta t)=\boldsymbol{p}(t+\Delta t) \tag{15-2}$$

因此取 t 和 $t+\Delta t$ 时刻所确定的平衡关系式之间的差便得出增量动平衡方程

$$\Delta\boldsymbol{f}_{\mathrm{I}}(t)+\Delta\boldsymbol{f}_{\mathrm{D}}(t)+\Delta\boldsymbol{f}_{\mathrm{S}}(t)=\Delta\boldsymbol{p}(t) \tag{15-3}$$

式中力的增量可表示为

$$\begin{aligned}
\Delta\boldsymbol{f}_{\mathrm{I}}(t)&=\boldsymbol{f}_{\mathrm{I}}(t+\Delta t)-\boldsymbol{f}_{\mathrm{I}}(t)=\boldsymbol{m}\Delta\ddot{\boldsymbol{u}}(t)\\
\Delta\boldsymbol{f}_{\mathrm{D}}(t)&=\boldsymbol{f}_{\mathrm{D}}(t+\Delta t)-\boldsymbol{f}_{\mathrm{D}}(t)=\boldsymbol{c}(t)\Delta\dot{\boldsymbol{u}}(t)\\
\Delta\boldsymbol{f}_{\mathrm{S}}(t)&=\boldsymbol{f}_{\mathrm{S}}(t+\Delta t)-\boldsymbol{f}_{\mathrm{S}}(t)=\boldsymbol{k}(t)\Delta\boldsymbol{u}(t)\\
\Delta\boldsymbol{p}(t)&=\boldsymbol{p}(t+\Delta t)-\boldsymbol{p}(t)
\end{aligned} \tag{15-4}$$

这里假定质量矩阵 $\boldsymbol{m}$ 是不随时间变化的。把式(15－4)代入式(15－3)，得到增量形式的运动方程

$$\boldsymbol{m}\Delta\ddot{\boldsymbol{u}}(t)+\boldsymbol{c}(t)\Delta\dot{\boldsymbol{u}}(t)+\boldsymbol{k}(t)\Delta\boldsymbol{u}(t)=\Delta\boldsymbol{p}(t) \tag{15-5}$$

阻尼矩阵 $\boldsymbol{c}(t)$ 和刚度矩阵 $\boldsymbol{k}(t)$ 中的元素是由时间增量 Δt 确定的影响系数 $c_{ij}(t)$ 和 $k_{ij}(t)$，图 15－1 中给出了这些系数的典型意义。当这些系数为时间步长起点 t 到终点 $t+\Delta t$ 的割线斜率时，式(15－4)的表达是精确的；但事实上 $t+\Delta t$ 时

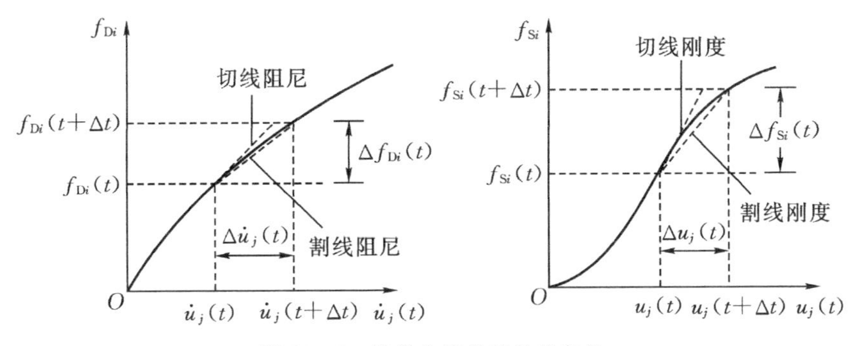

图 15－1　结构非线性特性的定义

刻的状态待求,这些系数无法直接确定而需要迭代计算。为了避免在每一时间步长的求解中迭代,用起点 t 时刻的切线斜率替代割线斜率来近似度量阻尼或刚度特性。由此给出的影响系数为

$$c_{ij}(t) \approx \frac{\mathrm{d}f_{\mathrm{D}i}}{\mathrm{d}\dot{u}_j}\Big|_t,\ k_{ij}(t) \approx \frac{\mathrm{d}f_{\mathrm{s}i}}{\mathrm{d}u_j}\Big|_t \tag{15-6}$$

因为 $\boldsymbol{c}(t)$ 和 $\boldsymbol{k}(t)$ 采用了时间步长起点的切线斜率,式(15-5)左边的力增量表达式是近似的。若每一时间步长开始时的加速度由那个时刻的动力平衡条件

$$\ddot{\boldsymbol{u}}(t) = \boldsymbol{m}^{-1}[\boldsymbol{p}(t) - \boldsymbol{f}_{\mathrm{D}}(t) - \boldsymbol{f}_{\mathrm{S}}(t)] \tag{15-7}$$

得到,则可以避免由这个因素所引起的误差的积累。

可以看出,对于 n 个自由度的结构体系,方程(15-5)有 $3n$ 个未知量而只有 n 个方程,需要补充 $2n$ 个方程才能求解。关于方程的补充将在后面讨论。

15.2.2 迭代形式的运动方程

逐步积分法的另一种表示方式是已知 t 时刻的运动状态,由 $t+\Delta t$ 时刻的动平衡方程(15-2)求 $t+\Delta t$ 时刻的运动状态。由于阻尼本身的机理很复杂难以精确确定,在非线性动力分析中为了方便起见认为阻尼矩阵 $\boldsymbol{c}$ 是常量,阻尼力可表示为

$$\boldsymbol{f}_{\mathrm{D}}(t+\Delta t) = \boldsymbol{c}\dot{\boldsymbol{u}}(t+\Delta t) \tag{15-8}$$

而恢复力 $\boldsymbol{f}_{\mathrm{S}}(t+\Delta t)$ 是位移的非线性函数,在 t 时刻用泰勒级数展开

$$\boldsymbol{f}_{\mathrm{S}}(t+\Delta t) \approx \boldsymbol{f}_{\mathrm{S}}(t) + \frac{\partial \boldsymbol{f}_{\mathrm{S}}}{\partial \boldsymbol{u}}\Big|_t \Delta\boldsymbol{u} \tag{15-9}$$

这里忽略了高阶项的影响,并注意到

$$\frac{\partial \boldsymbol{f}_{\mathrm{S}}}{\partial \boldsymbol{u}}\Big|_t = \boldsymbol{k}(t) \tag{15-10}$$

是 t 时刻的切线刚度矩阵。代入式(15-9)得到

$$\boldsymbol{f}_{\mathrm{S}}(t+\Delta t) \approx \boldsymbol{f}_{\mathrm{S}}(t) + \boldsymbol{k}(t)\Delta\boldsymbol{u} \tag{15-11}$$

把式(15-8)和式(15-11)代入方程(15-2),并假定质量矩阵 $\boldsymbol{m}$ 是不随时间变化的,得到

$$\boldsymbol{m}\ddot{\boldsymbol{u}}(t+\Delta t) + \boldsymbol{c}\dot{\boldsymbol{u}}(t+\Delta t) + \boldsymbol{k}(t)\Delta\boldsymbol{u} = \boldsymbol{p}(t+\Delta t) - \boldsymbol{f}_{\mathrm{S}}(t) \tag{15-12}$$

可以看出,式(15-12)也有 $3n$ 个未知量而只有 n 个方程,同样需要补充 $2n$ 个方程才能求解。

关于补充方程下一章将给出几种常用的积分格式。若补充了 $2n$ 个方程便能求出 $\Delta\boldsymbol{u}$ 、$\dot{\boldsymbol{u}}(t+\Delta t)$ 和 $\ddot{\boldsymbol{u}}(t+\Delta t)$,因此 $t+\Delta t$ 时刻位移的近似值

$$\boldsymbol{u}(t+\Delta t) = \boldsymbol{u}(t) + \Delta\boldsymbol{u} \tag{15-13}$$

然而由于式(15－9)的近似假设，这样的解可能误差很大，甚至是不稳定的，这取决于时间步长 Δt 的大小。因此有必要进行迭代，直至得到 $t+\Delta t$ 时刻动平衡方程(15－2)的足够精确的解为止。

广泛使用的迭代方法是**牛顿-拉弗森迭代法**。它可作为上述简单增量分析的一种推广，包含了几乎全部增量解对策中使用的基本求解步骤。

牛顿-拉弗森迭代法中使用的方法是设 $t+\Delta t$ 时刻的初始条件为

$$\left.\begin{aligned} \boldsymbol{u}^{(0)}(t+\Delta t) &= \boldsymbol{u}(t) \\ \boldsymbol{f}_{\mathrm{S}}^{(0)}(t+\Delta t) &= \boldsymbol{f}_{\mathrm{S}}(t) \\ \boldsymbol{k}^{(0)}(t+\Delta t) &= \boldsymbol{k}(t) \end{aligned}\right\} \tag{15-14}$$

对于迭代次数 $k=1,2,3,\cdots$，有

$$\boldsymbol{m}\ddot{\boldsymbol{u}}^{(k)}(t+\Delta t)+\boldsymbol{c}\dot{\boldsymbol{u}}^{(k)}(t+\Delta t)+\boldsymbol{k}^{(k-1)}(t+\Delta t)\Delta\boldsymbol{u}^{(k)}=\boldsymbol{p}(t+\Delta t)-\boldsymbol{f}_{\mathrm{S}}^{(k-1)}(t+\Delta t) \tag{15-15}$$

$$\boldsymbol{u}^{(k)}(t+\Delta t)=\boldsymbol{u}^{(k-1)}(t+\Delta t)+\Delta\boldsymbol{u}^{(k)} \tag{15-16}$$

迭代的物理意义是：在第一步迭代($k=1$)时，式(15－15)和式(15－16)退化为式(15－12)和式(15－13)。在后续的迭代中位移的最新估计值被用来重新计算相应的恢复力 $\boldsymbol{f}_{\mathrm{S}}^{(k-1)}(t+\Delta t)$，若不能使式(15－2)达到动平衡，就要求位移有增量。这种对运动状态的不断修正(即迭代)一直进行到式(15－2)基本达到动平衡为止。

通常牛顿-拉弗森迭代法每次迭代的主要计算量是重新形成切线刚度矩阵并分解，对大型结构体系而言计算量会很大，故牛顿-拉弗森迭代法的某些修正方法往往更为有效。修正方法就是采用某一时刻 τ 的切线刚度矩阵 $\boldsymbol{k}(\tau)$ 代替方程(15－15)中的 $\boldsymbol{k}^{(k-1)}(t+\Delta t)$，这样就不必不断地修改切线刚度矩阵，大大减少计算量。修正时间 τ 的选择与结构体系的非线性程度有关，非线性程度越高，越要经常进行修正。在对结构体系性质没有深入了解的情况下，可能在每一时间步长的开始时修正(取 $\tau=t$)最为有效。此时式(15－15)修正为

$$\boldsymbol{m}\ddot{\boldsymbol{u}}^{(k)}(t+\Delta t)+\boldsymbol{c}\dot{\boldsymbol{u}}^{(k)}(t+\Delta t)+\boldsymbol{k}(t)\Delta\boldsymbol{u}^{(k)}=\boldsymbol{p}(t+\Delta t)-\boldsymbol{f}_{\mathrm{S}}^{(k-1)}(t+\Delta t) \tag{15-17}$$

其他内容与完全的牛顿-拉弗森迭代法一样。已经证实动力平衡迭代是隐式时间积分法的一个重要部分。

15.3　线性加速度法

逐步积分法求解联立运动微分方程组的基本运算方法是将它们转换成一组联立的代数方程组。其做法是在位移、速度和加速度之间引入一个简单的假定关系，

在一个短的时间步长 Δt 内,可以认为这种简单的关系是合理的。由此就能够用位移的增量 $\Delta\boldsymbol{u}$ 表示速度增量 $\Delta\dot{\boldsymbol{u}}$ 和加速度增量 $\Delta\ddot{\boldsymbol{u}}$,使方程(15-5)或(15-12)这两种情形中的未知量个数与方程个数相同,便可以用任意一种标准的求解联立方程组的方法来计算。在位移、速度和加速度之间引入的关系不同,就出现了不同的积分算法。这类算法有许多,下面我们只介绍三种最常用的积分算法:线性加速度法、威尔逊-θ 法和纽马克-β 法,其他算法的原理基本相同。

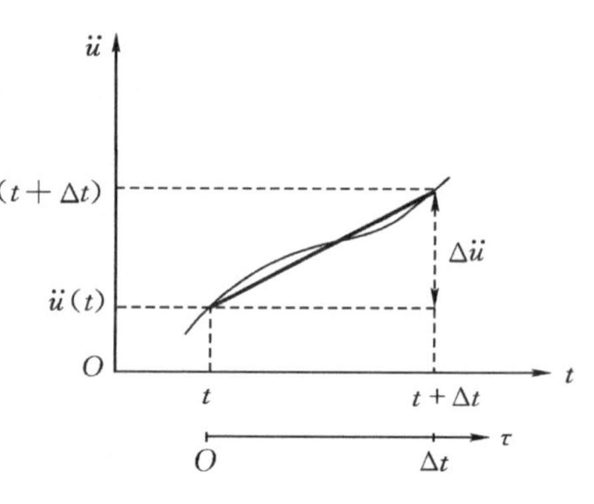

图 15-2 线性加速度假设

线性加速度法的基本思想是假定在每个时间步长 Δt 内加速度线性变化,如图 15-2 所示,写成数学表达式

$$\ddot{\boldsymbol{u}}(t+\tau)=\ddot{\boldsymbol{u}}(t)+\frac{\Delta\ddot{\boldsymbol{u}}}{\Delta t}\tau \qquad (0\leqslant\tau\leqslant\Delta t) \tag{15-18}$$

积分后得到速度和位移表达式

$$\left.\begin{aligned}\dot{\boldsymbol{u}}(t+\tau)&=\dot{\boldsymbol{u}}(t)+\ddot{\boldsymbol{u}}(t)\tau+\frac{\Delta\ddot{\boldsymbol{u}}}{2\Delta t}\tau^2\\ \boldsymbol{u}(t+\tau)&=\boldsymbol{u}(t)+\dot{\boldsymbol{u}}(t)\tau+\frac{\ddot{\boldsymbol{u}}(t)}{2}\tau^2+\frac{\Delta\ddot{\boldsymbol{u}}}{6\Delta t}\tau^3\end{aligned}\right\} \tag{15-19}$$

取 $\tau=\Delta t$ 代入上式,得到从 t 时刻到 $t+\Delta t$ 时刻相应的速度增量和位移增量

$$\left.\begin{aligned}\Delta\dot{\boldsymbol{u}}&=\dot{\boldsymbol{u}}(t+\Delta t)-\dot{\boldsymbol{u}}(t)=\ddot{\boldsymbol{u}}(t)\Delta t+\frac{\Delta\ddot{\boldsymbol{u}}}{2}\Delta t\\ \Delta\boldsymbol{u}&=\boldsymbol{u}(t+\Delta t)-\boldsymbol{u}(t)=\dot{\boldsymbol{u}}(t)\Delta t+\frac{\ddot{\boldsymbol{u}}(t)}{2}\Delta t^2+\frac{\Delta\ddot{\boldsymbol{u}}}{6}\Delta t^2\end{aligned}\right\} \tag{15-20}$$

由此构建了用加速度增量来表达速度增量和位移增量的关系式,这样我们就补充了 $2n$ 个约束方程,加上 n 个动平衡方程,理论上就可以解出 n 个自由度的位移增量 $\Delta\boldsymbol{u}$、速度增量 $\Delta\dot{\boldsymbol{u}}$ 和加速度增量 $\Delta\ddot{\boldsymbol{u}}$。

为了便于应用于增量形式的运动方程,取位移增量 $\Delta\boldsymbol{u}$ 为基本未知量,通过式(15-20)得到由位移增量 $\Delta\boldsymbol{u}$ 表达的加速度增量 $\Delta\ddot{\boldsymbol{u}}$ 和速度增量 $\Delta\dot{\boldsymbol{u}}$

$$\Delta\ddot{\boldsymbol{u}}=\frac{6}{\Delta t^2}\Delta\boldsymbol{u}-\frac{6}{\Delta t}\dot{\boldsymbol{u}}(t)-3\ddot{\boldsymbol{u}}(t) \tag{15-21a}$$

$$\Delta\dot{\boldsymbol{u}}=\frac{3}{\Delta t}\Delta\boldsymbol{u}-3\dot{\boldsymbol{u}}(t)-\frac{\Delta t}{2}\ddot{\boldsymbol{u}}(t) \tag{15-21b}$$

将式(15-21)代入增量形式的运动方程(15-5),把所有含已知初始条件的各项移

到右边整理后得到

$$\widetilde{\boldsymbol{k}}(t)\Delta\boldsymbol{u} = \Delta\widetilde{\boldsymbol{p}}(t) \tag{15-22}$$

式中

$$\left.\begin{aligned}\widetilde{\boldsymbol{k}}(t) &= \boldsymbol{k}(t) + \frac{6}{\Delta t^2}\boldsymbol{m} + \frac{3}{\Delta t}\boldsymbol{c}(t)\\ \Delta\widetilde{\boldsymbol{p}}(t) &= \Delta\boldsymbol{p}(t) + \boldsymbol{m}\left[\frac{6}{\Delta t}\dot{\boldsymbol{u}}(t) + 3\ddot{\boldsymbol{u}}(t)\right] + \boldsymbol{c}(t)\left[3\dot{\boldsymbol{u}}(t) + \frac{\Delta t}{2}\ddot{\boldsymbol{u}}(t)\right]\end{aligned}\right\} \tag{15-23}$$

方程(15－22)在形式上是位移增量向量 $\Delta\boldsymbol{u}$ 的标准静力刚度方程,其中 $\widetilde{\boldsymbol{k}}(t)$ 和 $\Delta\widetilde{\boldsymbol{p}}(t)$ 中包含惯性和阻尼项反映了结构的动力特性,可以分别理解为有效动力刚度矩阵和有效荷载增量向量。每一时间步长分析开始时,首先由起点 t 时刻的状态确定的质量、阻尼和刚度特性计算 $\widetilde{\boldsymbol{k}}(t)$,并由这一时间步长起点 t 时刻的速度、加速度以及在这一时间步长中的荷载增量计算 $\Delta\widetilde{\boldsymbol{p}}(t)$,然后用任何一种求解线性方程组的方法解方程(15－22)得到位移增量 $\Delta\boldsymbol{u}$ 。在计算机程序中,常用高斯消元法或乔列斯基分解法计算。

位移增量 $\Delta\boldsymbol{u}$ 确定以后,由式(15－21b)求出速度增量 $\Delta\dot{\boldsymbol{u}}$。时间步长终点 $t+\Delta t$ 时刻的位移和速度

$$\left.\begin{aligned}\boldsymbol{u}(t+\Delta t) &= \boldsymbol{u}(t) + \Delta\boldsymbol{u}\\ \dot{\boldsymbol{u}}(t+\Delta t) &= \dot{\boldsymbol{u}}(t) + \Delta\dot{\boldsymbol{u}}\end{aligned}\right\} \tag{15-24}$$

式(15－24)给定的运动状态就是分析过程中下一时间步长的初始条件。

这个数值分析方法包含了两个重要的近似假定:①加速度为线性变化;②阻尼和刚度特性取时间步长起点的切线斜率并在时间步长内保持常量。一般来说,虽然时间步长很短时误差甚小,但这两个假定都不是完全正确的,因此,误差一般在增量平衡关系中出现,而这些误差将会愈积愈多。为了避免误差的积累,在分析的每一时间步长中并不用式(15－21a)求加速度增量 $\Delta\ddot{\boldsymbol{u}}$ 来确定时间步长终点 $t+\Delta t$ 时刻的加速度 $\ddot{\boldsymbol{u}}(t+\Delta t)$,而是利用 $t+\Delta t$ 时刻的动力平衡条件按式(15－7)计算 $t+\Delta t$时刻的加速度

$$\ddot{\boldsymbol{u}}(t+\Delta t) = \boldsymbol{m}^{-1}\left[\boldsymbol{p}(t+\Delta t) - \boldsymbol{f}_{\mathrm{D}}(t+\Delta t) - \boldsymbol{f}_{\mathrm{S}}(t+\Delta t)\right] \tag{15-25}$$

式中:$\boldsymbol{f}_{\mathrm{D}}(t+\Delta t)$ 和 $\boldsymbol{f}_{\mathrm{S}}(t+\Delta t)$ 分别代表从 $t+\Delta t$ 时刻的速度和位移条件求得的阻尼力和恢复力向量。

为了用于全量迭代形式,将式(15－21)改写为

$$\left.\begin{aligned}\ddot{\boldsymbol{u}}(t+\Delta t) &= \ddot{\boldsymbol{u}}(t) + \Delta\ddot{\boldsymbol{u}} = \frac{6}{\Delta t^2}\Delta\boldsymbol{u} - \frac{6}{\Delta t}\dot{\boldsymbol{u}}(t) - 2\ddot{\boldsymbol{u}}(t)\\ \dot{\boldsymbol{u}}(t+\Delta t) &= \dot{\boldsymbol{u}}(t) + \Delta\dot{\boldsymbol{u}} = \frac{3}{\Delta t}\Delta\boldsymbol{u} - 2\dot{\boldsymbol{u}}(t) - \frac{\Delta t}{2}\ddot{\boldsymbol{u}}(t)\end{aligned}\right\} \tag{15-26}$$

根据式(15－16)构造式(15－26)的迭代式时还要注意到 $\Delta \boldsymbol{u}^{(k)}$ 的参考点不同于 $\Delta\boldsymbol{u}$，它们之间存在以下关系

$$\Delta \boldsymbol{u} = \Delta \boldsymbol{u}^{(1)} + \Delta \boldsymbol{u}^{(2)} + \cdots \tag{15－27}$$

因此，得到式(15－26)的迭代形式

$$\left.\begin{aligned}\ddot{\boldsymbol{u}}^{(k)}(t+\Delta t) &= \frac{6}{\Delta t^2}\left[\boldsymbol{u}^{(k-1)}(t+\Delta t) - \boldsymbol{u}(t) + \Delta \boldsymbol{u}^{(k)}\right] - \frac{6}{\Delta t}\dot{\boldsymbol{u}}(t) - 2\ddot{\boldsymbol{u}}(t)\\ \dot{\boldsymbol{u}}^{(k)}(t+\Delta t) &= \frac{3}{\Delta t}\left[\boldsymbol{u}^{(k-1)}(t+\Delta t) - \boldsymbol{u}(t) + \Delta \boldsymbol{u}^{(k)}\right] - 2\dot{\boldsymbol{u}}(t) - \frac{\Delta t}{2}\ddot{\boldsymbol{u}}(t)\end{aligned}\right\} \tag{15－28}$$

代入修正的牛顿-拉弗森迭代式(15－17)，整理得到

$$\widetilde{\boldsymbol{k}}(t)\Delta \boldsymbol{u}^{(k)} = \Delta \widetilde{\boldsymbol{p}}^{(k)}(t) \tag{15－29}$$

式中

$$\widetilde{\boldsymbol{k}}(t) = \boldsymbol{k}(t) + \frac{6}{\Delta t^2}\boldsymbol{m} + \frac{3}{\Delta t}\boldsymbol{c}(t) \tag{15－30a}$$

$$\begin{aligned}\Delta \widetilde{\boldsymbol{p}}^{(k)}(t) = {} & \boldsymbol{p}(t+\Delta t) - \boldsymbol{f}_{\mathrm{S}}^{(k-1)}(t+\Delta t) + \\ & \boldsymbol{m}\left[\frac{6}{\Delta t^2}(\boldsymbol{u}(t) - \boldsymbol{u}^{(k-1)}(t+\Delta t)) + \frac{6}{\Delta t}\dot{\boldsymbol{u}}(t) + 2\ddot{\boldsymbol{u}}(t)\right] - \\ & \boldsymbol{c}\left[\frac{3}{\Delta t}(\boldsymbol{u}(t) - \boldsymbol{u}^{(k-1)}(t+\Delta t)) + 2\dot{\boldsymbol{u}}(t) + \frac{\Delta t}{2}\ddot{\boldsymbol{u}}(t)\right]\end{aligned} \tag{15－30b}$$

求解线性方程式(15－29)得到位移增量 $\Delta\boldsymbol{u}^{(k)}$，然后分别代入式(15－16)和式(15－28)得到第 k 次迭代后的位移 $\boldsymbol{u}^{(k)}(t+\Delta t)$、速度 $\dot{\boldsymbol{u}}^{(k)}(t+\Delta t)$ 和加速度 $\ddot{\boldsymbol{u}}^{(k)}(t+\Delta t)$，最后求出 $\boldsymbol{f}_{\mathrm{S}}^{(k)}(t+\Delta t)$，已为 $k+1$ 次迭代做好了准备。

与任何数值积分过程一样，这个逐步积分法的精度依赖于时间步长 Δt 的大小。在选取时间步长 Δt 时有三个因素要注意：①作用荷载 $p(t)$ 的变化速率；②非线性阻尼和刚度特性的复杂性；③结构振动周期 T。线性加速度法是一个有条件稳定的算法，如果时间步长大于振动周期的一半左右，将给出扩散的解。但是，从精度对时间增量的要求来说要比稳定性的要求短得多，因此在保证精度的前提下稳定性是不会成为问题的。一般来说 $\Delta t/T \leqslant 1/10$，可获得可靠的结果。如果对于得出的解有怀疑，则可取时间增量的一半进行第二次分析，两次分析的结果没有明显的变化，就可以认为数值积分所产生的误差是可以忽略不计的。

例 15－1　试用线性加速度法计算图 15－3 所示的弹塑性刚架在半正弦波冲击荷载 $p(t) = 10\sin\pi t$ kN($t \leqslant 1$ s) 作用下的反应，质量 $m = 1$ t，阻尼系数 $c = 2$ kN·s/m，初始刚度 $k = 50$ kN/m，屈服位移 $u_{\mathrm{s}} = 0.2$ m，零初始条件。

解　取时间步长 $\Delta t = 0.1$ s，在这个结构里非线性影响仅限于发生屈服时刚度的改变所产生，两种情况下的有效刚度

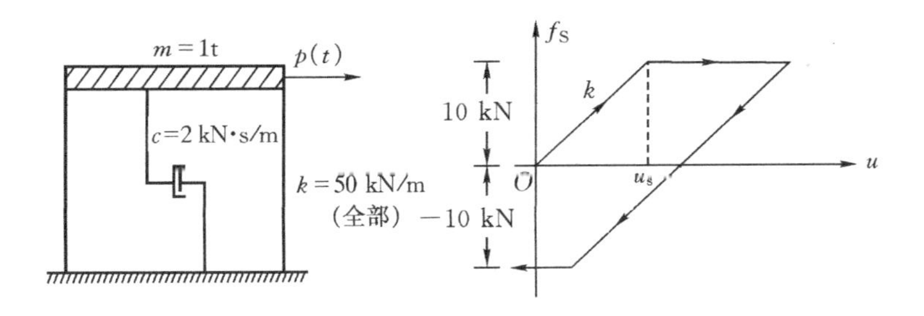

图 15－3　弹塑性刚架计算简图

$$\tilde{k}(t)=k(t)+\frac{6}{\Delta t^2}m+\frac{3}{\Delta t}c=k(t)+660$$

式中：$k(t)$ 相应于刚架的弹性和屈服阶段分别取 50 kN/m 和 0 kN/m。

有效荷载增量由下式给出

$$\Delta\tilde{p}(t)=\Delta p(t)+m\left[\frac{6}{\Delta t}\dot{u}(t)+3\ddot{u}(t)\right]+c\left[3\dot{u}(t)+\frac{\Delta t}{2}\ddot{u}(t)\right]$$

$$=\Delta p(t)+66\dot{u}(t)+3.1\ddot{u}(t)$$

速度增量和加速度可写成

$$\Delta\dot{u}=30\Delta u-3\dot{u}(t)-0.05\ddot{u}(t)$$

$$\ddot{u}(t)=\frac{1}{m}[p(t)-f_D(t)-f_S(t)]=p(t)-2\dot{u}(t)-f_S(t)$$

现在列表计算如表 15－1 所示。

表 15－1　计算结果

t	u	$\dot{u}$	f_S	p	$\ddot{u}$	Δp	$\Delta\tilde{p}$	k	$\tilde{k}$	Δu	$\Delta\dot{u}$
0.0	0.0000	0.0000	0.000	0.000	0.000	3.090	3.090	50	710	0.0044	0.1306
0.1	0.0044	0.1306	0.220	3.090	2.611	2.788	19.50	50	710	0.0274	0.3017
0.2	0.0318	0.4323	1.590	5.878	3.422	2.212	41.35	50	710	0.0582	0.2793
0.3	0.0900	0.7116	4.500	8.090	2.164	1.420	55.09	50	710	0.0776	0.0849
0.4	0.1676	0.7965	8.380	9.510	−0.462	0.324	117.48	50	3594	0.0327	−0.0451
0.442	0.2003	0.7514	10.000	9.834	−1.668	0.166	77.30	0	1887	0.0410	−0.0869
0.5	0.2413	0.6645	10.000	10.000	−1.329	0.489	39.25	0	660	0.0594	−0.1431
0.6	0.3007	0.5214	10.000	9.510	−1.532	−1.420	28.24	0	660	0.0428	−0.2039
0.7	0.3435	0.3175	10.000	8.090	−2.544	−2.212	10.86	0	660	0.0164	−0.3319
0.8	0.3599	−0.0144	10.000	5.878	−4.093	−2.788	−16.43	50	710	−0.0231	−0.4463
0.9	0.3368	−0.4607	8.843	3.090	−4.832	−3.090	−48.47	50	710	−0.0683	−0.4245
1.0	0.2685	−0.8852	—	—	—	—	—	—	—	—	—

对于这个弹塑性体系，当屈服开始和停止时，结构特性会急剧变化。为了获得更高的精度，需要将包含这种变化的时间步长再区分为两个子步长，在每个子步长范围内结构特性为常量。为了确定子步长的长度，需要采取一个迭代过程，在 $t=0.4\sim0.5$ s之间增加了 $t=0.442$ s 的时间结点。

15.4 威尔逊-θ 法

线性加速度法是有条件稳定的，如果把它应用到振动周期低于 1.8 倍积分步长的振型反应分析中，这种方法就将失败。对多自由度结构体系不论高振型对动力反应起多大的作用，选取的时间步长必须比结构体系所含有的最短振动周期更短。对于具有复杂几何形状的有限单元理想化结构，数学模型的最短振动周期可能比对结构反应起主要作用的周期小几个数量级。在这种情形中，为了避免不稳定性，需要用一个无条件稳定的方法来代替线性加速度法，而这个方法不论时间步长与最短周期比如何总不至于失败。

在动力反应分析的无条件稳定的逐步积分法中最简单和最好的方法之一是威尔逊于 1959 年提出的一种修正的线性加速度法，称为**威尔逊-$\boldsymbol{\theta}$ 法**。线性加速度法是假定加速度从时间步长起点 t 时刻到终点 $t+\Delta t$ 时刻呈线性变化，威尔逊-θ 法则假定加速度从时间步长起点 t 时刻到终点的延伸点 $t+\theta\Delta t$ 时刻呈线性变化，其中 $\theta\geqslant1$ 。在图 15-4 中给出了这个假设的有关参数。当 $\theta=1$ 时，就退化为线性加速度法，可以证明当 $\theta\geqslant1.37$ 时为无条件稳定。

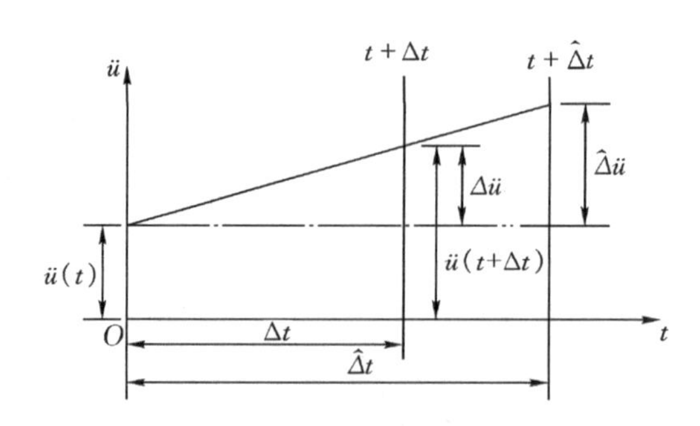

图 15-4 修正的线性加速度假设

先在延伸的时间步长

$$\hat{\Delta}t=\theta\Delta t \tag{15-31}$$

上用标准的线性加速度法计算加速度增量 $\hat{\Delta}\ddot{\boldsymbol{u}}$ ，再用内插法求得在正常步长 Δt 上

的加速度增量 $\Delta\ddot{\boldsymbol{u}}$ 。

只要对伸长的时间步长 $\hat{\Delta}t$ 重新写出线性加速度法的基本关系式，就能导得这个分析方法的公式。因此，类似于式(15-20)，有

$$\left.\begin{aligned}\hat{\Delta}\dot{\boldsymbol{u}} &= \ddot{\boldsymbol{u}}(t)\hat{\Delta}t + \frac{\hat{\Delta}\ddot{\boldsymbol{u}}}{2}\hat{\Delta}t \\ \hat{\Delta}\boldsymbol{u} &= \dot{\boldsymbol{u}}(t)\hat{\Delta}t + \frac{\ddot{\boldsymbol{u}}(t)}{2}\hat{\Delta}t^2 + \frac{\hat{\Delta}\ddot{\boldsymbol{u}}}{6}\hat{\Delta}t^2\end{aligned}\right\} \tag{15-32}$$

式中：帽子^标明是与延伸的时间步长相应的增量。类似于式(15-21)有用 $\hat{\Delta}\boldsymbol{u}$ 表示的 $\hat{\Delta}\ddot{\boldsymbol{u}}$ 和 $\hat{\Delta}\dot{\boldsymbol{u}}$

$$\left.\begin{aligned}\hat{\Delta}\ddot{\boldsymbol{u}} &= \frac{6}{\hat{\Delta}t^2}\hat{\Delta}\boldsymbol{u} - \frac{6}{\hat{\Delta}t}\dot{\boldsymbol{u}}(t) - 3\ddot{\boldsymbol{u}}(t) \\ \hat{\Delta}\dot{\boldsymbol{u}} &= \frac{3}{\hat{\Delta}t}\hat{\Delta}\boldsymbol{u} - 3\dot{\boldsymbol{u}}(t) - \frac{\hat{\Delta}t}{2}\ddot{\boldsymbol{u}}(t)\end{aligned}\right\} \tag{15-33}$$

再代入运动方程就导得相当于式(15-22)与(15-23)的表达式

$$\hat{\tilde{\boldsymbol{k}}}(t)\hat{\Delta}\boldsymbol{u} = \hat{\Delta}\tilde{\boldsymbol{p}}(t) \tag{15-34}$$

这里

$$\left.\begin{aligned}\hat{\tilde{\boldsymbol{k}}}(t) &= \boldsymbol{k}(t) + \frac{6}{\hat{\Delta}t^2}\boldsymbol{m} + \frac{3}{\hat{\Delta}t}\boldsymbol{c}(t) \\ \hat{\Delta}\tilde{\boldsymbol{p}}(t) &= \hat{\Delta}p(t) + \boldsymbol{m}\left[\frac{6}{\hat{\Delta}t}\dot{\boldsymbol{u}}(t) + 3\ddot{\boldsymbol{u}}(t)\right] + \boldsymbol{c}(t)\left[3\dot{\boldsymbol{u}}(t) + \frac{\hat{\Delta}t}{2}\ddot{\boldsymbol{u}}(t)\right]\end{aligned}\right\} \tag{15-35}$$

由方程式(15-34)解出 $\hat{\Delta}\boldsymbol{u}$ ，并代入式(15-33)中得到延伸时段的加速度增量 $\hat{\Delta}\ddot{\boldsymbol{u}}$ ，再按线性内插法求出在正常步长 Δt 的加速度增量

$$\Delta\ddot{\boldsymbol{u}} = \frac{1}{\theta}\hat{\Delta}\ddot{\boldsymbol{u}} \tag{15-36}$$

然后，按式(15-20)求出正常步长 Δt 对应的速度增量 $\Delta\dot{\boldsymbol{u}}$ 和位移增量 $\Delta\boldsymbol{u}$，最后按式(15-24)得到时间步长终点 $t+\Delta t$ 时刻的位移和速度，作为下一时间步长的初始条件，加速度仍由动力平衡方程确定，整个过程就可以按需要的步数重复进行。

现在来研究这种无条件稳定的数值积分法的一般性能和功效。任何数值积分法引入误差的大小都依赖于动力荷载的特性和时间步长 Δt 的长短。对于威尔逊-θ 法，取 $\theta = 1.4$ 比 $\theta = 2.0$ 算出的结果更精确。计算误差性质可以用一个人为的引起周期延长和振幅衰减的所谓算法阻尼来说明。某些情形中周期延长和振幅衰减

效应可能都是很重要的,但是在一般情况下认为振幅衰减更重要一些。这个缩减机理可以看作为一种加到实际存在的阻尼中的算法阻尼,并且应该注意到大约1%阻尼比将产生每周 6%的振幅衰减。实际计算阻尼比大于 5%的结构时,只要步长-周期比 $\Delta t/T < 0.1$,则这种算法阻尼的影响可以忽略不计。

应该注意到这种算法阻尼的影响,为了防止由算法阻尼引起的高阶振型反应分量的振幅衰减,就必须选取足够短的时间步长 Δt 。另一方面,考虑到计算模型中一些高阶振型分量有时并不代表真实结构的性能,在离散化过程中常常严重失真。况且在许多情形中,荷载只有在较低阶振型时才有主要的反应,因此没有必要精确地对高阶振型分量积分。从这些观点出发,显然这种算法阻尼对高阶振型有较强的振幅缩减作用反而有利。在某种意义上,威尔逊-θ 法振幅缩减的机理可以认为相当于在用振型叠加法时有意识地舍弃一些高振型。

15.5　纽马克-β 法

纽马克于 1959 年根据拉格朗日中值定理,提出了基于下列关系式的逐步积分法

$$\dot{\boldsymbol{u}}(t+\Delta t)=\dot{\boldsymbol{u}}(t)+[(1-\delta)\ddot{\boldsymbol{u}}(t)+\delta\ddot{\boldsymbol{u}}(t+\Delta t)]\Delta t \tag{15-37a}$$

$$\boldsymbol{u}(t+\Delta t)=\boldsymbol{u}(t)+\dot{\boldsymbol{u}}(t)\Delta t+\left[\left(\frac{1}{2}-\beta\right)\ddot{\boldsymbol{u}}(t)+\beta\ddot{\boldsymbol{u}}(t+\Delta t)\right]\Delta t^2 \tag{15-37b}$$

式中:δ 和 β 定义了在一个时间步长 Δt 内加速度的变化,是可以根据积分的精度和稳定性而确定的参数。当 $\delta>\frac{1}{2}$ 时,将产生算法阻尼,从而使振幅人为衰减;而当 $\delta<\frac{1}{2}$ 时,将产生负的算法阻尼,使积分过程中振幅逐步增长;通常取临界值 $\delta=\frac{1}{2}$ 。在 $\delta=\frac{1}{2}$ 的情况下,$\beta=0$ 为常加速度法;$\beta=\frac{1}{6}$ 为线性加速度法;$\beta=\frac{1}{4}$ 为平均加速度法,这是纽马克最初提出的无条件稳定的积分格式。

这样我们就补充了 $2n$ 个约束方程,加上动平衡方程就可以求出 $t+\Delta t$ 时刻的位移 $\boldsymbol{u}(t+\Delta t)$、速度 $\dot{\boldsymbol{u}}(t+\Delta t)$ 和加速度 $\ddot{\boldsymbol{u}}(t+\Delta t)$ 。

为了便于应用于增量形式的运动方程,取位移增量 $\Delta\boldsymbol{u}$ 为基本未知量,通过式(15 - 37b)由 $\Delta\boldsymbol{u}$ 表示 $\Delta\ddot{\boldsymbol{u}}$,然后再代入式(15 - 37a)得到用基本未知量 $\Delta\boldsymbol{u}$ 表示的 $\Delta\dot{\boldsymbol{u}}$。简化后表示为

$$\left.\begin{aligned}\Delta\ddot{\boldsymbol{u}}&=a_0\Delta\boldsymbol{u}-a_2\dot{\boldsymbol{u}}(t)-a_3\ddot{\boldsymbol{u}}(t)\\\Delta\dot{\boldsymbol{u}}&=a_1\Delta\boldsymbol{u}-a_4\dot{\boldsymbol{u}}(t)-a_5\ddot{\boldsymbol{u}}(t)\end{aligned}\right\} \tag{15-38}$$

式中

$$\left.\begin{aligned} a_0 &= \frac{1}{\beta\Delta t^2},\ a_1 = \frac{\delta}{\beta\Delta t},\ a_2 = \frac{1}{\beta\Delta t} \\ a_3 &= \frac{1}{2\beta},\ a_4 = \frac{\delta}{\beta},\ a_5 = \left(\frac{\delta}{2\beta} - 1\right)\Delta t \end{aligned}\right\} \tag{15-39}$$

将式(15 - 38)代入增量形式的运动方程(15 - 5),整理后得到

$$\widetilde{\boldsymbol{k}}(t)\Delta\boldsymbol{u} = \Delta\widetilde{\boldsymbol{p}}(t) \tag{15-40}$$

式中

$$\left.\begin{aligned} \widetilde{\boldsymbol{k}}(t) &= \boldsymbol{k}(t) + a_0\boldsymbol{m} + a_1\boldsymbol{c}(t) \\ \Delta\widetilde{\boldsymbol{p}}(t) &= \Delta\boldsymbol{p}(t) + \boldsymbol{m}[a_2\dot{\boldsymbol{u}}(t) + a_3\ddot{\boldsymbol{u}}(t)] + \boldsymbol{c}(t)[a_4\dot{\boldsymbol{u}}(t) + a_5\ddot{\boldsymbol{u}}(t)] \end{aligned}\right\} \tag{15-41}$$

计算步骤与线性加速度法相同,求解线性方程式(15 - 40)得到位移增量 $\Delta\boldsymbol{u}$,代入式(15 - 38)中得到速度增量 $\Delta\dot{\boldsymbol{u}}$,由式(15 - 24)得出时间步长终点 $t+\Delta t$ 时刻的位移 $\boldsymbol{u}(t+\Delta t)$ 和速度 $\dot{\boldsymbol{u}}(t+\Delta t)$,而加速度 $\ddot{\boldsymbol{u}}(t+\Delta t)$ 由动平衡方程(15 - 25)求出。

如果用于全量迭代形式,同样需要将式(15 - 38)改写为

$$\left.\begin{aligned} \ddot{\boldsymbol{u}}(t+\Delta t) &= a_0\Delta\boldsymbol{u} - a_2\dot{\boldsymbol{u}}(t) - (a_3 - 1)\ddot{\boldsymbol{u}}(t) \\ \dot{\boldsymbol{u}}(t+\Delta t) &= a_1\Delta\boldsymbol{u} - (a_4 - 1)\dot{\boldsymbol{u}}(t) - a_5\ddot{\boldsymbol{u}}(t) \end{aligned}\right\} \tag{15-42}$$

由式(15 - 16),将上式改写成迭代形式

$$\left.\begin{aligned} \ddot{\boldsymbol{u}}^{(k)}(t+\Delta t) &= a_0[\boldsymbol{u}^{(k-1)}(t+\Delta t) - \boldsymbol{u}(t) + \Delta\boldsymbol{u}^{(k)}] - a_2\dot{\boldsymbol{u}}(t) - (a_3 - 1)\ddot{\boldsymbol{u}}(t) \\ \dot{\boldsymbol{u}}^{(k)}(t+\Delta t) &= a_1[\boldsymbol{u}^{(k-1)}(t+\Delta t) - \boldsymbol{u}(t) + \Delta\boldsymbol{u}^{(k)}] - (a_4 - 1)\dot{\boldsymbol{u}}(t) - a_5\ddot{\boldsymbol{u}}(t) \end{aligned}\right\} \tag{15-43}$$

代入修正的牛顿-拉弗森迭代式(15 - 17),整理得到

$$\widetilde{\boldsymbol{k}}(t)\Delta\boldsymbol{u}^{(k)} = \Delta\widetilde{\boldsymbol{p}}^{(k)}(t) \tag{15-44}$$

式中

$$\widetilde{\boldsymbol{k}}(t) = \boldsymbol{k}(t) + a_0\boldsymbol{m} + a_1\boldsymbol{c} \tag{15-45a}$$

$$\begin{aligned} \Delta\widetilde{\boldsymbol{p}}^{(k)}(t) = {} & \boldsymbol{p}(t+\Delta t) - \boldsymbol{f}_S^{(k-1)}(t+\Delta t) + \\ & \boldsymbol{m}[a_0(\boldsymbol{u}(t) - \boldsymbol{u}^{(k-1)}(t+\Delta t)) + a_2\dot{\boldsymbol{u}}(t) + (a_3 - 1)\ddot{\boldsymbol{u}}(t)] + \\ & \boldsymbol{c}[a_1(\boldsymbol{u}(t) - \boldsymbol{u}^{(k-1)}(t+\Delta t)) + (a_4 - 1)\dot{\boldsymbol{u}}(t) + a_5\ddot{\boldsymbol{u}}(t)] \end{aligned} \tag{15-45b}$$

求解线性方程式(15 - 44)得到位移增量 $\Delta\boldsymbol{u}^{(k)}$,然后分别代入式(15 - 16)和式(15 - 43)得到第 k 次迭代后的位移 $\boldsymbol{u}^{(k)}(t+\Delta t)$、速度 $\dot{\boldsymbol{u}}^{(k)}(t+\Delta t)$ 和加速度 $\ddot{\boldsymbol{u}}^{(k)}(t+\Delta t)$,最后求出 $\boldsymbol{f}_S^{(k)}(t+\Delta t)$,已为 $k+1$ 次迭代做好了准备。

我们注意到在动力非线性分析中使用隐式积分法的迭代方程和静力非线性分析形式相同,只是系数矩阵不同并包括了系统惯性力。然而,由于系统的惯性致使

其动力反应通常比其静力反应更光滑,迭代的收敛速度比静态分析更快。另外,在动力分析中只要提供的 Δt 足够小通常是收敛的。在一个动力分析中收敛特性更好的数值原因在于质量矩阵对系数矩阵的贡献,在时间步长很小的时候这种贡献是起支配作用的。

习题

15-1　求解非线性体系动平衡方程的方法有哪些?

15-2　简述非线性体系动力反应与线性体系动力反应有何异同。

15-3　试用线性加速度法计算图示弹塑性刚架在半正弦荷载 $p(t)=15\ \text{kN}\ \sin\pi t(t\leqslant 1\ \text{s})$作用下的动力反应。已知质量 $m=1.5$ t,阻尼系数 $c=1.8\ \text{kN}\cdot\text{s/m}$,初始刚度 $k=40$ kN/m,屈服位移 $u_s=0.25$ m,初位移和初速度均为零。

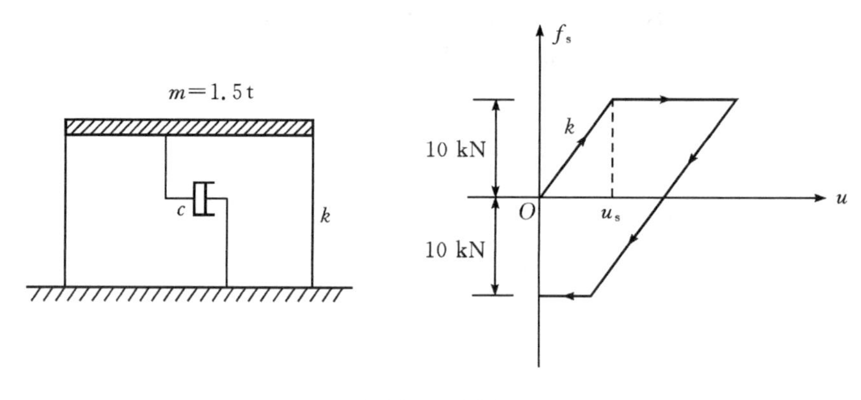

习题 15-3 图

15-4　试用威尔逊-θ 法计算习题 15-3 的刚架。

15-5　试用纽马克-β 法计算习题 15-3 的刚架。

第五篇　随机荷载动力反应

第 16 章　随机过程理论

16.1　引　言

前面我们对荷载和结构体系的反应是作为确定性(也称数定)的来考虑的,结构的力学性能也认为是确定的。从理论上讲,任何一个待建的结构其性能和将来可能受到的荷载都是不确定的。将来建成的结构由于种种原因与设计蓝图之间存在各种偏差,这种编差在建成前是不确定的。如建筑物遭受的地震作用和风荷载等,在一定时期内是否发生、发生时作用在结构上的大小和过程都不能确切地预知,只能在一定条件下给出一个概率性的估计。随机荷载动力反应分析是将荷载视作随机过程,当其概率特性为已知时,寻求结构体系动力反应的概率特性。为了简化起见,假定结构的力学性能是确定性的。

16.2　随机过程

在讨论结构体系受不确定性荷载作用下的随机反应之前,首先引入随机过程的一些基本概念。

在自然界中事物变化的过程可以广泛地分成两类:一类是变化过程具有确定的形式,有必然的变化规律,事物变化的过程可以用时间 t 的确定的函数来描述,这类过程称为**确定性过程**;另一类过程没有确定的变化形式,没有必然的变化规律,事物变化的过程不能用时间 t 的确定的函数来加以描述,这类过程称为**随机过程**。换句话说,随机过程对事物变化的全过程进行一次观测得到的结果是一个时间 t 的函数,称为一个**实现**(也称为**样本**),而对同一事物的变化过程独立地重复进行多次观测所得的结果是不同的实现。

如果一个随机过程用时间 t 的函数 $x(t)$ 来表示,是指样本集合的**总体**,如图 16 - 1 所示。每一条曲线就是一个样本 $x_r(t)$ $(r=1, 2, \cdots)$,它是一个时间 t 的确定函数。就总体 $x(t)$ 而言,在事件发生之前无法预知会出现哪一个样本,事先只能预计出它的概率性质。

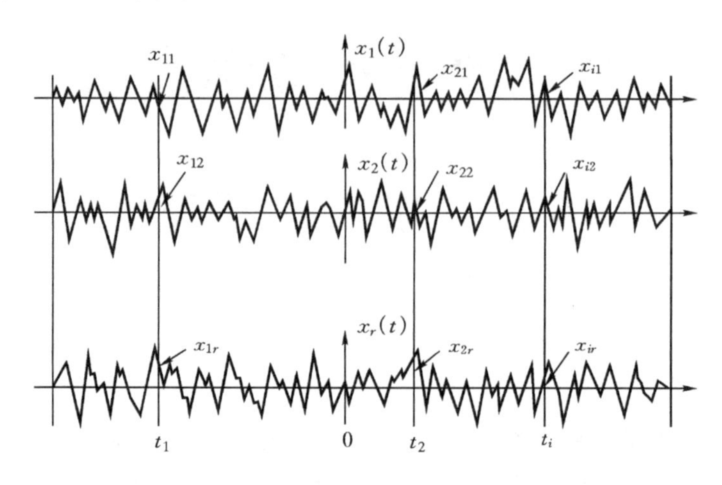

图 16-1 随机过程

某一随机过程 $x(t)$ 对一特定的时间 $t = t_i$ 是一个随机变量 $x(t_i)$，称为随机过程的一个**状态**,对应的样本值为 $x_r(t_i)$ $(r = 1, 2, \cdots)$。或者说,随机过程 $x(t)$ 是依赖于时间 t 的一簇随机变量。对随机过程的两种理解本质上是一样的,在实际测量中往往采用前一种理解,而在理论分析时往往采用后一种理解。

16.3 随机过程的数字特征

随机过程在任一时刻的状态是随机变量,可以利用随机变量的统计特性来描述随机过程的统计特性。尽管用随机过程的概率分布函数能完善地描述随机过程的统计特性,然而在实际应用中要确定随机过程的概率分布函数并加以分析往往比较困难,甚至是不可能的。因而像随机变量那样采用随机过程的**基本数字特征**既能描述随机过程的主要特征,又便于进行运算和实际测量。

设 $x(t)$ 是一随机过程,它的**均值**或数学期望一般与时间 t 有关,记为

$$\mu_x(t) = E[x(t)] = \int_{-\infty}^{\infty} x f_1(x,t)\mathrm{d}x \tag{16-1}$$

式中：$f_1(x,t)$ 是随机过程 $x(t)$ 的一维概率密度函数。注意均值 $\mu_x(t)$ 是随机过程 $x(t)$ 的所有样本函数 $x_r(t)(r=1,2,\cdots)$ 在 t 时刻函数值的平均值,表示随机过程 $x(t)$ 在 t 时刻的摆动中心,如图 16-2 所示。

把随机过程 $x(t)$ 的二阶原点矩记作 $\psi_x^2(t)$，即

$$\psi_x^2(t) = E[x^2(t)] \tag{16-2}$$

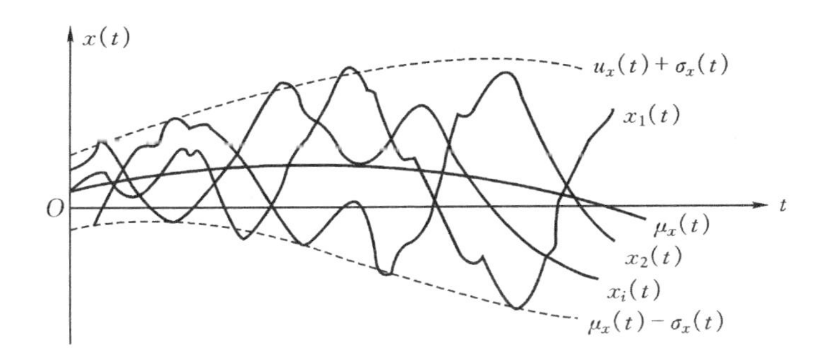

图 16－2　随机过程均值和均方差的物理意义

称为它的**均方值**。而随机过程 $x(t)$ 的二阶中心矩记作 $\sigma_x^2(t)$ ，即为

$$\sigma_x^2(t) = E\{[x(t) - \mu_x(t)]^2\} \tag{16-3}$$

称为它的**方差**。方差的平方根 $\sigma_x(t)$ 称为随机过程 $x(t)$ 的**均方差**，它表示随机过程 $x(t)$ 在 t 时刻对于均值 $\mu_x(t)$ 的偏离程度，见图 16－2。

均值和方差只是描述随机过程在各孤立时刻状态统计特性的重要数字特征。为了描述随机过程在两个不同时刻状态之间的联系还需利用二维概率密度函数 $f_2(x_1,x_2;t_1,t_2)$ 引入新的数字特征。

把随机过程 $x(t)$ 在任意两个时刻 t_1 和 t_2 的状态 $x_1 = x(t_1)$ 和 $x_2 = x(t_2)$ 的二阶原点混合矩称为随机过程 $x(t)$ 的**自相关函数**（简称相关函数），记为

$$\begin{aligned} R_x(t_1,t_2) &= E[x(t_1)x(t_2)] \\ &= \int_{-\infty}^{\infty}\int_{-\infty}^{\infty} x_1 x_2 f_2(x_1,x_2;t_1,t_2)\mathrm{d}x_1\mathrm{d}x_2 \end{aligned} \tag{16-4}$$

类似地还可写出两个状态 $x_1 = x(t_1)$ 和 $x_2 = x(t_2)$ 的二阶中心混合矩

$$\begin{aligned} C_x(t_1,t_2) &= E\{[x(t_1) - \mu_x(t_1)][x(t_2) - \mu_x(t_2)]\} \\ &= R_x(t_1,t_2) - \mu_x(t_1)\mu_x(t_2) \end{aligned} \tag{16-5}$$

称为随机过程 $x(t)$ 的**协方差函数**。自相关函数和协方差函数表示随机过程 $x(t)$ 自身在两个不同时刻状态之间的线性依存关系的数字特征。当 $t_1 = t_2 = t$ 时，自相关函数 $R_x(t_1,t_2)$ 退化为随机过程 $x(t)$ 的均方值 $\psi_x^2(t) = E[x^2(t)]$ ，协方差函数 $C_x(t_1,t_2)$ 退化为方差 $\sigma_x^2(t) = E\{[x(t) - \mu_x(t)]^2\}$ 。

在随机过程 $x(t)$ 的诸数字特征中最主要的是均值 $\mu_x(t)$ 和自相关函数 $R_x(t_1,t_2)$ 。

16.4 平稳随机过程

1. 平稳随机过程

若随机过程的统计特性不随时间 t 的平移而变化,则这个过程称为**平稳随机过程**。在实际中判断一个随机过程的平稳性并不容易,但对于一个随机过程,如果前后的环境和主要条件都不随时间变化的话,则一般就可以认为是平稳的。平稳随机过程的所有样本曲线都在某一水平直线周围随机地波动。

与平稳过程相反的是非平稳过程。一般来说,随机过程处于过渡阶段总是非平稳的。不过在处理实际问题时,在仅仅考虑随机过程的平稳阶段时,为了数学处理的方便,通常把平稳阶段的时间范围取为 $-\infty < t < \infty$ 。工程领域遇到的过程有很多可以认为是平稳的,本书将仅限于研究平稳随机过程作用下的结构动力反应问题。

根据平稳随机过程的特征,随机过程 $x(t)$ 的均值为常数,记作 μ_x ,即

$$E[x(t)] = \mu_x \tag{16-6}$$

同样其均方值 ψ_x^2 和方差 σ_x^2 也为常数。依据图 16-2 的意义,可以知道平稳随机过程的所有样本曲线都在水平直线 $x(t) = \mu_x$ 周围波动,偏离度为 σ_x 。

平稳随机过程的自相关函数变为两个时间状态的时间差 $\tau = t_2 - t_1$ 的单变量函数,即

$$E[x(t)x(t+\tau)] = R_x(\tau) \tag{16-7}$$

而协方差函数可以表示为

$$\begin{aligned} C_x(\tau) &= E\{[x(t) - \mu_x][x(t+\tau) - \mu_x]\} \\ &= R_x(\tau) - \mu_x^2 \end{aligned} \tag{16-8}$$

令 $\tau = 0$ 有平稳随机过程 $x(t)$ 的均方值和方差分别为

$$\psi_x^2 = R_x(0) \tag{16-9a}$$

$$\sigma_x^2 = C_x(0) = \psi_x^2 - \mu_x^2 \tag{16-9b}$$

平稳过程的相关函数具有以下性质

$$R_x(0) = \psi_x^2 \geqslant 0\ , \quad |R_x(\tau)| \leqslant R_x(0)\ , \quad R_x(-\tau) = R_x(\tau) \tag{16-10}$$

若一个随机过程仅同时满足式(16-6)和式(16-7)的特征,则称其为**宽平稳随机过程**,我们以后研究的平稳随机过程是指宽平稳随机过程。

2. 各态历经过程

如果按照式(16-1)和(16-4)计算平稳过程 $x(t)$ 的均值和相关函数的话,就需要预先确定 $x(t)$ 的全部样本函数或者一维和二维概率密度函数,而这实际上是

不可能做到的。

但是平稳过程的统计特性是与时间原点的选取无关的，于是期望在一个很长时间段内观测得到的一个样本曲线 $x_r(t)$，作为得到这个过程数字特征的依据。事实上，对于平稳过程，只要满足一些较宽的条件，可以用一个样本 $x_r(t)$ 在时间上的平均来代替样本集合总体 $x(t)$ 的平均。现在引入随机过程一个样本 $x_r(t)$ 在时间轴上的两种平均

$$\langle x_r(t)\rangle = \lim_{T\to\infty}\frac{1}{T}\int_{-\frac{T}{2}}^{\frac{T}{2}} x_r(t)\mathrm{d}t \tag{16-11a}$$

和

$$\langle x_r(t)x_r(t+\tau)\rangle = \lim_{T\to\infty}\frac{1}{T}\int_{-\frac{T}{2}}^{\frac{T}{2}} x_r(t)x_r(t+\tau)\mathrm{d}t \tag{16-11b}$$

分别称为样本 $x_r(t)$ 的**时间均值**和**时间相关函数**。如果它们同时满足

$$\langle x_r(t)\rangle = \mu_x \tag{16-12a}$$

$$\langle x_r(t)x_r(t+\tau)\rangle = R_x(\tau) \tag{16-12b}$$

两个条件，则称过程 $x(t)$ 为**各态历经过程**。显然，各态历经过程必然是平稳过程，但平稳过程却不一定是各态历经过程。最后指出，工程上遇到的平稳过程大多数都能够满足这一条件。若 $x(t)$ 是各态历经过程，可用任意一个样本就能推算出过程总体的统计特性。

3. 功率谱密度函数

在分析平稳随机过程时，常常用到一个很重要的函数叫做功率谱密度函数。这个函数的定义是分布在不同频率上的平均功率。对于任意样本 $x_r(t)$ 在一个周期 T 的平均功率可表示为

$$\langle x_r^2(t)\rangle = \lim_{T\to\infty}\frac{1}{T}\int_{-\frac{T}{2}}^{\frac{T}{2}} x_r^2(t)\mathrm{d}t \tag{16-13}$$

若 $X_r(\mathrm{i}\omega)$ 是 $x_r(t)$ 的傅里叶变换，即

$$X_r(\mathrm{i}\omega) = \int_{-\infty}^{\infty} x_r(t)\mathrm{e}^{-\mathrm{i}\omega t}\mathrm{d}t$$

则根据傅里叶积分，有

$$x_r(t) = \frac{1}{2\pi}\int_{-\infty}^{\infty} X_r(\mathrm{i}\omega)e^{\mathrm{i}\omega t}\mathrm{d}\omega$$

代入式(16-13)，得到

$$\begin{aligned}\langle x_r^2(t)\rangle &= \lim_{T\to\infty}\frac{1}{T}\int_{-\infty}^{\infty}\left[\frac{1}{2\pi}\int_{-\infty}^{\infty} X_r(\mathrm{i}\omega)\mathrm{e}^{\mathrm{i}\omega t}\mathrm{d}\omega\right]x_r(t)\mathrm{d}t \\ &= \frac{1}{2\pi}\lim_{T\to\infty}\frac{1}{T}\int_{-\infty}^{\infty}\int_{-\infty}^{\infty} X_r(\mathrm{i}\omega)e^{\mathrm{i}\omega t}x_r(t)\mathrm{d}t\mathrm{d}\omega\end{aligned}$$

$$= \frac{1}{2\pi} \lim_{T \to \infty} \frac{1}{T} \int_{-\infty}^{\infty} X_r(\mathrm{i}\omega) \left[\int_{-\infty}^{\infty} x_r(t) \mathrm{e}^{\mathrm{i}\omega t} \mathrm{d}t \right] \mathrm{d}\omega$$

$$= \frac{1}{2\pi} \int_{-\infty}^{\infty} \lim_{T \to \infty} \frac{1}{T} X_r(\mathrm{i}\omega) X_r(-\mathrm{i}\omega) \mathrm{d}\omega$$

$$= \frac{1}{2\pi} \int_{-\infty}^{\infty} \lim_{T \to \infty} \frac{1}{T} \left| X_r(\mathrm{i}\omega) \right|^2 \mathrm{d}\omega$$

$$= \frac{1}{2\pi} \int_{-\infty}^{\infty} S_{x_r}(\omega) \mathrm{d}\omega$$

式中

$$S_{x_r}(\omega) = \lim_{T \to \infty} \frac{1}{T} \left| X_r(\mathrm{i}\omega) \right|^2 \tag{16-14}$$

为单位频率 $f = \frac{\omega}{2\pi}$ 上样本 $x_r(t)$ 的功率(当刚度系数 $k = 1$ 时),被定义为样本 $x_r(t)$ 的**功率谱密度函数**。对总体的各样本的功率谱密度函数作简单的平均即可得到整个平稳随机过程 $x(t)$ 的功率谱密度函数,即

$$\begin{aligned} S_x(\omega) &= \lim_{n \to \infty} \frac{1}{n} \sum_{r=1}^{n} S_{x_r}(\omega) \\ &= \lim_{n \to \infty} \frac{1}{n} \sum_{r=1}^{n} \lim_{T \to \infty} \frac{1}{T} \left| X_r(\mathrm{i}\omega) \right|^2 \\ &= \lim_{T \to \infty} \frac{1}{T} E\left[\left| X(\mathrm{i}\omega) \right|^2 \right] \end{aligned} \tag{16-15}$$

式中

$$X(\mathrm{i}\omega) = \int_{-\infty}^{\infty} x(t) \mathrm{e}^{-\mathrm{i}\omega t} \mathrm{d}t \tag{16-16}$$

为平稳过程 $x(t)$ 的傅里叶变换。

下面推导平稳过程功率谱密度函数与自相关函数之间的关系,可直接由式(16-15)的定义来推导

$$\begin{aligned} S_x(\omega) &= \lim_{T \to \infty} \frac{1}{T} E\left[\left| X(\mathrm{i}\omega) \right|^2 \right] \\ &= \lim_{T \to \infty} \frac{1}{T} E\left[\int_{-\frac{T}{2}}^{\frac{T}{2}} x(t_1) \mathrm{e}^{\mathrm{i}\omega t_1} \mathrm{d}t_1 \int_{-\frac{T}{2}}^{\frac{T}{2}} x(t_2) \mathrm{e}^{-\mathrm{i}\omega t_2} \mathrm{d}t_2 \right] \\ &= \lim_{T \to \infty} \frac{1}{T} \int_{-\frac{T}{2}}^{\frac{T}{2}} \int_{-\frac{T}{2}}^{\frac{T}{2}} E\left[x(t_1) x(t_2) \right] \mathrm{e}^{-\mathrm{i}\omega(t_2 - t_1)} \mathrm{d}t_1 \mathrm{d}t_2 \\ &= \lim_{T \to \infty} \frac{1}{T} \int_{-\frac{T}{2}}^{\frac{T}{2}} \int_{-\frac{T}{2}}^{\frac{T}{2}} R_x(t_2 - t_1) \mathrm{e}^{-\mathrm{i}\omega(t_2 - t_1)} \mathrm{d}t_1 \mathrm{d}t_2 \end{aligned}$$

当引入一个新的变量 $\tau = t_2 - t_1$,上式变为

$$S_x(\omega)=\lim_{T\to\infty}\frac{1}{T}\int_{-\frac{T}{2}}^{\frac{T}{2}}\mathrm{d}t_1\int_{-\frac{T}{2}-t_1}^{\frac{T}{2}-t_1}R_x(\tau)\mathrm{e}^{-\mathrm{i}\omega\tau}\mathrm{d}\tau$$

$$=\lim_{T\to\infty}\int_{-\frac{T}{2}-t_1}^{\frac{T}{2}-t_1}R_x(\tau)\mathrm{e}^{-\mathrm{i}\omega\tau}\mathrm{d}\tau$$

$S_x(\omega)$ 只有在自相关函数 $R_x(\tau)$ 迅速衰减的情况下才存在，因此完全可以去掉上式积分上下限中的 t_1，取极限后得到

$$S_x(\omega)=\int_{-\infty}^{\infty}R_x(\tau)\mathrm{e}^{-\mathrm{i}\omega\tau}\mathrm{d}\tau \tag{16-17a}$$

显然，功率谱密度 $S_x(\omega)$ 是自相关函数 $R_x(\tau)$ 的傅里叶变换。反过来，$R_x(\tau)$ 是 $S_x(\omega)$ 的傅里叶积分，即

$$R_x(\tau)=\frac{1}{2\pi}\int_{-\infty}^{\infty}S_x(\omega)\mathrm{e}^{\mathrm{i}\omega\tau}\mathrm{d}\omega \tag{16-17b}$$

注意到，$S_x(\omega)$ 是 ω 的实的、非负的偶函数，此外，$R_x(\tau)$ 也是实的偶函数，上面的傅里叶变换对还可写成如下形式

$$S_x(\omega)=2\int_0^{\infty}R_x(\tau)\cos\omega\tau\,\mathrm{d}\tau \tag{16-18a}$$

$$R_x(\tau)=\frac{1}{\pi}\int_0^{\infty}S_x(\omega)\cos\omega\tau\,\mathrm{d}\omega \tag{16-18b}$$

傅里叶变换对揭示了从时间角度描述平稳过程 $x(t)$ 的统计规律和从频率角度描述平稳过程 $x(t)$ 的统计规律之间的联系。我们可以根据实际情形选择时间域方法或等价的频率域方法去解决实际问题。

在实际问题中常常遇到一些平稳过程的自相关函数或功率谱密度函数在通常情形下的傅里叶变换不存在，如果引用 δ-函数，利用 δ-函数的傅里叶变换的性质，这些实际问题仍能得到满意地解决。由 δ-函数的基本性质，对于任一连续函数 $x(\tau)$ 有

$$\int_{-\infty}^{\infty}\delta(\tau)x(\tau)\mathrm{d}\tau=x(0) \tag{16-19}$$

根据上式的结果，当自相关函数 $R_x(\tau)=\delta(\tau)$ 时，相应的功率谱密度函数

$$S_x(\omega)=\int_{-\infty}^{\infty}\delta(\tau)\mathrm{e}^{-\mathrm{i}\omega\tau}\mathrm{d}\tau=1 \tag{16-20}$$

而当自相关函数 $R_x(\tau)=1$ 时，相应的功率谱密度函数

$$S_x(\omega)=\int_{-\infty}^{\infty}\mathrm{e}^{-\mathrm{i}\omega\tau}\mathrm{d}\tau=2\pi\delta(\omega) \tag{16-21}$$

例 16-1　一种典型的平稳过程白噪声 $x(t)$，均值为零而功率谱密度为非零常数，即 $\mu_x=0$，$S_x(\omega)=S_0(-\infty<\omega<\infty)$。求 $x(t)$ 的自相关函数。

解　由式(16-17b)即可得到自相关函数

$$R_x(\tau)=\frac{1}{2\pi}\int_{-\infty}^{\infty}S_x(\omega)\times e^{i\omega\tau}d\omega=\frac{S_0}{2\pi}\int_{-\infty}^{\infty}1\times e^{i\omega\tau}d\omega=S_0\delta(\tau)$$

这个过程在 $t_1\neq t_2$ 时,两个状态 $x(t_1)$ 与 $x(t_2)$ 是不相关的。

习题

16-1　设随机过程 $x(t)=A\cos(\omega t+\varphi)$,其中 φ 为在$(0,2\pi)$内均匀分布的随机变量,A 与 ω 为常数,试计算 $x(t)$的自相关函数。

16-2　设随机过程 $x(t)=x_0\cos(\omega t+\varphi)$,$y(t)=y_0\cos(\omega t+\varphi+\theta)$,其中 φ 为在$(0,2\pi)$内均匀分布的随机变量,x_0、y_0、ω 和 θ 为常量。试计算 $x(t)$和 $y(t)$的互相关函数。

16-3　设 $z(t)$是平稳随机函数过程 $x(t)$和 $y(t)$之和,试用 $x(t)$和 $y(t)$的相关函数来表达 $z(t)$的自相关函数。

16-4　设 $z(t)$是平稳随机函数过程 $x(t)$和 $y(t)$之和,试用 $x(t)$和 $y(t)$的功率谱密度函数来表达 $z(t)$的自功率谱密度函数。

第 17 章　线性单自由度体系的随机动力反应

17.1　转换函数

现在来阐述线性单自由度体系对随机荷载的反应，讨论的基本问题是：由随机荷载的数字特征确定结构体系反应的数字特征，即将结构体系的输出过程用相应的输入过程和结构体系的转换关系表达出来。

假设我们考虑的线性单自由度结构体系是确定的，即认为运动方程

$$m\ddot{u}(t)+c\dot{u}(t)+ku(t)=p(t) \tag{17-1}$$

中的各结构参数是确定且不变的。若有一个荷载 $p(t)$ 作用于这个体系，所求的反应 $u(t)$ 在时域和频域分别由式(3－48)和式(3－60)给出。考虑到式(3－48)得到的是零初始条件下的瞬态反应，为了求得稳态反应我们将荷载起始时间由 $t=0$ 拓展到 $t=-\infty$，这样 $t>0$ 时的反应就是与式(3－60)的反应相一致的稳态反应，有

$$u(t)=\int_{-\infty}^{t}p(\tau)h(t-\tau)\mathrm{d}\tau \tag{17-2a}$$

$$u(t)=\frac{1}{2\pi}\int_{-\infty}^{\infty}P(\mathrm{i}\overline{\omega})H(\mathrm{i}\overline{\omega})\mathrm{e}^{\mathrm{i}\overline{\omega}t}\mathrm{d}\overline{\omega} \tag{17-2b}$$

引入新变量 $\tau_1=t-\tau$，式(17－2a)可改写为更实用的形式

$$u(t)=\int_{0}^{\infty}p(t-\tau_1)h(\tau_1)\mathrm{d}\tau_1 \tag{17-3}$$

我们常用单位脉冲反应函数 $h(t)$ 或频率反应函数 $H(\mathrm{i}\overline{\omega})$

$$h(t)=\frac{1}{m\omega_{\mathrm{D}}}\mathrm{e}^{-\xi\omega t}\sin\omega_{\mathrm{D}}t \tag{17-4a}$$

$$H(\mathrm{i}\overline{\omega})=\frac{1}{k}\frac{1}{(1-\lambda^2)+\mathrm{i}(2\xi\lambda)}\qquad\left(\lambda=\frac{\overline{\omega}}{\omega}\right) \tag{17-4b}$$

表示线性单自由度结构体系的动力特性，用图 17－1 表示之。当荷载 $p(t)$ 已知时，位移 $u(t)$ 可以完全由单位脉冲反应函数 $h(t)$ 或频率反应函数 $H(\mathrm{i}\overline{\omega})$ 表征出来。它们被称为结构体系的转换函数。

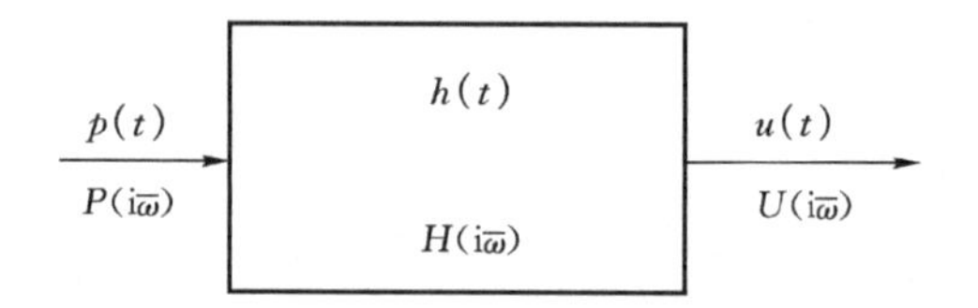

图 17-1 结构体系的转换函数

17.2 反应的均值和自相关函数

现在要解决的问题是荷载 $p(t)$ 是一个随机过程,无法事先确定它的时程,只知道它的均值和自相关函数,要求其位移反应 $u(t)$ 。很显然我们无法确切地求反应 $u(t)$ 的时程,由于它是一个随机过程,只能设法寻求随机过程 $u(t)$ 的一些数字特征。

对荷载 $p(t)$ 的任意一个样本 $p_r(t)$ 产生的稳态反应 $u_r(t)$ 由式(17-3)表示为

$$u_r(t)=\int_0^{\infty}p_r(t-\tau)h(\tau)\mathrm{d}\tau \qquad (r=1,\ 2,\ \cdots)$$

我们把全部样本和样本反应集合起来,就可以把式(17-3)中的荷载 $p(t)$ 看作是样本集合的总体,则反应 $u(t)$ 也具有集合总体的意义,均成为随机过程。也就是说,式(17-3)对随机荷载反应也成立。

假设荷载 $p(t)$ 的均值和自相关函数为已知,现在来确定稳态位移反应 $u(t)$ 的均值和自相关函数。

根据定义,由式(17-3),位移反应 $u(t)$ 的均值

$$\begin{aligned}\mu_u(x)&=E[u(t)]\\&=E\left[\int_0^{\infty}p(t-\tau)h(\tau)\mathrm{d}\tau\right]\\&=\int_0^{\infty}E[p(t-\tau)]h(\tau)\mathrm{d}\tau\end{aligned} \tag{17-5}$$

如果荷载是一个平稳随机过程,则 $E[p(t)]=\mu_p$ 为常量,由式(17-5)可知位移反应 $u(t)$ 的均值亦为常量,其值为

$$\mu_u=\mu_p\int_0^{\infty}h(\tau)\mathrm{d}\tau \tag{17-6}$$

显然,如果荷载 $p(t)$ 为零均值,则位移反应 $u(t)$ 也为零均值。

现在来考虑位移反应的自相关函数 $R_u(t,t+\tau)$,按定义

$$
\begin{aligned}
R_u(t,t+\tau) &= E[u(t)u(t+\tau)] \\
&= E\left[\int_0^{\infty} p(t-\tau_1)h(\tau_1)\mathrm{d}\tau_1 \int_0^{\infty} p(t+\tau-\tau_2)h(\tau_2)\mathrm{d}\tau_2\right] \\
&= \int_0^{\infty}\int_0^{\infty} E[p(t-\tau_1)p(t+\tau-\tau_2)]h(\tau_1)h(\tau_2)\mathrm{d}\tau_1\mathrm{d}\tau_2 \\
&= \int_0^{\infty}\int_0^{\infty} R_p(t-\tau_1,t+\tau-\tau_2)h(\tau_1)h(\tau_2)\mathrm{d}\tau_1\mathrm{d}\tau_2
\end{aligned} \tag{17-7}
$$

当荷载 $p(t)$ 为平稳过程时，它的自相关函数 $R_p(t-\tau_1,t+\tau-\tau_2)=R_p(\tau-\tau_2+\tau_1)$，与时间 t 无关，代上式可知位移反应 $u(t)$ 的自相关函数 $R_u(t,t+\tau)$ 仅是 τ 的函数，即

$$
R_u(\tau)=\int_0^{\infty}\int_0^{\infty} R_p(\tau-\tau_2+\tau_1)h(\tau_1)h(\tau_2)\mathrm{d}\tau_1\mathrm{d}\tau_2 \tag{17-8}
$$

特别地，在式(17－8)中令 $\tau=0$ 即可得到平稳荷载条件下位移反应的均方值

$$
\psi_u^2=R_u(0)=\int_0^{\infty}\int_0^{\infty} R_p(\tau_1-\tau_2)h(\tau_1)h(\tau_2)\mathrm{d}\tau_1\mathrm{d}\tau_2 \tag{17-9}
$$

这表明稳态反应过程亦是平稳过程。

如果荷载 $p(t)$ 是正态平稳过程，对于线性稳定结构体系而言，位移反应 $u(t)$ 也将是正态平稳过程。在这种情况下，式(17－6)和式(17－8)所给的均值和自相关函数可以完全地表明此过程的数字特性，特别对零均值正态平稳过程式(17－8)所给的自相关函数就可以完全地表征此过程的特性。还可以证明，当荷载是各态历经过程时，位移反应也是各态历经过程。

例 17－1　假定式(17－1)所代表的单自由度体系所受的荷载 $p(t)$ 为白噪声，即它的功率谱密度函数为常数 S_0，对应的自相关函数 $R_p(\tau)=S_0\delta(\tau)$，求位移反应的自相关函数。

解　白噪声荷载 $p(t)$ 为平稳过程，将 $R_p(\tau)=S_0\delta(\tau)$ 代入 式(17－8)可推得位移反应的自相关函数

$$
\begin{aligned}
R_u(\tau) &= \int_0^{\infty}\int_0^{\infty} S_0\delta(\tau-\tau_2+\tau_1)\frac{1}{m\omega_{\mathrm{D}}}\mathrm{e}^{-\xi\omega\tau_1}\sin\omega_{\mathrm{D}}\tau_1\frac{1}{m\omega_{\mathrm{D}}}\mathrm{e}^{-\xi\omega\tau_2}\sin\omega_{\mathrm{D}}\tau_2\mathrm{d}\tau_1\mathrm{d}\tau_2 \\
&= \frac{S_0}{m^2\omega_{\mathrm{D}}^2}\int_0^{\infty}\int_0^{\infty}\delta(\tau-\tau_2+\tau_1)\mathrm{e}^{-\xi\omega(\tau_1+\tau_2)}\sin\omega_{\mathrm{D}}\tau_1\sin\omega_{\mathrm{D}}\tau_2\mathrm{d}\tau_1\mathrm{d}\tau_2 \\
&= \frac{S_0\omega}{8\xi k^2}\mathrm{e}^{-\xi\omega|\tau|}\left(\cos\omega_{\mathrm{D}}|\tau|+\frac{\xi}{\sqrt{1-\xi^2}}\sin\omega_{\mathrm{D}}|\tau|\right)
\end{aligned}
$$

如果白噪声荷载 $p(t)$ 是正态的，位移反应 $u(t)$ ）也将是正态的，上式完全表明它所代表的过程的特征。

17.3　反应的功率谱密度函数

如前所述,线性单自由度结构体系在平稳荷载条件下,其稳态位移反应也是平稳的。由此我们来探讨荷载的功率谱密度函数 $S_p(\bar{\omega})$ 与位移反应的功率谱密度函数 $S_u(\bar{\omega})$ 之间的关系。根据定义位移反应 $u(t)$ 的功率谱密度函数是它的自相关函数的傅里叶变换

$$S_u(\bar{\omega}) = \int_{-\infty}^{\infty} R_u(\tau)\mathrm{e}^{-\mathrm{i}\bar{\omega}\tau}\mathrm{d}\tau \tag{17-10}$$

将式(17-8)代入上式得到

$$S_u(\bar{\omega}) = \int_{-\infty}^{\infty}\left[\int_0^{\infty}\int_0^{\infty} R_p(\tau-\tau_2+\tau_1)h(\tau_1)h(\tau_2)\mathrm{d}\tau_1\mathrm{d}\tau_2\right]\mathrm{e}^{-\mathrm{i}\bar{\omega}\tau}\mathrm{d}\tau$$

改变积分次序并引入积分的扩展极限,导得

$$S_u(\bar{\omega}) = \lim_{s\to\infty}\left[\int_0^{s} h(\tau_1)\mathrm{d}\tau_1\int_0^{s} h(\tau_2)\mathrm{d}\tau_2\int_{-\infty}^{\infty} R_p(\tau-\tau_2+\tau_1)\mathrm{e}^{-\mathrm{i}\bar{\omega}\tau}\mathrm{d}\tau\right]$$

当引入变量代换 $\theta\equiv\tau-\tau_2+\tau_1$ 时,上式变为

$$S_u(\bar{\omega}) = \lim_{s\to\infty}\left[\int_0^{s} h(\tau_1)\mathrm{e}^{\mathrm{i}\bar{\omega}\tau_1}\mathrm{d}\tau_1\int_0^{s} h(\tau_2)\mathrm{e}^{-\mathrm{i}\bar{\omega}\tau_2}\mathrm{d}\tau_2\int_{-s+\tau_1-\tau_2}^{s+\tau_1-\tau_2} R_p(\theta)\mathrm{e}^{-\mathrm{i}\bar{\omega}\theta}\mathrm{d}\theta\right]$$

因为当 $t<0$ 时单位脉冲反应函数 $h(t)$ 等于零,前两个积分的下限可以从 0 改为 $-s$。又因为对于稳定体系而言,随着 t 值的增加这些被积函数必因阻尼而衰减,所以可以去掉第三个积分的上下限中所包含的变化项。当利用式(3-67a)和(16-17a)时,上式简化为

$$S_u(\bar{\omega}) = H(-\mathrm{i}\bar{\omega})H(\mathrm{i}\bar{\omega})S_p(\bar{\omega}) = |H(\mathrm{i}\bar{\omega})|^2 S_p(\bar{\omega}) \tag{17-11}$$

此式表明:稳态位移反应的功率谱密度函数等于荷载的功率谱密度函数 $S_p(\bar{\omega})$ 乘以频率反应函数 $H(\mathrm{i}\bar{\omega})$ 模的平方。

求出稳态位移反应的功率谱密度函数,由式(16-17b)的傅里叶积分可得到位移反应的自相关函数

$$R_u(\tau) = \frac{1}{2\pi}\int_{-\infty}^{\infty} S_u(\bar{\omega})\mathrm{e}^{\mathrm{i}\bar{\omega}\tau}\mathrm{d}\bar{\omega} = \frac{1}{2\pi}\int_{-\infty}^{\infty}|H(\mathrm{i}\bar{\omega})|^2 S_p(\bar{\omega})\mathrm{e}^{\mathrm{i}\bar{\omega}\tau}\mathrm{d}\bar{\omega} \tag{17-12}$$

以上讨论的就是在频域上分析线性单自由度结构体系平稳过程随机荷载动力反应的方法。

例 17-2　再次考虑例 17-1 中的单自由度体系受白噪声荷载作用,求位移反应的功率谱密度函数,并通过傅里叶积分求它的自相关函数。

解　将 $S_p(\bar{\omega})=S_0$ 和式(17-4b)代入式(17-11),对低阻尼($\xi<1$)结构体系直接得出

$$S_u(\overline{\omega}) = \frac{S_0}{k^2} \frac{1}{\left[1-\left(\frac{\overline{\omega}}{\omega}\right)^2\right]^2 + \left(2\xi\frac{\overline{\omega}}{\omega}\right)^2} = \frac{S_0}{k^2} \frac{1}{1+(4\xi^2-2)\left(\frac{\overline{\omega}}{\omega}\right)^2 + \left(\frac{\overline{\omega}}{\omega}\right)^4}$$

这就是位移反应的功率谱密度函数。

将它代入式(17－12),利用留数定理可算得位移反应的自相关函数

$$R_u(\tau) = \frac{1}{2\pi}\int_{-\infty}^{\infty} \frac{S_0}{k^2} \frac{1}{\left[1-\left(\frac{\overline{\omega}}{\omega}\right)^2\right]^2 + \left(2\xi\frac{\overline{\omega}}{\omega}\right)^2} e^{i\overline{\omega}\tau} d\overline{\omega}$$

$$= \frac{S_0\omega}{8\xi k^2} e^{\xi\omega|\tau|}\left(\cos\omega_D\tau + \frac{\xi}{\sqrt{1-\xi^2}}\sin\omega_D|\tau|\right)$$

与例 17－1 直接由荷载的自相关函数求得的结果完全相同。

受白噪声荷载作用线性单自由度体系位移反应的自相关函数和功率谱密度函数示于图 17－2。

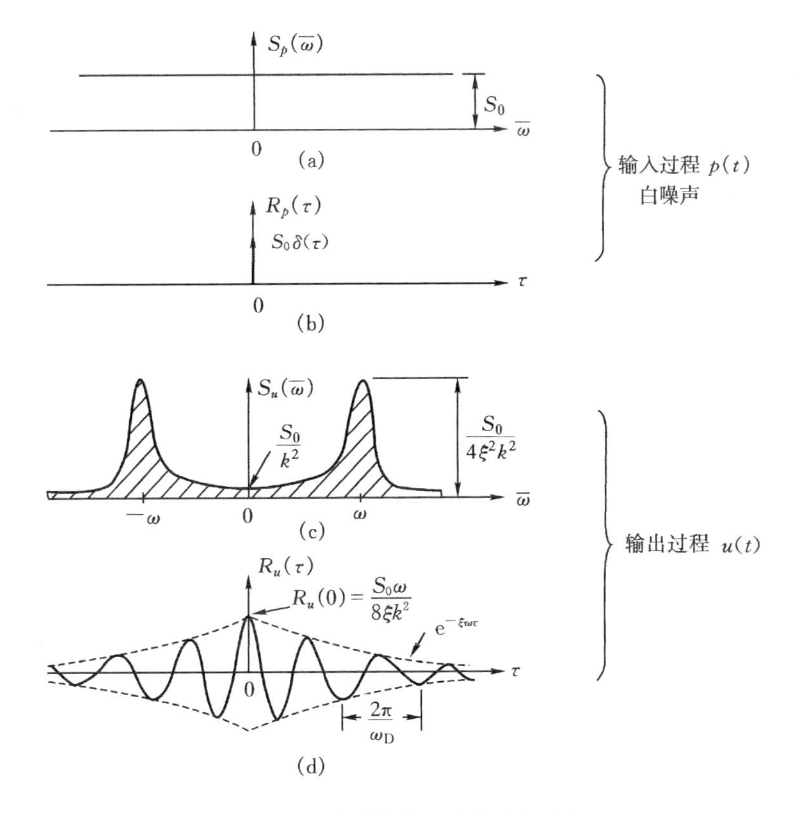

图 17－2　白噪声作用下的随机反应

17.4　荷载与反应之间的互相关函数和互功率谱密度函数

一个结构体系的位移反应必然以某种方式依赖于荷载,即两者是相关的。设荷载 $p(t)$ 是一平稳过程,且与位移反应 $u(t)$ 是平稳相关的,由定义它们的**互相关函数**为

$$R_{pu}(\tau)=E[p(t)u(t+\tau)] \tag{17-13}$$

将式(17-3)代入上式,并交换积分与取均值的运算顺序,有

$$\begin{aligned}R_{pu}(\tau)&=E\left[p(t)\int_0^{\infty}p(t+\tau-\tau_1)h(\tau_1)\mathrm{d}\tau_1\right]\\&=\int_0^{\infty}E[p(t)p(t+\tau-\tau_1)]h(\tau_1)\mathrm{d}\tau_1\end{aligned}$$

又因为 $E[p(t)p(t+\tau-\tau_1)]=R_p(\tau-\tau_1)$,所以有

$$R_{pu}(\tau)=\int_0^{\infty}R_p(\tau-\tau_1)h(\tau_1)\mathrm{d}\tau_1 \tag{17-14}$$

即荷载与位移反应的互相关函数等于荷载的自相关函数与结构体系单位脉冲反应函数的卷积。

互功率谱密度函数是互相关函数的傅里叶变换,对式(17-14)两边进行傅里叶变换

$$\begin{aligned}S_{pu}(\overline{\omega})&=\int_{-\infty}^{\infty}\left[\int_0^{\infty}R_p(\tau-\tau_1)h(\tau_1)\mathrm{d}\tau_1\right]\mathrm{e}^{-\mathrm{i}\overline{\omega}\tau}\mathrm{d}\tau\\&=\int_{-\infty}^{\infty}\int_0^{\infty}R_p(\tau-\tau_1)h(\tau_1)\mathrm{e}^{-\mathrm{i}\overline{\omega}\tau}\mathrm{d}\tau_1\mathrm{d}\tau\end{aligned}$$

引入新的变量 $\tau_2=\tau-\tau_1$,则上式变为

$$\begin{aligned}S_{pu}(\overline{\omega})&=\int_{-\infty}^{\infty}\int_0^{\infty}R_p(\tau_2)h(\tau_1)\mathrm{e}^{-\mathrm{i}\overline{\omega}(\tau_2+\tau_1)}\mathrm{d}\tau_1\mathrm{d}\tau_2\\&=\int_{-\infty}^{\infty}R_p(\tau_2)\mathrm{e}^{-\mathrm{i}\overline{\omega}\tau_2}\mathrm{d}\tau_2\int_0^{\infty}h(\tau_1)\mathrm{e}^{-\mathrm{i}\overline{\omega}\tau_1}\mathrm{d}\tau_1\end{aligned}$$

可以得到

$$S_{pu}(\overline{\omega})=H(\mathrm{i}\overline{\omega})S_p(\overline{\omega}) \tag{17-15}$$

也就是说,荷载与反应之间的互功率谱密度函数等于荷载的功率谱密度函数与结构体系频率反应函数之积。

例 17-3　再次考虑例 17-1 中的单自由度体系受白噪声荷载作用,求荷载与位移反应之间的互相关函数和互功率谱密度函数。

解　将 $R_p(\tau)=S_0\delta(\tau)$ 代入 式(17-14)得出荷载与位移反应之间的互相关函数

$$R_{pu}(\tau)=\int_0^{\infty}S_0\delta(\tau-\tau_1)h(\tau_1)\mathrm{d}\tau_1=\begin{cases}S_0h(\tau) & \tau>0\\0 & \tau<0\end{cases}$$

再将 $S_p(\overline{\omega})=S_0$ 代入 式(17－15)得出荷载与位移反应之间的互功率谱密度函数

$$S_{pu}(\overline{\omega})=H(\mathrm{i}\overline{\omega})S_0$$

在结构体系动力特性未知的情况下，常利用测得的荷载与位移反应之间的互相关函数和互功率谱密度函数的资料，分别由这两个关系式来确定结构体系的单位脉冲反应函数和频率反应函数。

17.5　由零初始条件引起的非平稳反应

前面所讨论的反应过程的特征是以稳态反应为前提的，也就是假定荷载过程从 $t=-\infty$ 时开始。但在实际情况下，荷载是从 $t=0$ 时开始的，如果假定这样的荷载在 $t>0$ 时为平稳过程，那么由零初始条件得到的反应将是非平稳过程。现在来讨论这种非平稳反应过程的特征。

位移反应仍采用式(17－2a)的表达式，荷载过程从 $t=0$ 时开始，即

$$u(t)=\int_0^t p(\tau)h(t-\tau)\mathrm{d}\tau$$

此时，式(17－6)表示的位移反应的均值仍然成立。现在来考虑反应的自相关函数 $R_u(t,t+\tau)$，按定义由式(17－2a)，有

$$\begin{aligned}R_u(t,t+\tau)&=E[u(t)u(t+\tau)]\\&=E\left[\int_0^t p(\tau_1)h(t-\tau_1)\mathrm{d}\tau_1\int_0^{t+\tau}p(\tau_2)h(t+\tau-\tau_2)\mathrm{d}\tau_2\right]\\&=\int_0^t\int_0^{t+\tau}E[p(\tau_1)p(\tau_2)]h(t-\tau_1)h(t+\tau-\tau_2)\mathrm{d}\tau_2\mathrm{d}\tau_1\\&=\int_0^t\int_0^{t+\tau}R_p(\tau_1,\tau_2)h(t-\tau_1)h(t+\tau-\tau_2)\mathrm{d}\tau_2\mathrm{d}\tau_1\end{aligned}$$

式中：τ_1 和 τ_2 为虚时间积分变量。当荷载 $p(t)$ 为平稳过程时，它的自相关函数 $R_p(\tau_1,\tau_2)=R_p(\tau_2-\tau_1)$，与时间 t 无关，代入上式

$$R_u(t,t+\tau)=\int_0^t\int_0^{t+\tau}R_p(\tau_2-\tau_1)h(t-\tau_1)h(t+\tau-\tau_2)\mathrm{d}\tau_2\mathrm{d}\tau_1\qquad(17-16)$$

设荷载 $p(t)$ 的功率谱密度函数为 $S_p(\overline{\omega})$，由它的傅里叶积分得到

$$R_p(\tau_2-\tau_1)=\frac{1}{2\pi}\int_{-\infty}^{\infty}S_p(\overline{\omega})\mathrm{e}^{\mathrm{i}\overline{\omega}(\tau_2-\tau_1)}\mathrm{d}\overline{\omega}$$

代入式(17－16)，并加以整理，得

$$R_u(t,t+\tau)=\frac{1}{2\pi}\int_{-\infty}^{\infty}\int_0^t\int_0^{t+\tau}h(t-\tau_1)h(t+\tau-\tau_2)\mathrm{d}\tau_2\mathrm{d}\tau_1S_p(\overline{\omega})\mathrm{e}^{\mathrm{i}\overline{\omega}(\tau_2-\tau_1)}\mathrm{d}\overline{\omega}$$

$$= \frac{1}{2\pi}\int_{-\infty}^{\infty} S_p(\overline{\omega}) I^*(\overline{\omega},t) I(\overline{\omega},t+\tau)\mathrm{d}\overline{\omega} \tag{17-17}$$

式中

$$I(\overline{\omega},t) = \int_0^t h(t-\tau)\mathrm{e}^{\mathrm{i}\overline{\omega}\tau}\mathrm{d}\tau \tag{17-18}$$

$I^*(\overline{\omega},t)$ 是 $I(\overline{\omega},t)$ 的共轭复数。将式(17－4a)所示的单位脉冲反应函数代入式(17－18),得到

$$I(\overline{\omega},t) = \frac{z(\overline{\omega})A^2(\overline{\omega})}{k}\left[\mathrm{e}^{\mathrm{i}\overline{\omega}t} - \mathrm{e}^{\xi\omega t} z_1(\overline{\omega},t)\right]$$

式中

$$z(\overline{\omega}) = 1-\lambda^2 - \mathrm{i}(2\xi\lambda) = \frac{1}{kH^*(\mathrm{i}\overline{\omega})}$$

$$z_1(\overline{\omega},t) = \frac{\xi\omega}{\omega_\mathrm{D}}\sin\omega_\mathrm{D}t + \cos\omega_\mathrm{D}t + \mathrm{i}\,\frac{\overline{\omega}}{\omega_\mathrm{D}}\sin\omega_\mathrm{D}t$$

$$A^2(\overline{\omega}) = \frac{1}{z(\overline{\omega})z^*(\overline{\omega})} = k^2\left|H(\mathrm{i}\overline{\omega})\right|^2$$

因此,由式(17－17)得到位移反应 $u(t)$ 的自相关函数

$$R_u(t,t+\tau) = \frac{1}{2\pi}\int_{-\infty}^{\infty} S_p(\overline{\omega})I^*(\overline{\omega},t)I(\overline{\omega},t+\tau)\mathrm{d}\overline{\omega}$$

$$= \frac{1}{2\pi}\int_{-\infty}^{\infty}\left|H(\mathrm{i}\overline{\omega})\right|^2 S_p(\overline{\omega})B(t,\tau)\mathrm{d}\overline{\omega} \tag{17-19}$$

式中

$$B(t,\tau) = \mathrm{e}^{\mathrm{i}\overline{\omega}\tau} - \mathrm{e}^{\mathrm{i}\overline{\omega}(t+\tau)-\xi\omega t}z_1^*(\overline{\omega},t) - \mathrm{e}^{-\mathrm{i}\overline{\omega}t-\xi\omega(t+\tau)}z_1(\overline{\omega},t+\tau) + \mathrm{e}^{-\xi\omega(2t+\tau)}z_1(\overline{\omega},t+\tau)z_1^*(\overline{\omega},t)$$

当时间 t 非常大时

$$\lim_{t\to\infty}B(t,\tau) = \mathrm{e}^{\mathrm{i}\overline{\omega}\tau}$$

代回式(17－19),有

$$\lim_{t\to\infty}R_u(t,t+\tau) = \frac{1}{2\pi}\lim_{t\to\infty}\int_{-\infty}^{\infty}\left|H(\mathrm{i}\overline{\omega})\right|^2 S_p(\overline{\omega})B(t,\tau)\mathrm{d}\overline{\omega}$$

$$= \frac{1}{2\pi}\int_{-\infty}^{\infty}\left|H(\mathrm{i}\overline{\omega})\right|^2 S_p(\overline{\omega})\mathrm{e}^{\mathrm{i}\overline{\omega}\tau}\mathrm{d}\overline{\omega}$$

$$= R_u(\tau)$$

比较得到

$$S_u(\overline{\omega}) = \left|H(\mathrm{i}\overline{\omega})\right|^2 S_p(\overline{\omega}) \tag{17-20}$$

从式(17－19)可知,即使荷载是平稳随机过程,而反应 $u(t)$ 的自相关函数是时间 t 和时间差 τ 的函数,因此反应是非平稳随机过程。但是经历很长时间以后,根据式(17－20),反应 $u(t)$ 的自相关函数变为只是时间差 τ 的函数,因而反应

$u(t)$ 变为平稳随机过程。由非平稳过程转变到平稳过程的时间长短，取决于结构体系的动力特性——阻尼比 ξ 和频率比 λ 。

17.6　窄频带体系的反应特征

现在研究式(17－20)中的

$$|H(\mathrm{i}\overline{\omega})|^2 = \frac{1}{k^2}\frac{1}{(1-\lambda^2)^2+(2\xi\lambda)^2} \tag{17-21}$$

对于阻尼比 ξ 在 0.05 左右时，式(17－21)的曲线如图 17－3 所示。在共振区有急剧的峰值，共振区以外前后急剧下降。因此，根据式(17－20)荷载 $p(t)$ 为宽频带随机过程时，反应 $u(t)$ 的功率谱密度函数是具有一个峰的曲线的窄频带随机过程。若用样本函数表示这个关系，则如图 17－4 所示。

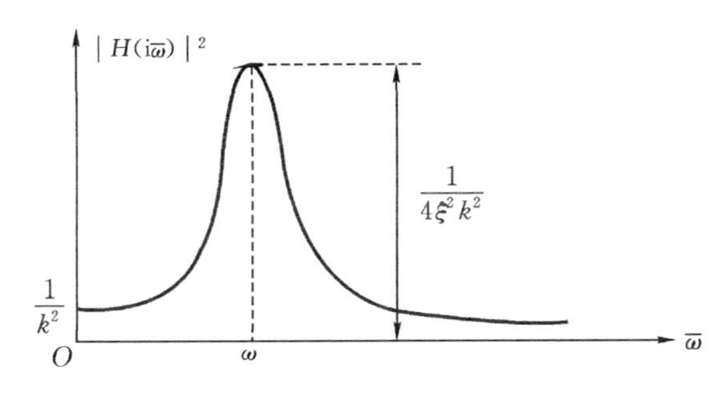

图 17－3　$|H(\mathrm{i}\overline{\omega})|^2$ 曲线

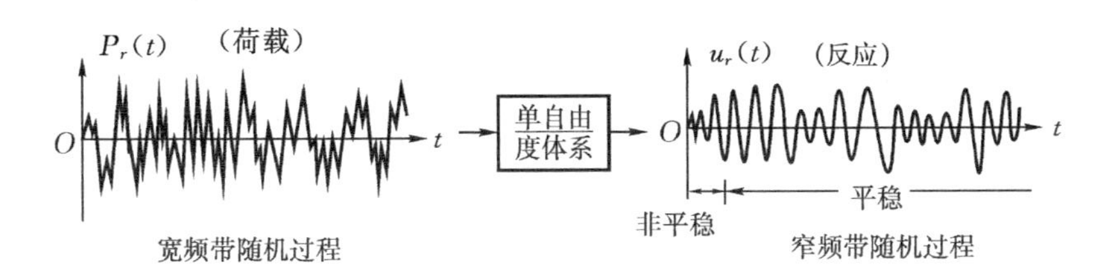

图 17－4　荷载-反应的关系

大多数结构体系具有相当低的阻尼($\xi < 0.1$)，因而可划归窄频带体系。这样分类是由于：反应的功率谱密度函数下的面积高度集中于结构体系固有频率的附近。这种集中现象表明，样本反应函数 $u_r(t)$ 的卓越频率分量将包含在以固有频率 ω 为中心的相当窄的频带宽度中。

如果注意到图 17－2(c)所示的具有陡峰的反应功率谱密度函数 $S_u(\overline{\omega})$ 是用白

噪声输入的常数功率谱密度函数乘以具有类似的陡峰的转换函数 $|H(\mathrm{i}\overline{\omega})|^2$ 而得出的话,就很清楚看出:反应 $u(t)$ 主要是由荷载 $p(t)$ 中那些接近于结构固有频率 ω 的分量所引起的。因此,当荷载功率谱密度函数 $S_p(\overline{\omega})$ 不是一个常数,但在固有频率 ω 的邻近是 $\overline{\omega}$ 的一个慢变函数时,就可以假定是一个白噪声输入过程而在估算反应时误差不大,其条件是:使常数功率谱密度 S_0 等于 $S_p(\omega)$,这样,输出功率谱密度函数可以近似地表示为

$$S_u(\overline{\omega}) = \frac{1}{k^2} \frac{S_p(\omega)}{(1-\lambda^2)^2 + (2\xi\lambda)^2} \qquad (\xi \ll 1) \qquad (17-22)$$

注意,当阻尼比 ξ 趋近于零时,此函数下的面积变得越来越集中于固有频率附近,并在极限时趋于无穷大。这意味着,受到有限密度值的白噪声干扰时,一个无阻尼单自由度体系的反应的均方值为无穷大,当然,这样的体系属于不稳定体系。

习题

17-1 简述随机荷载下的动力反应与确定性荷载作用下的动力反应在表述和计算方面有何异同,结合工程问题如何理解这种异同。

17-2 图示体系中随机荷载 $p(t)$是功率谱密度函数 $S_p(\overline{\omega})=S_0$ 的理想白噪声,试求体系位移反应和速度反应自功率谱密度函数。

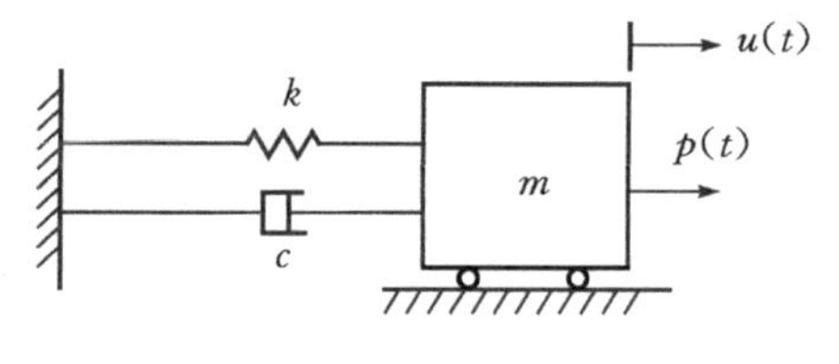

习题 17-2 图

17-3 独轮车在凹凸不平的路面上行驶时的力学模型如图所示。设已知路面空间的功率谱密度函数为 $S_{xx}(\Omega)=S_0$(常数)。空间圆频率 Ω 与时间圆频率 $\overline{\omega}$ 的关系为 $\Omega=\overline{\omega}/v$。当独轮车以速度 v 行驶时,试计算独轮车质量的垂向振动位移的功率谱密度函数。

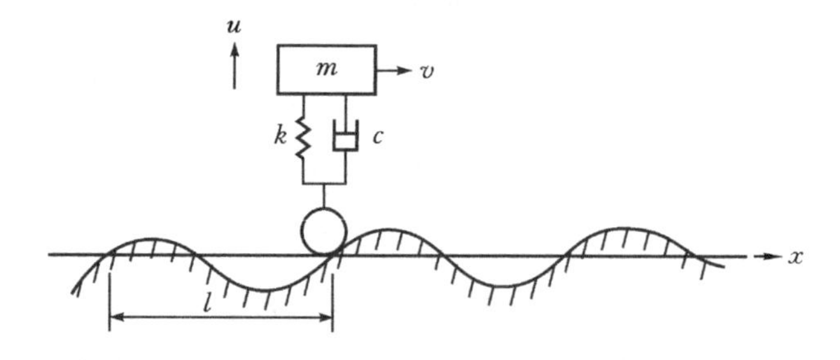

习题 17-3 图

17－4　图示刚性杆 OA 的长度为 l，质量忽略不计，O 端铰接在固定支座上，A 端与刚度系数为 k_2 的弹簧上端，和黏性阻尼系数为 c 的阻尼器下端连接，在杆的中点用刚度系数为 k_1 的弹簧悬挂质量为 m 的重块。设作用在重块上的随机荷载 $p(t)$ 的功率谱密度函数为 $S_p(\varpi)$，试求重块相对于静平衡位置位移的功率谱密度函数。

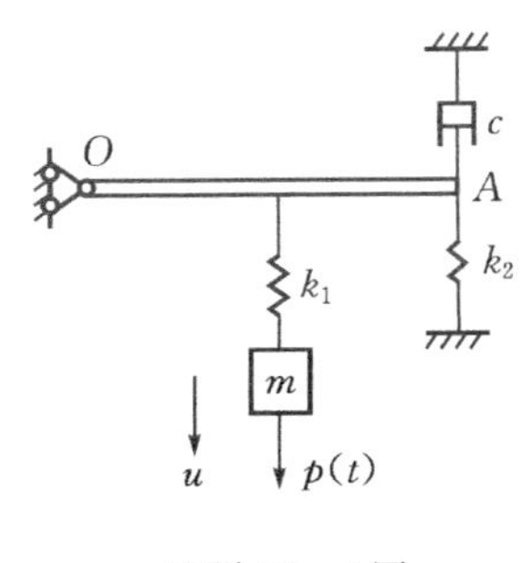

习题 17－4 图

第18章　线性多自由度体系的随机动力反应

18.1　时域反应

线性多自由度体系的动力反应,可以通过各主坐标运动方程

$$\ddot{q}_j(t)+2\xi_j\omega_j\dot{q}_j(t)+\omega_j^2q_j(t)=\frac{P_j(t)}{M_j}\qquad(j=1,2,\cdots)\tag{18-1}$$

而求得主坐标 $q_j(t)$ 。任何与主坐标线性关联的反应 $z(t)$ 都可以表示为

$$z(t)=\sum_j C_jq_j(t)\tag{18-2}$$

式中各振型的效应系数 $C_j(j=1,2,\cdots)$ 可由标准的分析方法得出。这个级数一般收敛很快,只需要考虑有限几个低阶振型即可。

假定作用于结构体系上的荷载是随机荷载,可以把每个振型的广义荷载 $P_j(t)$ 考虑成一个单独的随机过程。对于随机荷载 $P_j(t)$ 通过时域由式(17-3)得到主坐标 $q_j(t)$ 的随机反应

$$q_j(t)=\int_0^{\infty}P_j(t-\tau)h_j(\tau)\mathrm{d}\tau\tag{18-3}$$

对于低阻尼体系,式中的

$$h_j(t)=\frac{1}{M_j\omega_{\mathrm{D}j}}\mathrm{e}^{-\xi_j\omega_jt}\sin\omega_{\mathrm{D}j}t\tag{18-4}$$

如果荷载是平稳的,反应过程也可认为是平稳的,在此情况下所关心的问题是求反应 $z(t)$ 的自相关函数。由定义有

$$R_z(\tau)=E[z(t)z(t+\tau)]\tag{18-5}$$

将式(18-3)代入式(18-2),然后代入式(18-5),得到

$$\begin{aligned}R_z(\tau)&=E\Big[\sum_i\sum_jC_iC_jq_i(t)q_j(t+\tau)\Big]\\&=E\Big[\sum_i\sum_j\int_0^{\infty}\int_0^{\infty}C_iC_jP_i(t-\tau_1)P_j(t+\tau-\tau_2)h_i(\tau_1)h_j(\tau_2)\mathrm{d}\tau_1\mathrm{d}\tau_2\Big]\end{aligned}$$

$$= \sum_i \sum_j C_i C_j \int_0^\infty \int_0^\infty E[P_i(t-\tau_1)P_j(t+\tau-\tau_2)]h_i(\tau_1)h_j(\tau_1)\mathrm{d}\tau_1\mathrm{d}\tau_2 \tag{18-6}$$

式中，τ、τ_1 及 τ_2 为虚时间变量；$E[P_i(t-\tau_1)P_j(t+\tau-\tau_2)]$是振型广义荷载 $P_i(t)$ 和 $P_j(t+\tau)$的协方差函数 $R_{P_iP_j}(\tau)$。注意到对稳定体系 $h_j(t)$由于阻尼而衰减，可将式(18 - 6)写成

$$R_z(\tau) = \sum_i \sum_j R_{z_iz_j}(\tau) \tag{18-7}$$

式中

$$R_{z_iz_j}(\tau) = \int_0^\infty \int_0^\infty C_iC_jR_{P_iP_j}(\tau-\tau_2+\tau_1)h_i(\tau_1)h_j(\tau_2)\mathrm{d}\tau_1\mathrm{d}\tau_2 \tag{18-8}$$

是振型反应 $z_i(t)$和 $z_j(t+\tau)$的协方差函数。由推导过程清楚看出：对所有振型 i 和 j 的组合，如果协方差函数 $R_{P_iP_j}(\tau)$都是已知的话，就可以完成式(18 - 8)的积分运算和式(18 - 7)的求和，求出所需要的反应 $z(t)$的自相关函数。

对于一般工程结构而言属于小阻尼体系，第 i 振型所产生的反应 $z_i(t)$与第 j 振型所产生的反应 $z_j(t)$几乎是统计无关的，也就是说，式(18 - 7)中的交叉项接近于零。此时，结构反应 $z(t)$的自相关函数可以近似地表示为

$$R_z(\tau) \approx \sum_j R_{z_jz_j}(\tau) \tag{18-9}$$

式中：$R_{z_jz_j}(\tau)$是第 j 振型反应 $z_j(t)$的自相关函数。

当令 $\tau=0$ 时，可将式(18—9)改写成标准差的形式，即

$$\sigma_z = \sqrt{\sigma_{z_1}{}^2 + \sigma_{z_2}{}^2 + \cdots} \tag{18-10}$$

因为反应 $z(t)$和 $z_j(t)$ $(j=1,2,\cdots)$平均极值分别与它们的标准差 σ_z 和 σ_{z_j} 成比例，所以式(18 - 10)为采用“平方和开方法”由各振型的最大反应估计总的最大反应提供了理论依据。

18.2　频域反应

对反应 $z(t)$ 的自相关函数 $R_z(\tau)$ 进行傅里叶变换

$$S_z(\overline{\omega}) = \int_{-\infty}^\infty R_z(\tau)\mathrm{e}^{-\mathrm{i}\overline{\omega}\tau}\mathrm{d}\tau \tag{18-11}$$

得到反应 $z(t)$ 的功率谱密度函数。将式(18 - 8)代入式(18 - 7)，然后再将式(18 - 7)代入式(18 - 11)，有

$$S_z(\overline{\omega}) = \int_{-\infty}^\infty \left[\sum_i \sum_j \int_0^\infty \int_0^\infty C_iC_jR_{P_iP_j}(\tau-\tau_2+\tau_1)h_i(\tau_1)h_j(\tau_2)\mathrm{d}\tau_1\mathrm{d}\tau_2\right]\mathrm{e}^{-\mathrm{i}\overline{\omega}\tau}\mathrm{d}\tau$$

$$= \sum_i \sum_j C_iC_j \int_0^\infty h_i(\tau_1)\mathrm{d}\tau_1 \int_0^\infty h_j(\tau_2)\mathrm{d}\tau_2 \int_{-\infty}^\infty R_{P_iP_j}(\tau-\tau_2+\tau_1)\mathrm{e}^{-\mathrm{i}\overline{\omega}\tau}\mathrm{d}\tau$$

当 τ_1 和 τ_2 小于零时 $h_i(\tau_1)$ 和 $h_j(\tau_2)$ 等于零,上式的前两个积分的下限可以从 0 改变为 $-\infty$。并作变量代换,令

$$\tau_3 = \tau - \tau_2 + \tau_1$$

注意到当 $|\tau|$ 值增加时 $R_{P_iP_j}(\tau)$ 由于阻尼而衰减,积分的上下限可改为 ∞ 和 $-\infty$,得到

$$S_z(\overline{\omega}) = \sum_i \sum_j C_i C_j \int_{-\infty}^{\infty} h_i(\tau_1) \mathrm{e}^{\mathrm{i}\overline{\omega}\tau_1} \mathrm{d}\tau_1 \int_{-\infty}^{\infty} h_j(\tau_2) \mathrm{e}^{-\mathrm{i}\overline{\omega}\tau_2} \mathrm{d}\tau_2 \int_{-\infty}^{\infty} R_{P_iP_j}(\tau_3)\ \mathrm{e}^{-\mathrm{i}\overline{\omega}\tau_3} \mathrm{d}\tau_3$$

上式可标记为

$$S_z(\overline{\omega}) = \sum_i \sum_j S_{z_iz_j}(\overline{\omega}) \tag{18-12}$$

式中

$$S_{z_iz_j}(\overline{\omega}) = C_i C_j H_i(-\mathrm{i}\overline{\omega}) H_j(\mathrm{i}\overline{\omega}) S_{P_iP_j}(\overline{\omega}) \tag{18-13}$$

是振型反应 $z_i(t)$ 和 $z_j(t)$ 的交叉谱密度函数。其中 $S_{P_iP_j}(\overline{\omega})$ 是振型广义荷载 $P_i(t)$ 和 $P_j(t)$ 的交叉谱密度函数,而

$$H_j(\mathrm{i}\overline{\omega}) = \frac{1}{K_j} \frac{1}{1-\lambda_j^2 + \mathrm{i}2\xi_j\lambda_j} \tag{18-14}$$

是第 j 振型主坐标的频率反应函数。

对于小阻尼体系,当各振型之间的频率比不靠近 1 时,式(18-13)中的交叉项接近于零,在此情况下 $S_z(\overline{\omega})$ 简化为如下近似形式

$$S_z(\overline{\omega}) \approx \sum_j S_{z_jz_j}(\overline{\omega}) \tag{18-15}$$

式中

$$S_{z_jz_j}(\overline{\omega}) = C_j^2\ |H_j(\mathrm{i}\overline{\omega})|^2 S_{P_jP_j}(\overline{\omega}) \tag{18-16}$$

其中

$$|H_j(\mathrm{i}\overline{\omega})|^2 = \frac{1}{K_j^2} \frac{1}{(1-\lambda_j^2)^2 + (2\xi_j\lambda_j)^2} \tag{18-17}$$

而 $S_{P_jP_j}(\overline{\omega})$ 是第 j 振型广义荷载 $P_j(t)$ 的功率谱密度函数。

18.3 离散荷载的反应

如果一个线性结构承受离散分布的一些荷载 $p_k(t)(k=1,2,\cdots)$,则第 j 振型的广义荷载为

$$P_j(t) = \sum_k \phi_{kj} p_k(t) = \boldsymbol{\phi}_j^{\mathrm{T}} \boldsymbol{p}\ (t) \tag{18-18}$$

式中:ϕ_{kj} 是第 j 振型中相应荷载 $p_k(t)$ 的振型分量。如果每个离散荷载 $p_k(t)$ 都是平稳正态过程,由 $S_{p_k}(\overline{\omega})$ 和 $R_{p_k}(\tau)$ 的定义,则 $P_i(t)$ 和 $P_j(t)$ 的交叉谱密度函

数和协方差函数可写为

$$S_{P_iP_j}(\overline{\omega}) = \sum_m \sum_n \phi_{mi}\phi_{nj}S_{p_mp_n}(\overline{\omega}) = \boldsymbol{\phi}_i^{\mathrm{T}}\boldsymbol{S}_p\boldsymbol{\phi}_j \tag{18-19}$$

$$R_{P_iP_j}(\tau) = \sum_m \sum_n \phi_{mi}\phi_{nj}R_{p_mp_n}(\tau) = \boldsymbol{\phi}_i^{\mathrm{T}}\boldsymbol{R}_p\boldsymbol{\phi}_j \tag{18-20}$$

现在将式(18－19)和(18－20)分别代入式(18－13)和(18－8)，即可得出反应 $z(t)$ 的功率谱密度函数 $S_z(\overline{\omega})$ 和自相关函数 $R_z(\tau)$。

18.4　分布荷载的反应

如果作用在结构上的分布荷载为 $p(x,t)$ 对 x 和 t 都是随机的，则第 j 振型的广义荷载可表示为

$$P_j(t) = \int_{-\infty}^{\infty} \phi_j(x)p(x,t)\mathrm{d}x \tag{18-21}$$

其中 $\phi_j(x)$ 是 $\boldsymbol{\phi}_j$ 的连续形式。如果 $p(x,t)$ 是一个平稳正态过程，并由 $S_p(x,y,\overline{\omega})$ 或 $R_p(x,y,\tau)$ 所表征，则 $P_i(t)$ 和 $P_j(t)$ 的交叉谱密度函数和协方差函数变为

$$S_{P_iP_j}(\overline{\omega}) = \int_{-\infty}^{\infty}\int_{-\infty}^{\infty} \phi_i(x)\phi_j(y)S_p(x,y,\overline{\omega})\mathrm{d}x\mathrm{d}y \tag{18-22}$$

$$R_{P_iP_j}(\tau) = \int_{-\infty}^{\infty}\int_{-\infty}^{\infty} \phi_i(x)\phi_j(y)R_p(x,y,\tau)\mathrm{d}x\mathrm{d}y \tag{18-23}$$

式中：y 是一个虚空间变量。将式(18－22)和(18－23)分别代入式(18－13)和(18－8)，即可得出反应 $z(t)$ 的功率谱密度函数 $S_z(\overline{\omega})$ 和自相关函数 $R_z(\tau)$。

习题

18－1　如图所示的两个质量块与支承面间光滑接触，若 $k=1$ kN/m，$m=2$ t，在第 1 个质量块上作用有平稳随机荷载 $p(t)$，其功率谱密度函数为 $S_p(\overline{\omega})=S_0$。求位移反应 $u_1(t)$ 与 $u_2(t)$ 的功率谱密度函数和交叉功率谱密度函数。

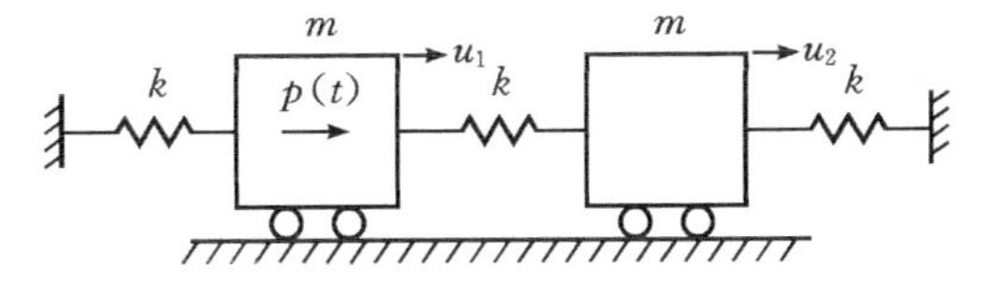

习题 18－1 图

18－2　如图所示为一均质简支梁，梁长度为 l，不计质量。设梁截面的抗弯刚度为 EI，在距两支座 1/3 处各有一集中质量 m，在每个质量上作用有平稳随机荷

载 $p(t)$,其功率谱密度函数为 $S_p(\overline{\omega})=S_0$。当作用力的方向相同或相反时,求位移反应 $u_1(t)$与 $u_2(t)$的功率谱密度函数和交叉功率谱密度函数。

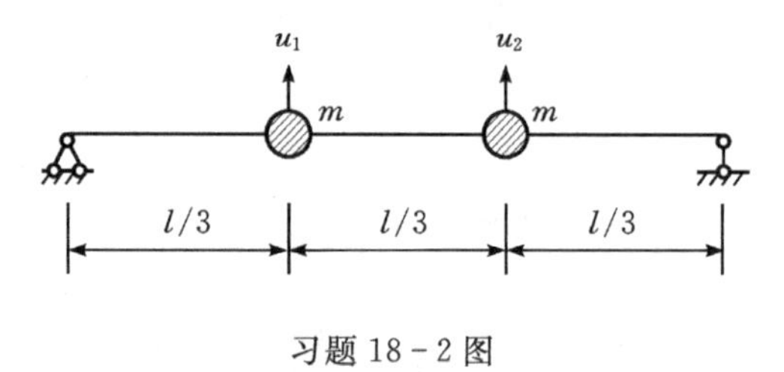

习题 18-2 图

附录　汉英名词对照

汉	英
贝蒂	Betti
乔列斯基	Cholesky(i)
达朗贝尔	d'Alembert
笛卡卡	Cartesian
杜芬	Duffing
杜哈梅尔	Duhamel
欧拉	Euler
傅里叶	Fourier
高斯	Gauss
哈密尔顿	Hamilton
霍尔茨	Holzer
雅可比	Jacobi
拉格朗日	Lagrange
洛必达	l'Hôpital
米克里斯达	Myklestad
纽马克	Newmark
牛顿	Newton
拉弗森	Raphson
瑞利	Rayleigh
里兹	Ritz
森普生	Simpson
斯托多拉	Stodola
泰勒	Taylor
威尔逊	Wilson

参 考 文 献

[1] CLOUGH，R W.，PENZIEN J. Dynamics of Structures[M]. 2nd ed. Computers and Structures Inc，Berkeley，California：2003.

[2] 方同，薛璞. 振动理论及应用[M]. 西安：西北工业大学出版社，1998.

[3] BATHE K J. Finite Element Procedures in Engineering Analysis[M]. Englewood Cliffs，New Jersey：Prentice-Hall Inc，1982.

[4] 马建勋，梅占馨. 筒仓在地震作用下的计算理论[J]. 土木工程学报，1997(1)：25－30.

[5] 星谷胜. 随机振动分析[M]. 常宝琦，译. 北京：地震出版社，1977.

[6] 浙江大学数学系高等数学教研室. 概率论与数理统计[M]. 北京：人民教育出版社，1979.

[7] THOMSON W T，DAHLEH M D. Theory of Vibration with Applications[M]. 5th ed. Englewood Cliffs，New Jersey：Prentice-Hall Inc，1998.